叢書■文化としての「環境日本学」

高畠学

【編】早稲田環境塾（代表・原剛）

藤原書店

まほろばの里、高畠。奥羽山脈から人里、稲田へ連なる心休まる風景が有機無農薬農法を培った。
（写真・佐藤充男）

農薬に代わる紙袋を付け、鈴なりの星寛治さんのリンゴ園。（写真・佐藤充男）

有機質を豊かに含む水田の地温は、微生物の活動エネルギーのせいで、平均3℃ほど高く冷害に強い。（写真・佐藤充男）

カモの索餌活動によって水田の草の発生を抑え、農薬の使用を控える合鴨農法が、有機農法家に取り入れられている。（写真・佐藤充男）

和田の杉材を使い、地元の匠が技を駆使して仕上げたコテージ。（写真・佐藤充男）

星寛治さんの講義に引き込まれる塾生たち。（写真・佐藤充男）

二井宿小学校の学校農園で子どもたちに農業を教えている佐藤吉男さん。（写真・佐藤充男）

菊地良一さんによる「南山形そば教室」。食の科学講義70分、そば打ち、試食各60分。（写真・佐藤充男）

小湯山の風穴に散在する478体の石仏。高畠石に中世以来の地域生活史が刻まれている。月山、飯豊など深山の「カミ」と里山の「仏」を習合した日本文化の古層の表現がうかがえる。（写真・原剛）

日本でもあまり例を見ないヘイケ蛍の舞う水田。農薬を使わなくなって沢山の生き物が戻ってきた。（写真・佐藤充男）

「高安犬」は高畠が産んだ名犬。高安犬をまつる「犬宮」には、あやかろうと愛犬家が全国から参詣する。（写真・原剛）

町の中心にある旧山交電鉄線高畠駅舎も高畠石作り。やさしい色合いと風合いをもつ高畠石の特長が鮮明にうかがえる。（写真・原剛）

真冬の水田は厚い雪の下に。奥羽山脈を雪雲が去来する有機無農薬農法の原点、高畠町和田。（写真・原剛）

「環境日本学」を創る

——高畠、水俣、京都、中国、東京を研究フィールドとして——

原　剛

はじめに

「環境と調和する持続可能な社会発展」が社会の合言葉になって久しい。それは政府の政策目標となり、企業活動の目指すべき方向とされている。大学は文系、理系を問わず環境論と環境技術の講座、研究が花盛りである。しかし、例えば地球の温暖化を減速させ、生物の多様性を保とうと国際条約、国内法、自治体の条例が一貫して作られて久しいのに、この日本でも事態に改善の目途はついていない。国際環境法も国内の環境関連の法も適切には機能していない。私たちが生活の現場で環境保護に取り組もうにも、漠としてとりとめがない。

なぜ「環境論、環境技術、環境法が栄えて環境滅ぶ」なのか。

その理由は「環境」とは何か、その範囲が明らかでなく、「環境」がその場、その人によりけりでバラバラに扱われ、一人ひとりの生活者が実感し、納得できるまとまりのある形で示され、理解されていないからだ。つまり「環境」とは何か、についての共通したとらえ方がないためである。

例えば、あなたが水田稲作を生業とする農民であるとする。その営みは三つの環境に支えられてこそ、物心両面から持続可能になるはずだ。

第一に、水や土、空気即ち自然環境が清浄であること（**自然環境**）。

第二に、灌漑水路や農道のネットワークが、地域全体として保たれなくてはならない。物を生産し、消費し、社会集団として暮らしていくことが出来る、いわば人間環境が持続され、再生産されなくてはならない（**人間環境**）。

第三に、自然環境と人間環境を土台に築かれた、その地域独自の文化が保たれていなくてはならない（**文化環境**）。


この半世紀、私はジャーナリスト、学徒として国の内外を歩き、日本と世界の環境への取り組み現場を取材、調査してきた。顧みて日本、米国、欧州の間には環境問題への取り組み方に、本質的な差異があることに気付く。

アメリカは環境問題を経済に随伴的なもの、つまり市場経済の枠内で解決できる問題であるととらえてきた。大気汚染対策として、世界初の亜硫酸ガスの排出権取引市場を創設したことが一例である。

しかしアメリカの市場経済主義は、ウォールストリートの強欲キャピタリズムの破綻においてのみならず、国際社会でも温暖化対策と生物多様性保護のための規制に拒否反応せざるをえない、構造的な限界を露呈するに到った。

他方で旧ソビエトの社会主義計画経済及び現中国の社会主義市場経済は、空気や水などの有限な公共財をあたかも無限に存在する自由財でもあるかのごとく扱ってきた。経済ノルマ達成を第一目的とする国家、国益によって環境を管理した結果、環境破壊は地域にとどまらず、社会全体の安定を脅かしている[1]。

一方ヨーロッパは環境破壊を文化に係わる問題としても扱ってきた。経済合理性を環境問題へ取り組む際の唯一の価値基準とはせずに問題に対処してきた。

例えば生産調整と水質、土壌汚染対策を結び合わせ化学肥料や農薬を減らし、伝統的な田園の景観を守る農法に減産補償をするEUの共通農業環境政策を挙げることが出来る。

しかしEU加盟国が増え国家間の文化、経済面での主張、利害の違いが拡がるにつれ、次第に政策の一貫性を失い、経済的利害に直面して環境負荷を加重する選択傾向をみせている。大西洋クロマグロの漁獲規制及びコペンハーゲン、カンクンでの気候変動枠組み条約加盟国会議での政策後退がその例である。

日本はアメリカの経済合理性、ヨーロッパの文化性のそのいずれからでもなく、その場しのぎの、いわば対症療法を以て問題に対してきた。その結果は四大公害裁判にあきらかである。日本学術会議によると「人間の主観的な評価の範囲は、〈安定域→不安定域→危険域→破局域〉と移動しつつ発現してくる[2]」とされる、しかし四大公害事件の経過は、水俣で、四日市で、地域社会も産業界も日本社会も政官財こぞって「危険域」の認識に到りながら、有効な対策（費用負担）を意図して避け、「破局域」に到った[3]。

日本は憲法によって定められた国民の基本的人権の実現という原理、原則をもたない社会なのか、と思わせるこの間の経過であった[4]。

その経緯から今では、環境問題を経済の側から構造的に解決するために、市場経済の合理性原理の修正を余儀なくされている。さらに環境思想、倫理観が国民の間に高まるにつれ、「文化」の視点から環境への取組を強めてきているように思える。

他方で日本はこの半世紀の間、高度経済成長期の産業公害を経て、蓄積した国富による公共事業が原因の自然破壊を経験し、さらに豊かになった生活がもたらす環境汚染の経験を経て、世界でも比類のない環境・自然保護の実践経験を蓄積してきた。

地球の温暖化が一例だが、環境破壊の影響が、不安域から破局域をも視野に入れざるをえない状況に到ったいまこそ、日本社会の豊富で実践的な環境保護への伝統的な知恵と技術的成果とを再評価し、自然、人間、文化の環境の三要素を統合することによってその価値の体系化を試みる、〈文化としての「環境日本学」〉を創造し、国際化時代に環境立国を考える日本人の自己確認（アイデンティティ）の礎とすべきである。

「環境」と向かい合う際の自己確認の礎を揺るぎないものとするには、同時に「環境と調和する『持続可能な社会発展』」の原型と環境の定義とを関連して認識しておかなくてはならない（「時代潮流から「高畠」を読む（一九七二年〜二〇一〇年）」本書五六頁参照）。

以上のような視点、論点を実践するために、二〇〇八年五月、早稲田大学大学院アジア太平洋研究センターに「環境日本学研究部会　早稲田環境塾」が開設された。

早稲田環境塾は日本の地域、地球の明日を思い、持続する社会発展を目指し、現状を変革するために「行動するキーパーソン」の養成を志す。

早稲田環境塾は、実社会の様々な環境問題に対して大学、企業、自治体、NGO、ジャーナリズムの五セクターから参加する塾生が、現場から実践家を招いての講義を核に、知識の交流を図りながら具体的な問題解決の方法を設計、提案、実践していく、アジア太平洋研究センター独自の「トライアングル・メソッド」の視点で開講している。早稲田環境塾は「環境とは何か　現場を訪ねて大きくつかみ、深く識り、実践し、文化としての『環境日本学』を作ろう」を課題に、二〇〇八年一一月から二〇一〇年一二月の間に四期に亘り約七〇講座を開講した。

早稲田環境塾の目的と理念

早稲田環境塾は環境破壊と再生の、この半世紀の日本産業社会の体験に基づき、「過去の〝進歩〟を導いた諸理念をも超える革新的再興」を期し、社会の持続可能な発展をめざす「環境日本学」(Environmental Japanology)の創成を志す。

この概念をもって、真の公害先進国としての体験、力量を有する日本人及び日本社会の自己確認(identity)を試み、個人の自覚に基づいて日本の経験と成果を世界に発信するとともに、持続可能な国際社会への貢献を目指す。

早稲田環境塾はその目的を遂げるために次の手段を用い、それら相互間の実践的触媒となることを目指す。

①環境問題に現場で取り組み、成果を挙げるために市民、企業、自治体、大学との協働の場の設定及び現地合宿によるフィールド調査(二〇一〇年は京都、山形・高畠、中国・北京で合宿)。

②その過程と成果を広く世間に伝え、国民・市民意識を改革するメディアの擁護(advocacy)、課題設定(agenda setting)及びキャンペーン報道への協働(二〇一〇年は日本環境ジャーナリストの会と協働、北京・群馬県みなかみ町で合宿)。

③アカデミアによる①、②の体系化、理論の場の創造。研究叢書の出版を中心に日、英、中国語による情報の発信。

早稲田環境塾は、「環境」を自然、人間、文化の三要素の統合体として認識し、環境と調和した社会発展の原型を地域社会から探求する。あごをひいて暮らしの足元を直視し、現場を踏み、実践に学ぶ（農民、漁民、企業経営者、技術者、宗教家、市民運動家、研究者、ジャーナリスト、公害病患者の方々とその活動現場に学ぶ）。

地域社会は住民、自治体、企業から成る。地域からの協働により、気候変動枠組み条約をはじめ、さ迷える国際環境レジームに実践の魂を入れたい。

塾の成果報告書は研究叢書シリーズとして刊行、英文、中国語訳しアジアを主に世界の環境キーパーソン、組織に発信する。

この目的のために、早稲田環境塾は四か所に現場を設定した。一次産業由来の「環境と持続可能な発展」の原型を地域社会に求め山形県高畠町和田、二次産業に関連して熊本県水俣市、日本の伝統文化の基層社会としての京都の神仏の聖域、そして政治、経済、行政の中枢地としての東京である。

また塾の開設に先行し、二〇〇五年から二〇〇八年まで三年にわたる早稲田大学・北京大学共同公開講座「中国は持続可能な社会か」から得た知見に基づき、「日本の安全保障としての中国の環境」を開講している。このため中国初の民間環境科学研究所「北京三生環境と発展研究院」（院長・葉文虎北京大教授）と二〇一〇年一〇月「提携協定」を結んだ。(5)

大震災と原発爆発に直面して

二〇一一年三月一一日午後二時四六分過ぎ、早稲田大学一九号館五一一号室早稲田環境塾の研究室は強い揺れに襲われた。長方形の部屋が矩形に変形するかと思われた。五階の人々はパニック一歩手前で踏みとどまり、一息入れて、一九号館から向かい側の水稲荷神社へ退避した。ビル廊下の内壁に無数の亀裂が走った。

地震・津波による三陸沿岸の壊滅に連鎖した原発爆発の光景は、一つの時代の終わりを私たちに告げているように思える。一九八六年チェルノブイリ原発爆発事件を取材した私には、福島原発の陥った危機が強い既視感を呼び起こす。

「一つの時代の終わり」とは、その質を問うことなく、とにかく需要量があるから供給することを経済成長の要因とし、それが砂上楼閣であることを直観しつつ、際限のない負のスパイラルをたどってしまった「demand pull economy」時代の終焉、という意味である。

四一年前の三月、日本の社会が大阪万博の開幕に歓声を挙げている時、既に破局一歩手前の産業公害の現場を毎日新聞社会部記者の私は連日歩いていた。万葉歌人の秀歌を生んだ田子の浦をヘドロで埋め、富士山を煤煙の彼方に追いやって顧みない日本人の、内面性の崩壊を私は強く意識した。そのことの顛末は誰もが承知のとおりである。

早稲田環境塾が〈文化としての「環境日本学」〉の創成を塾生と共に模索し、現場で実践者に学ぼうとしているのも、このような歴史の帰結に他ならない。

第四期塾の高畠合宿テキストの表題を「複合汚染から三八年、自治の精神と有機無農薬農法」とし、さらに内容を充実させて、このたび藤原書店から出版するのも、顧みれば「一つの時代の終わり」を証し、そこに「代わりうる光明」を見出そうとする営みに他ならない。

東日本大震災から一〇日経った二〇一一年三月二〇日現在、福島、宮城県境に近い高畠にも奥羽山脈を超えて、約三〇〇人の原発被災者が避難している。高畠の人々の精神的なシンボルである童話作家浜田広介記念館も避難者で埋まった。「たかはた共生塾」の人々も救援の輪に加わっている。

demand pull economy 五〇年の営みが破綻し、人々の意識に根源的な変化が起きる、あるいは多くの日本人が、自らの内面にその可能性を潜在させていることに気づく社会状況になってきた。瓦礫の巷に独り佇む人の後姿に、人間存在の本質を「悲の器」と諦観するか。とまれ、いかなる困難、不条理にも屈することのなかった日本常民の歴史と地域社会の営みを讃え、ここにサンテグジュペリの言葉を記す。

「大地は万巻の書よりも人間について多くを教える。理由は大地が人間に抵抗するからだ。人間は苦難に立ち向かう時にこそ真価を発揮するのだ」

サンテグジュペリの経験知を羅針盤に、不条理に立ち向かおうではないか。〈文化としての「環境日本学」〉の創成を指向する早稲田環境塾は「大震災・原発爆発と環境日本学」を課題に、二十一の講義と東北、関東、北海道での合宿を含め第五期塾を開講する。

注

(1) 中国からの公安情報によると、年間一〇万件以上の「群体性治安事件」(騒乱事件)が発生している。その三分の一近くが環境関連の事件とみられる。軍隊が出動する大規模な衝突事件も再三起きている。

(2) 日本学術会議「地球環境・人間生活にかかわる農業及び森林の多面的な機能の評価について」二〇〇一年一月。

(3) 最高裁判決(二〇〇四年一〇月一五日)は、水俣病事件の経過を厳しく批判し、「被害は深刻で、国が規制していれば水俣病の拡大を防ぐことができた」と国の不作為の責任を認めた。

(4) 公害対策基本法第一条の「経済との調和」規定は、生産活動に対する環境行政からの関与を著しく妨げる結果となった。水俣病や自動車排ガスによる大気汚染公害が実例である。甚大な人命、健康被害の発生を現実に確認しながら、企業活動への過剰な介入を避けるとの名目で、環境行政の不作為が少なくとも一九七二年に同法改正により「経済との調和条項」が削除されるまで継続していた。

（5）早稲田環境塾（Waseda Environmental Round Table: ＷＥＲＴ）。北京三生環境と発展研究院（Beijing Sansheng Environment and Development Insitute: ＢＳＥＤＩ）。

〈提携協定〉

一、ＷＥＲＴ・ＢＳＥＤＩは地域、国家、地球の明日を思い、持続する社会発展をめざし、積極的に社会の現状を改革する実践活動に参加し「行動するキーパーソン」の養成を志す。

一、ＷＥＲＴ・ＢＳＥＤＩは自然、人間、文化を統合体として認識し、環境と調和した社会発展の原型を実践と理論の双方から探求する。

一、ＷＥＲＴ・ＢＳＥＤＩは「持続可能な発展学」「国家発展戦略と国際関係」「資源環境経済と農業経済」を主な研究分野とする。社会発展に係わる最先端の問題を研究課題とし、社会各セクターとの提携と日中両国民の伝統的な知恵と専門家の思想を吸収・統合するためのプラットフォームを形成する。

一、ＷＥＲＴ・ＢＳＥＤＩは日本と中国における環境と発展の理論と実践（原型）を研究・調査し、交流の成果を分かち合う。この手段として、広く日中関連セクター間の学術・人事交流を試みる。また企業をはじめとする社会各セクターからの要請に基づき、調査・人事トレーニングなどの委託に応じる。

一、早稲田大学を拠点とするＷＥＲＴと北京大学を拠点とするＢＳＥＤＩは、二〇〇八年から開始された早稲田大学・北京大学共同環境大学院設立への両大学の試みを、側面から広く社会各セクターと提携・協力することにより支援する。

高畠町の位置

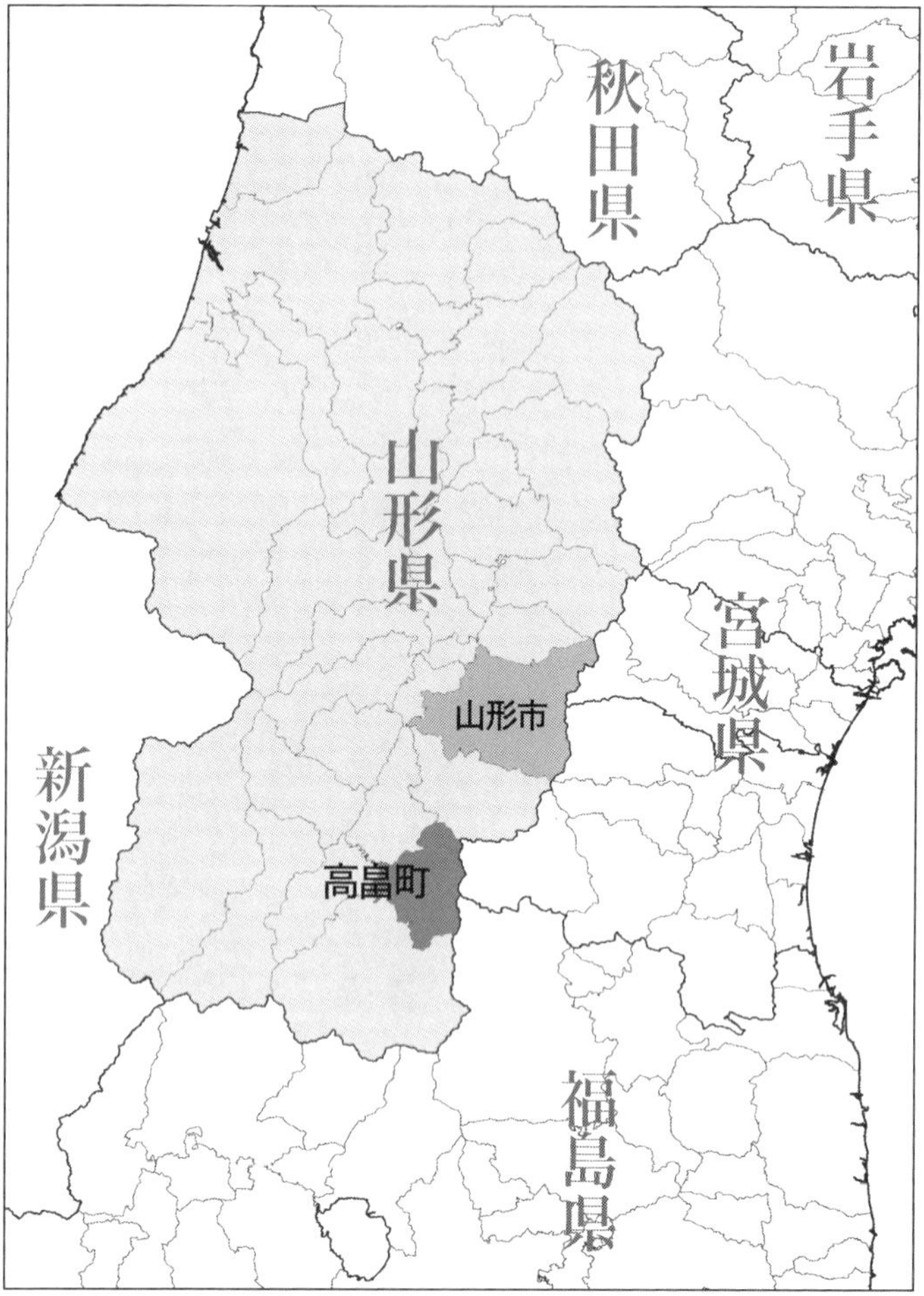

高畠学　目次

高畠学

〈本文写真撮影〉佐藤充男　（別途記したものを除く）

なぜ高畠へ向かうのか
——キーパーソン星寛治氏と同志たちに学ぶ——

原　剛

勝利の年二〇一〇年

有機無（減）農薬農法を点から面へ広げ、都市のさまざまな消費者の購買活動に支えられて（生産者消費者提携）三八年を経た高畠の農民たちにとり、二〇一〇年は地域ぐるみで積み重ねてきた努力の多彩な成果に、各方面から社会的な評価が寄せられ、高畠の名声を一層高める記念すべき年となった。

一連の動きは量から質へ、物量から心へと、農と食、地域社会のあり方を評価する社会の価値基準が、質的に変化してきていることをうかがわせる。

高畠伝統の稲作分野で農民たちは、この観点から四つの注目すべき出来事を経験した。

①農林水産省と農協全国中央会が主催する第一五回全国環境保全型農業推進コンクールで一九八七年来、独自の減農薬有機農法を続けている高畠町の上和田有機米生産組合（五五戸）が大賞を受賞した。

②中川信行氏が大日本農会緑白綬有功賞を受賞した。中川氏は一九七三年に結成された、日本の有機無農薬農法復活の原点「高畠町有機農業研究会」の若手グループのリーダーをつとめた。さらに一九九七年、同研が発展、解散し町全体の有機農家約八〇〇戸が参加した「高畠町有機農業推進協議会」の会長、そして都市民との交流拠点「たかはた共生塾」の塾長を現在つとめている。

大日本農会はＪＡ農協の前身である。慣行農法を否定し、有機農法に向かった高畠の農民グループは、「生産性とは何か」をめぐって農水省農政と対立することが少なくなかった。中川氏の農協活動への評価もさることながら、二つの全国版受賞は、環境と調和した持続可能な農業と都市との交流を眼目とする食料・農業・農村基本法の施行一一年目にして、ようやくこの対立の垣根が、現実の社会動態に即して取り払われつつあることを意味する。

③上和田有機米生産組合の初代会長をつとめた菊地良一氏が、シドニーオリンピック以来主唱する「食物の科学原論」に基づく成果に注目され、農水省『食』に関する将来ビジョン検討本部」の委員に選ばれた。

④東京の高島屋デパートが、二〇一〇年歳暮推薦リスト筆頭に、新潟魚沼産コシヒカリと並べて高畠産米を選んだ。安心、安全、食味を追求してきた高畠産米の東京市場での勝利である。

高畠の有機農業は経済面にとどまらず、社会公共財とも言うべき環境や教育の分野、即ち農業の多面的な機能の分野で華々しい波及の成果を挙げた。このことに関連して二つの出来事が文化の面で注目される。

①高畠町有機農業研究会の会長、たかはた共生塾の塾長をつとめ、農民文学誌『地下水』同人でもある星寛治氏に山形県から「斎藤茂吉文化賞」が授与された。

茂吉文化賞は山形県の芸術、学術分野で顕著な功績を挙げた個人、団体の顕彰を目的に一九五五年に創設された。

「星氏は環境にやさしい有機農業を実践、県民の視点から詩を創作し、農民文学誌『地下水』の同人となったほか、詩集なども発行した。浜田広介記念館建設にも尽力し、児童文学の発展に貢献した」と評価された。「これからも命と自然の大切さについて表現活動を通して訴えていきたい」と星さんは受賞の感想を述べている。

(『山形新聞』二〇一〇年九月九日付)

②日本の有機無農薬農法復活の原点、高畠町和田の田んぼの真ん中に「小さな地域社会においても、いのちと環境を何より大切にする田園文化社会の実現に向けて」(「たかはた文庫」ご協賛のお願い)二〇一〇年一二月一日「たかはた文庫」が開設された。高畠研究の先鞭をつけた社会学者、栗原彬立教大学名誉教授が寄贈した社会、人文科学書約一〇万冊が体系的に所蔵されている。

集落に散在していた有機農業に関する地域史の史料も集められつつある。「生の資料に基づく有機農業運動資料センター」に、という栗原教授の願いは、農民たちの手で着々と実現に向かっている。

高畠への道のり

戦後五〇年目の一九九四年八月、毎日新聞東京本社論説委員であった私は、初めて高畠町元和田の集落に星寛治氏を訪ねた。正確には長女里香子さんが、町立和田小学校一九七七年の卒業綴方に記したとおり「百姓になっている」か、確かめるためであった。里香子さんは、将来の希望を問われた五五人の級友の中で、ただ一人、「農業です」と答えていた。
「私は百姓になります。台風や豪雪の災害は怖いけど、やっぱり、私は自然と一体になった生活が好きなので」と里香子さんは記している。

昼下がり、玄関の板の間に置かれた小さな蚊帳に向かい、まどろむ赤ん坊（長男星悠一郎君）を、星夫人と覚しき人がうちわであおいでいた。

京大で農学を学び、山形県庁に勤めた里香子さんは、良き同志である伴侶を得て、当時生家へ引っ越してきたばかりだった。

私は一九六一年毎日新聞東京本社に入社、事件を担当する社会部記者をつとめてきた。論説委員に転じて間もない一九九三年一二月、ＧＡＴＴウルグアイラウンドで日本のコメ市場が部分開放された。

この年のコメの収穫は冷害と台風、そして長雨のため、平年に比べ作況指数七四の大凶作となった。それを横目に市場自由化の貫徹を求め、経済界の農業批判が激しさを増していく。

私は環境サイドから中山間地を現場に選び、食糧自給の必要性も含め、環境政策と農業政策の合体を主張し、政府の自由化政策に疑問を呈し続けた。東京のジャーナリズムでは孤立した論調であった。

閃いた「希望」の一文

自民党と農協、農林省が組んだ、既得権擁護的な慣行農政を擁護するつもりは全くなかった。時代の動向に盲

有機無農薬農法、生消提携を築いた星寛治さん

いた産官政の惰性を、どの現場のどのような実践に足場をおいて、批判し、日本農業の新たな行く手を提唱すべきか。思いあぐねているときに、星寛治さんと山下惣一さんとの往復書簡に記されていた星里香子さんの〝希望〟の一文が閃いた。

その時、高畑勲監督のアニメーション映画『おもひでぽろぽろ』のいくつかのシーンが、同時に思い浮かんだ。有吉佐和子の『複合汚染』も記憶にあった。一九八六年ストックホルムでのオロフ・パルメスウェーデン首相暗殺事件の取材体験も潜在していたようだ[1]。

初対面の記者に星さんは丁寧に、注意深く対し、自ら耕す完全無農薬有機栽培の水稲田に私を案内した。すでにアキアカネが穂先に舞い、ゲンゴロウが威勢よく田の水を掻いていた。「有機農法とは、地上にあるすべての生命に優しく接触し、かかわっていくことです」。星さんはそう語った。

東北米の会の活動家として高度成長農政の先頭を走っていた星さんが、モリニア病によるリンゴ園の壊滅を機に、二〇歳代の上層農民三八人と共に、「高畠町有機農業研究会」に拠り、慣行農法と農政に反旗を翻す。この地にあって、農協もその試みの助っ人となる。都会の消費者たちが産米を購入、環境保護のコストを含む高値の契約で消費を引き受けていた。産消提携の原型である。「目からウロコ」の取材光景だった。

水俣病の初期から東京光化学スモッグ、農薬による作物と環境汚染の現場を高度成長経済の三〇年間に取材し、市場経済の効率ですべてをはかるこの社会がボタンをかけ違えたことを確信しながら、ではその対抗軸をどこに見出すか、私は混迷していた。一過性の事件に取り紛れ、社会の構造変革の行方を見出しかねていた不勉強な社会部記者は、突然、寡黙な詩人星寛治さんの存在と実践に脳天を痛打された。星さん流にいえば「高畠病にかかって」しまった。共感という名の細菌に侵されてしまった。

一九九四年八月八日の『毎日新聞』社説欄に、通常の二倍の紙面を使い「戦後五〇年・生きる」の題で、論説委員としてこのような考えを読者に問うた。「宮沢賢治の理想を求め——まほろばの里に共生する農」というものだった。

星さんの第二詩集『気圏の夢をはらみ』の「稲の道考」で社説を締めくくった。

田植えの名人だった父が　向こうの畔でわらっている
秋にはきっと　山吹色の波が立つ

その風景を奪われてなるものか　野打ちの火を巻き返し
豊饒の地には　いとしい稲を育てるばかりだ

この詩に託して、多くの読者から心打たれる便りをいただいた。日本人の正気を確信し、私は客観報道を超え

早稲田環境塾生に講義する星寛治さん。和田民俗資料館で

る、主張を交えた擁護報道を意識して試みることになった。(2)

キーパーソンとの出会い

一九九八年、私は早稲田大学大学院アジア太平洋研究科の教授に転じた。過半の院生は五〇ヵ国を超える国々からの留学生たちである。私が主宰するプロジェクト研究（ゼミナール）「環境と持続可能な発展」には、近代化と環境問題を課題にアジア、特に中国政府からの留学生が多数参加してきた。アジア、とりわけ中国の現状に、日本の近代化経験から何を伝えるべきか。

迷うことなく私は「高畠留学」・たかはた共生塾での学習を必須講座とした。講師はもちろん星さんである。(3)共生塾長だった故鈴木久蔵さんの自宅にも合宿させていただいた。私たちは大好きな温泉と酒の恩恵にも連日充分に浴することができた。

星さんの背後から「ゆうきの里・さんさん」チーフマネージャー遠藤周次さん、高畠町議会議員二宮隆一さん、町立二井宿小学校校長伊澤良治さん、南山形そば街道代表、上和田

高畠のキーパーソン。左から中川信行さん、星寛治さん、島津憲一さん、渡部務さん、遠藤周次さん（撮影＝筆者）

有機米生産組合組合長菊地良一さん、共生塾塾長中川信行さん、高畠町有機農業推進協議会副会長渡部務さん、ゲンジ蛍とカジカ蛙愛護会会長島津憲一さんらサムライたちが続々現れ、高畠講座は共生塾の人々と院生たちのにぎやかで楽しい交流の場となった。

七人の院生が高畠で修士、博士論文を着想し、ものにした。なかでも少なからぬ中国人留学生が星さんから生き方、行き方を変えるほどの強烈な影響を受けた(4)。

そのポイントは無農薬有機栽培が、農法を越えて自然環境と耕す教育に鮮明に波及し、福祉や町行政の基層を形作る展開をみせたことである(5)。

学生たちの高畠論文の多くは、星さんを市井三郎氏が指摘するキーパーソンと規定している。

> 人間の歴史には、〈すぐれた伝統形成↓形骸化↓革新的再興〉の共通したダイナミックスが、長期的に観察することができる。（…）
>
> 〝歴史の進歩〟とみなされたことの多くは、逆説的《パラドキシカル》なもの、つまりたかだか、先行する時代の

マイナスをプラスに転じた側面とともに、先行する時代にはなかった新しいマイナスをも生じる逆側面を、必ずともなうものであった。(…)

そのパラドックスをこえるには、過去の〝進歩〟を導びいた諸理念をもこえる必要がある。(…)「歴史の進歩」と称されることには、このように執拗な逆説性がつきまとってきた。そのような事態に、自覚的にとり組み、逆説性を少しでも減らすことによって不条理な苦痛を真に減殺する方策が、新たに探究されねばならない。だが人類の過去の歴史に見られる程度にせよ、人間の不条理な苦痛を軽減する試みは、つねに創造的な苦闘を必要とした。(…)

不条理な苦痛を軽減するためには、みずから創造的苦痛をえらびとり、その苦痛をわが身にひき受ける人間の存在が不可欠なのである。

(市井三郎『歴史の進歩とはなにか』岩波新書、一九七一年)

社会の構造的大転換期にあって、日本も中国も世界もキーパーソンを必要としている。星さんはまごうことなく、青年たちが求めるこの時代の指導者である。

星さんが発するメッセージ、そしてまほろぼの里、高畠の文化性豊かな田園風景の発するメッセージを伝播すべく、私は欧米のジャーナリストや北京大学の教授たち一〇〇人以上を高畠へ案内した。(6)

中国人たちへの衝撃

二〇〇八年六月二六日、日本環境ジャーナリストの会は、中国屈指の環境活動家とジャーナリストたちを「日中環境ジャーナリスト・NGO交流セミナー」に招き、高畠町立二井宿小に案内した。少なからぬ者が天安門事

「たかはた共生塾」に集う子どもたち

件の当事者である[7]。

リヤカーにネギ、カボチャを積んで汗を流す児童たち、地元産のスギ、ヒノキを使った教室で涼風とセミしぐれに包まれて授業中の児童たち、中国人たちは到るところでリンゴのような笑顔の子供たちから「こんにちは」、と弾んだ声を浴びせられた。東京では見せたことのない、晴れ晴れとした笑顔で、だれもが「ニイハオ」と答礼した。

二井宿小学校生六八人のうち八人、お隣の保育園児一一人のうち二人は中国人の母親を持つ。伊澤良治校長先生からそのことを知らされ、中国人たちの表情が一瞬緊張した。

日本人と日本の社会を、必ずしも肯定的に評価しないジャーナリストとNGO指導者たちである。だが、高畠取材後、全員が「高畠で驚くべき日本人たちに出会った。日本が見えてきた」とリポートにその感動を記した。

彼らの思いは中国社会の現状へ向けられた批判その

ものである。それは一九九四年の私の高畠経験に通じる。

共産党機関紙『光明日報』の科技部記者馮永鋒は、「星寛治先生に捧げる」と題した一篇の詩を残した。(8)

二つ、三つ、四つ人類の村落の間に
空が大地と情感を交わす処に
硬い岩が海へ流される前に
貴方が六〇年間に醸し出した思いを人々が撒き散らした
そして、この大地に存在するあらゆる柔らかい成長と繋がった
共に繋げばそれははるかに我々を越えていく
雀に庇護を与え、蛍の幽かな光を揺らして
神の翼下に彼らの棲家を作り
鳥たちは戦いを止めた
この世に常にこのような樹がそびえ立ち
他の土地の樹の傍らに立ち並んでほしい

（薫振華訳／前中日文化交流センター・日本部副部長・早大アジア太平洋研究科卒）

「樹」とはたかはた共生塾の庭にそびえる三本のセコイアの大木である。

この思いは中国人に限らない。東京の企業、ジャーナリスト、大学人、自治行政、市民組織の人々が加わる早稲田環境塾は、その第一講座「環境とは何か、地域社会から実証する――自然、人間、文化環境の統合をめざし

て」（高畠合宿）を星寛治さんの講義から始める。塾生たちは今、街と村の交流、学習の場「たかはた共生塾」に加わり、農作業と農民との交わりに汗を流している。

注

（1）農林業の「多面的機能」という言葉を、その内容を吟味することなく使うことは慎みたい。農林業サイドから定量的、定性的にその機能の価値評価が試みられているが、私は農の多面的機能の意味を一九八五年、留学中のスウェーデンで強く実感させられた。パルメ暗殺事件の取材で訪れていたストックホルムの刑務所では、受刑者が出所する条件に家族農業を営む農家に滞在し、農作業を手伝うことで、人間性を取り戻す矯正プログラムを必修させられていた。多くは麻薬犯罪にかかわった人たちである。死刑のないこの国では、犯罪者の反社会性をどうしたらコストをかけずに矯正し、コミュニティへ帰せるかに、農業が有する、恐らくは生命と触れあう教育的な機能を活用しているのである。

（2）「事実報道」と「没評論原則」に基づく客観報道は、新聞が読者の信頼を得る原点である。しかし報道対象に「持続可能な発展」の視点が入ってくることにより、環境ジャーナリズムの報道姿勢は「持続可能な発展」のために何か大切な価値を守り、育てる擁護報道（advocacy journalism）、そして社会になにかを提唱する報道（agenda setting）の傾向を内包することになっていく。形式的な客観報道を超える、正確で構造的に分析された情報を提供し、環境問題についての民主主義社会の自己決定力の向上に貢献しようとする試みである。

一九四六年の新聞倫理綱領は「ニュースの報道は絶対に記者個人の意見をさしはさんではならない」とした。しかし二〇〇〇年の新綱領は「報道は正確かつ公正でなければならず、記者個人の立場や信条に左右されてはならない」と「報道の限界」を微妙に変えた。新聞倫理綱領検討小委員会委員長・中馬清福氏（朝日新聞）は、その理由を「二一世紀のニュース報道は、もしかしたら、今以上に記者個人の「意見」が求められるかもしれないではないか」と述べている（『新聞研究』二〇〇〇年八月号）。

「記者個人の意見」とは、〈持続可能な発展〉という「人間の生存にかかわる」、かけがえのないものを擁護しようとする環境ジャーナリズムにとって、擁護報道ないし提唱報道を意味するものであろう。環境報道に内在し始めたサスティナビリティの意識は、報道の手法に変化をもたらしつつあるといえる。

（3）山村地域特別対策事業として和田民俗資料館が七七年に建てられた。住民が自ら管理に当たり、住民間及び都市民と有機研の活動拠点として利用されている。九〇年「たかはた共生塾」が設けられ、自然と人間、都市と農村の共生を願って一九九二年「まほろばの里農学校」が開校した。農村文化の向上を期し、宮沢賢治が一九二六年八月に設立した「羅須地人協会」に習う試みと思われる。青年たちは出稼ぎで得た金で宮沢賢治全集を求め、回読していた。

たかはた共生塾の鈴木久蔵塾長は、まほろばの里農学校の目的を次のように記している。

「『たかはた共生塾』は新しい地域づくりと、人間の生き方を探る場として平成二年に発足した塾である。私たちの街高畠は豊かな自然に抱かれた〝まほろばの里〟であるが、以前よりその恵まれた自然環境を守り、汚染されない農産物を作るべく、有機農業研究会、上和田有機米生産組合など若い農業者を中心とした運動が進められてきた。これらの運動が作り出した都市と農村者の提携、自然と共に生きる暮らしのあり方を地域の中に広げると共に、新たな生活の原理を都市に送り出すことを一つの使命と考えて活動している。今こそ都会の人々へ新鮮な野菜ばかりでなく、心の糧こそ贈らねばならない時であると思う。ここに農学校開校の理由の一つがある」(『まほろばの里農学校記録集』より)。

(4) 宮崎昌「持続可能な発展を可能とする街並みの条件とその景観に関する研究――都市空間・農村空間における景観の違いに見る互いの発展の方向性」二〇〇一年。

佐方靖浩「持続可能な共生型地域社会の原型を探る――人とコミュニティーの持続可能な新しい関係」二〇〇一年。

平澤記美子「情報から理解へ、認識から行動へ――有機農産物消費者団体の環境配慮的行動をモデルとして」二〇〇二年。

吉川成美「日中有機農業生産の形成と政策転換――自給体制からWTO体制へ」二〇〇二年。

原剛研究室プロジェクト研究「環境と持続可能な発展」による共同調査・研究「農業との関連でみた環境保全の現況」(環境事業団地球環境基金委託調査)二〇〇二年。

武井智史「近代農政における有機農業運動の意義――山形県高畠町上和田地区を事例として」二〇〇六年。

中国政府農務部(農林省)から留学した向虎、洪志傑は、高畠から素材を得て向は博士論文、洪は修士論文を作成した。

向虎「『退耕環林』と山村社会の内発的発展――政府と農民の対立構造の克服」二〇〇七年。

洪志傑「有機農業・産消提携の構造に関する日中比較研究――持続可能な社会発展への提案」二〇〇七年。

(5) 早稲田環境塾第四期第三講座テキスト『高畠研究』二一頁、表「高畠町に見る農業農村の多様な役割と多面的機能」(小学館集英社プロダクション、二〇一〇年)。本書四三頁。

(6) オギュスタン・ベルクは風土、景観、風景の相関を、風土(milieu)とはある社会の、空間と自然とに対する関係であり、景観（environment）は風土の物理的あるいは事実的次元、風景（paysage）は風土の感覚的かつ象徴的次元で、風土性の表現である、と定義している。景観は客観的な存在であり、景観に対する時に誰もが客観的に理解することが出来る工学的な現象である。風土の科学的な解釈だと言える。風景は景観と見る人とを結びつけたもので、「風土のすぐれた啓示者である」とオギュスタン・ベルクは述べている（オギュスタン・ベルク『風土としての地球』筑摩書房、一九九四年、五三—五九頁）。

風景とは景観に自分の意識や記憶を介在させて、独自に景観像から読み取る景観を総合化し、文化化した像であるといえよう。

「農村地域が担う役割」として「伝統文化の保存の場」が挙げられている（農林水産省「農村地域が担う役割」）。

勝原文夫は、風景としての農村空間に「国民的風景」を見出している。

「文芸評論家の奥野健男は生まれ育った故郷の風景を中心として幼少時代、青春期の『自己形成の空間』を原風景としてとらえている。そして個人の原風景の中には国民的原風景とでも呼べるものが共存している。国民的原風景が形づくられるには国民的な伝統も大きく影響する、日本人は農村の風景を直接に〝故郷〟という形で〝原風景〟とするばかりでなく、農村に直接、故郷を持たないものも、弥生時代から日本人が水稲農耕の民であった伝統を通し、農村の風景を原風景となしうる。つまり、農村に育った者にも都会に育った者にも強い弱いのちがいこそあれ、水田の連なる農村の風景は、日本人にとってまさに最も大切な原風景ではないか」（勝原文夫『農の美学』論創社、一九九七年、iii—iv頁）。

原風景は水田の景観にとどまるものではない。

日本学術会議は農水大臣からの諮問「地球環境・人間生活に関わる農業及び林業の多面的機能の評価について」に対し、以下のように答申している。

「里山を背景とした『日本的な原風景の保全』は国民に歴史、文化の重みと誇りを喚起する意味でも重要である。それは（二次的な・新たな自然）景観形成機能とはまた異なった、日本の心、魂の保全ともいえるものである。棚田・段段畑に刻まれた先祖の築いた歴史・文化は観るものに感動を与えずにはおかないものである。

『新しい自然景観の形成』は保全と同時に新しい文化の創造という意味においてまた重要な機能である」（日本学術会議『地球環境・人間生活に関わる農業及び林業の多面的な機能の評価について』二〇〇一年、四九頁）。

（7）日本環境ジャーナリストの会「日中環境ジャーナリスト・NGO交流シンポジウム」（第一〇回アジア環境ジャーナリスト交流セミナー報告書、二〇〇八年）。

(8) 早稲田環境塾塾生高畠レポート「高畠で考えたこと――環境保護には〝公共知的エリート〟が必要」(『高畠研究』一二〇頁)。本書二五一頁。

有機無農薬栽培米の水田風景。後ろは奥羽山脈

第Ⅰ部　なぜ、高畠か

原　剛

原剛（はら・たけし）　早稲田環境塾塾長。詳細プロフィールは本書奥付参照。

有機無農薬農法がもたらしたもの

［農政との関連で］

原点としての高畠

高畠町は山形、宮城、福島三県が境界を接する山形県の標高三〇〇メートルほどの奥羽山脈の山麓にある。総面積約一八〇平方キロ、人口約二万五六九〇人（二〇一〇年八月現在）、農工商が混在するが、大部分の土地で稲作、果樹、酪農が営まれている。

一九七二年、地域のリンゴ園が突然病害で全滅した。稲とリンゴを栽培する専業農家で、農民詩人として知られる星寛治（一九三六年生）は、地力の衰えを実感し、農法を見直そうと二〇代の若い農民三八人と共に、一九七三年「高畠町有機農業研究会」（有機研）を結成した。「儲かる農業」と出稼ぎを止めて「自給農業」への回帰を目指す。健康、安全、環境が合言葉だった。

会員のほぼ全員が一九五九年に始まる日本有数の青年団活動あるいは自治研修活動に参加していた。有機研の設立には、こうした自立心旺盛な農業青年の積極的な取り組みと同時に、町役場、農協の役職職員層と社会教育関係の指導者の協力が原動力となった。協働をもたらした高畠の場所性（topos）に注目したい(1)。

出稼ぎを拒否し、自給により暮らしの資源を得る模索の過程で、近代農業と対立する「もうひとつの農業」の可能性、有機農業の存在を知り、星たちは有機農業研究会を発足させた。当時は公害問題が国民的課題として論じられ、各地で公害反対運動が展開されつつあった。高畠でも六一年に誘致したジークライト社工場による公害への反対運動が、町の行政、青年団を交えて展開されていく。このような社会状況で高畠町の農民有志は農薬と健康の問題、生産や生命の問題に関心を持ち始め、農薬と化学肥料を多用する農民は、健康被害者であると同時に消費者への加害者でもある、という現実と自覚的に向き合うことになった。そして、安全な作物を作ることを意識し、有機無農薬稲作運動に取り組む基盤を形成していく。全国農協中央会常務理事をつとめた一楽照雄が、一九七一年に結成した「日本有機農業研究会」がその強力な後ろ盾となった。

営農の規模を拡大、儲かる作物を量産し、労働生産性を工場労働者並みに引き上げることを目的とした農業基本法による農政の路線とは、明確に対立する農民の選択であった。

二〇〇八年には、減農薬農法による農民を含め約一〇〇〇人の農民たちが連合し「高畠有機農業推進協議会」を結成、技術研修や交流を行っている。事務局を町農林課に置き、官民一体の体制で動いている。二〇〇〇年九月、高畠町は「食と農の重要性と農業が持つ環境保全や国土保全、地球温暖化の抑制といった多面的役割を理解した上で、それぞれの役割を以って、これからの機能を守り、先人の築いた文化遺産や伝統と共に、後世に伝えていく義務と責任」を掲げて「たかはた食と農のまちづくり条例」を制定した。高畠は有機農業の町として大きな力を備えつつある（農家数は専業従事者一八二戸、第一種兼業は六二七戸、第二種兼業一二七二戸の合計二〇八一戸、農家人口一〇〇四八人。二〇〇四年度農業センサス）。

他方、農産物の生産者・消費者提携は、都会との交流を深めていった。

民俗資料館を拠点に都市住民の農業体験と地域住民との交流、学習を目的とする「たかはた共生塾」は、二〇一〇年で創立二一年を数えた。塾が主宰する「まほろば農学校」での実践学習を体験した市民を主に、約八〇名の都市住民が高畠に移住している。

有機無農薬農法の原点である和田地区は、共生塾を拠点に高校生や大学生のゼミナール研修の場に選ばれている。有機無農薬米の購入を通じ、一九八一年以来交流を重ねてきた東京・墨田区との間では、阪神淡路大震災後、地域ぐ

「たかはた共生塾」の本拠、和田民俗資料館

るみの災害救援協定を結び、墨田区では毎年一二〇〇俵の高畠産減農薬有機栽培米を区内の学校給食に用いている。

一九七五年町教育委員に選ばれた星が提唱した「耕す教育」に従い、高畠町立の全小中学校は校有田、校有林を備え、PTAの協力による「耕す教育」が始まった[2]。

この三七年間に高畠で何が起きたのか。日本の農政史を顧みて高畠の有機無農薬農法が提起した多彩な成果の意味を、早稲田環境塾が定義する自然環境、人間環境、文化環境を統合した「環境」の原型（prototype）との関連で考えてみたい。

近代農法への疑問

星寛治は一九三六年、旧和田村の川北上集落に生まれた。奥羽山脈の直下の地形、気候とも厳しい条件不利地にある貧村であった。星家はこの土地に三〇〇年を越す歴史を刻んだ旧家で、六ヘクタールの田畑と二〇ヘクタールの山林を経営する地主であった。隣接の米沢市の名門高校「興譲館」に進学したが、五人兄弟の長男であるため、切望していた大学への進学をあきらめざるをえなかった。

「幽閉の村」で失意の農業を強いられた星は、「村の困窮と立ち遅れは、結局、農民の知的総合力の低さに起因する」と判断、一九五四年に「読書会」を主宰する。その年に高畠町議員を務めていた父親から農業の経営を継いだ。他方で高畠町連合青年団長星は、青年たちを率いて六〇年安保の闘いに加わり国会包囲のデモに参加する。

政府が所得倍増計画を公約した翌年の一九六一年、農地の規模拡大と儲かる作物への集中を手段に、工場労働者との生産性格差の解消を目的に農業基本法が制定された。一九六二年には第一次全国総合開発計画（全総）が閣議了承され、石油コンビナートに象徴される大規模地域開発を手段に、工業化と都市化によって経済の高度成長が追求されていく。

農業基本法は農作業の機械化、化学農薬、肥料の多投によって、単位面積当たりの作物収穫量（反収）を増やそうとした。第一次全総の農業版高度成長路線を目指す試みであった。農業基本法に基づくいわゆる基本法農政は、それ以前の慣行農法を否定し、近代農法を国策として推進することになった。

農業近代化の渦中にあって、星は農地集団化事業の推進委員や多収穫の技術を広げる「東北米の会」の会員になった。農業基本法農政が盛んに展開された時代に、星は近代農業のただ中にいたといえる。

高畠町の田畑でもトラクター、田植え機が牛や馬に取って代わった。地力のもとだった稲ワラは焼かれ、化学肥料と農薬が氾濫する。家中に電化製品が、サイドボードにスコッチが並んだ。しかし「何かが変だ」と思い始めた七二年、一〇年かけて育てた星のリンゴ園一ヘクタールがモリニア病で全滅した。この年にストックホルムで国連による初の地球サミット「第一回国連人間環境会議」が開かれ、採択された「人間環境宣言」の勧告は、第二分野「天然資源管理の環境的側面」の項で、「農業及び土壌」について概略次のような観点から農業政策と環境政策の統合の必要性を各国政府、国際機関に勧告した。

＊総合的害虫駆除のための国際計画及び農業用化学物質の有害な影響を減少するための国際協力を強化、調整すること。
＊農業と肥料の生態学的影響に関する基礎研究。
＊肥料の使用量と施肥時期及び肥料の土壌生産力と環境にあたえる影響。

＊生物学的駆除を含む総合的害虫駆除の管理業務と技術。

高畠町有機農業研究会が目指す方向は、近代農業の転換期を予告する国際的な時代の要請に合致していたと言えよう。

その前年の一九七一年には、農法の近代化が人体汚染と

和田民俗資料館の庭にある一楽照雄碑。「子供に自然を　老人に仕事を」

環境破壊を招いていると批判して、農協系の「日本有機農業研究会」（代表・一楽照雄）が発足していた。地力の衰えを実感した星は、農法を見直そうと二〇代の若い農民三八人とともに、七三年「高畠町有機農業研究会」を結成する。自然農法家福岡正信や、有機農業の父と言われた一楽照雄に出会い、「儲かる農業」と出稼ぎをやめて、「自給農業」への回帰を目指す。健康、安全、環境が合言葉だった。

この背景には一九七一年に始まった米の生産調整政策の衝撃があった。農民たちは望みを失い、出稼ぎや兼業に走る。しかし、高畠・和田地区の農民たちは逆境の中で、地力を劣化させ、出稼ぎで得た農外収入で農機具や肥料コストをまかなうような農業近代化政策に疑問を深めていった。活発な自治活動で全国的に知られていた高畠町連合青年団は、一九七二年「出稼ぎ拒否」を宣言する。その減収を農産物を自給することで補おうと試みた。一九七三年に発足した高畠町有機農業研究会は、この自給運動に連なるもので、有機無農薬栽培は商品作物ではなく、自給のための作物作りから始められた。

有機農研は「小規模複合経営」「経営の有畜化による循環資源の活用、自然との調和、生き物のいる村づくり」「生

産・生活資材の手作り、自給農業の推進」「農民と消費者の健康を守る健康な食べ物作り」を目指した。その具体的な実践活動として、農協や行政に対し有機農業運動への理解を働きかけ、生協との連携や地場消費、直売の拡大、農民ばかりでなく地域運動として進めていくことを目標とした。作物の選択的拡大と営農の規模拡大によって、労働生産性を工場労働者並みに引き上げることを目的とした農業基本法農政の近代化路線とは、明確に対立する地域営農の選択であった。有機無農薬農法は農法として確立されていくのだろうか。星はその軌跡を顧みる。

冷害を克服した有機無農薬農法

「初めの年の反収は六俵でした（慣行農法では約八・五俵穫れていた）。しかし一〇アール二トンの堆肥を入れて、べっこう色に輝くような玄米が取れたのです。あんなに苦労したのにたったこれだけか、という思いと、農薬、化学肥料を使わない宝石のようなコメが取れたという思いが交錯して複雑な心境でした。

七俵から七・五俵穫る者もいた。二年目は大旱魃で私のところは六俵でした。標高二八〇メートルの中山間地ですから。

一九七六年は大冷害に襲われました。宮沢賢治の『サムサノナツハオロオロアルキ』という詩の一節を彷彿とさせるような寒い夏でありました。お盆が済んでも八月末になっても穂が出ないんです。今年は収穫皆無だなあ、とあきらめておったところに、一か月遅れて夏がやってきて、ようやく何とか遅れて実ってくれました。

しかし普通の農薬を使っている田んぼは例年の半作以下、山あいの田んぼの収穫は皆無の惨状を呈しておりました。全体が赤茶けた風景だったんです。イモチが発生して。そこにポツンポツンと奇跡のように黄金色の田んぼが現れたんですね。それが三年目を迎えた有機農業研究会の会員の田んぼでした。

あんな変わり者の集団、現代のドンキホーテ、自分の新婚早々の奥さんまで駆り出して、草取りに四つんばいさせて、嫁殺しの農業だなどと、いろんな陰口を叩かれていたようで、私の耳には直接聞こえてこなかったが、後で聞くとそういう中で若者たちは点の存在でありながら屈しないで、志をもって続け、三年目を迎えていたのです。

有機無農薬農法の水田の稲。野草のようにたくましい

周辺が半作以下の大変な凶作の年に収穫してみると平年作に近く、私の田んぼでは九俵半、平野部では一〇俵とか一〇俵半穫れました。」

有機農法の田んぼは無機農法の田んぼに比べ地温が三℃高いことが確認された。有機質を大量に含んだ土に充満する細菌、かび類、藻類、原虫などの微生物とミミズなどの小動物が発するエネルギーである。

有機無農薬農法への評価は一気に高まる。初期除草剤を一回使用する減農薬農法による「上和田有機生産組合」（菊地良一組合長）が八七年に結成され、八九年までに第一種専業農家を中心に一三〇戸が加わった。有機農業は点から面へ拡がり、高畠・和田地区の多数派を形成することになった。

農業の多面的機能を証明

「新しい農基法（「食料・農業・農村基本法」一九九九年）は農業がもたらす多面的な機能をうたっているんですね。環境保全とか文化、余暇活用とか色々な面で農業が大変な役割を果たしていることが、しだいに理解されるようになりました。

　有機農業三〇年の風景は、まさしく多面的機能に溢れた小世界であります。

　環境面で和田地区は生き物の楽園に変わってきた。蛍なんかも乱舞するようになりました。アカトンボも早い段階から蘇ってきた。タニシとかドジョウとかフナとかが全く姿を消した時代があったが、これがどんどん増えてきています[3]。

　生産面では土がよみがえると同時に、生産が安定してくるという、いわば生きている土の贈り物という感じで生産が安定し、収量もしだいに多くなるという段階を迎えています。」

有機栽培野菜の成果

「有機無農薬栽培に切り換えて三年目と三〇年の田んぼとでは、姿形は同じでも中身はまったく違うということはコメ、作物を食べてみればはっきり区別していただけるのではないかと思います。国が定めた認証基準は三年以内は転換期間として位置づけ、三年経ったら有機農産物として認証するのだから、三〇年頑張っても三年目も全く同じ物差しで計られる。私たち有機農業研究会の会員は、消費者との提携を基本にしているので、認証は全く受けていません。」

　「姿形は同じでも、化学農法で栽培された野菜と有機栽培野菜とでは中身はまったく違う」という主張を、食品分析で定評のある米ニュージャージー州のラドガース大学による野菜の含有ミネラル成分の分析数値が裏付けている、と星は指摘する。

野菜のミネラル成分比較　キャベツ

	ASH	P	Ca	Mg	B	Mn	Fe
オーガニック	10.38	0.38	60.00	43.60	42.00	13.00	94.00
ノンオーガニック	6.12	0.18	17.50	13.60	7.00	2.00	20.00

ラドガース大学

慣行栽培に比較して、必須栄養元素の含有量が有機栽培のキャベツには多く含まれていることが示されている。

　「有機栽培の作物は美味しいとか安全性とか栄養がたっぷり含まれているという、食べ物の条件を満たすと同時に、最近注目されてまいりました機能性、例えば、ストレスだけではなくてアレルギー、生活習慣病を抑止したりする機能性があるといわれています。有機農産物の優位性というものが

高畠町に見る農業農村の多様な役割と多面的機能

日本学術会議が作成した「農業の多様な役割と多面的機能」に示された評価フォーマットの範囲で、高畠町和田地区の有機無(減)農薬農法に拠り顕在化された事例をまとめた。

多様な役割	多面的機能	高畠・和田地区の有機無（減）農薬農法により顕在化された事例
持続的な食料供給	安定・安全・安心	食の安全を求める消費団体との生消提携34年 東京墨田区の学校給食用の有機米の供給、同区との災害時の区民の受け入れ、食料支援協定
環境への貢献	土地空間保全	有機無（減）農薬生産農家群による産廃処理工場、ゴルフ場の立地阻止。農業地域を一団地として保全することに拠る地域の自然環境、生態系の維持
	生物多様性保全	国立公害研のヌカエビ生存率テストにみる水田生態系の営み。ホタル、アカトンボ、ゲンゴロウ、ミズスマシ、タニシ、ドジョウ、フナなどの繁殖。食物連鎖による鳥類、小型哺乳類の活動
	物質循環調整	堆肥センターによる農業生産残滓の有機肥料化と水田への投入によるゼロエミッションシステム
	水循環制御	最上川最上流の水源地帯に位置し、棚田による水のストックと涵養。農家林家営農形態による水源林の機能の維持
地域社会の形成、維持	人間教養	たかはた共生塾、まほろばの里農学校に拠る農民と都市住民の交流、学習効果。地域参加をキーワードとする高畠高校の有機農業実習課程を含む総合高校への再編。小中校での耕す教育による生命尊重、環境保護意識の向上。 農業・農業地域が有する人間性に魅せられ都会から80人が移住、定住、農業に従事
	人間性回復	高畑勲監督「おもひでぽろぽろ」、矢口史靖監督「スウィングガールズ」など若者のヒューマニティーを素材とする話題映画の舞台となる。福祉施設への農作業導入による生命とのふれあい効果
	伝統文化保存・地域社会振興	農業・農業地域の安定した営みが、数々の土俗の祭神と杜、祠、安久津八幡に伝わる倭舞や延年の舞、亀岡文殊祭礼の継承を支えている 食品加工の地場産業に有機無（減）農薬農産物を提供、経済効果と雇用を地域にもたらしている

農薬散布に代わる合鴨農法

科学的に証明されつつあるという風に思っております。また生体調節機能について抗変異原性、抗腫瘍性、抗酸化性、消化促進系、抗便秘性、抗肥満性、血圧調整の免疫不活能、学習記憶調節性、つまり子供たちの学力が向上するということにもつながる機能があるといわれています。」

「我々は今まで、有機肥料というものは、一旦発酵して分解、無機質の状態になって初めて吸収される、と教えられたし、そう思ってきたのでありますが、最先端の研究によりますと、有機体のままで、たとえばタンパク質、アミノ酸の状態でも作物によってはかなりな割合で吸収し、生育にそれを活用しているということが分かってきたというのです。私たちも長年の経験から、実際に投入した堆肥が持っているであろう肥料成分、窒素・リン酸・カリとか主要な成分を掛け合わせていっても、有機栽培の作物がこんなふうに順調に育つはずがないのにという風に思っておりました。

最新の研究によってその秘密みたいなものが、次第に明らかされ、有機農業の科学的な裏付けというか、新たな理論構成が可能になってきたと、そんな風に思えるわけですね。」

有機農研が政府農政に対置したもの

農業版の高度成長策を担った農業基本法農政は、高畠の若い上層農民に多くの政策矛盾を自覚させた。

生産方法の規格化、効率化により大量生産のスケールメリットを追求する経済の高度成長策は、農業生産の場でも化学肥料、農薬の多投入と、農民の出稼ぎによって購入せざるを得ない重量農機具の導入とによる土壌への圧迫を招いた。残留農薬への憂慮は都市の消費者に、農産物の安全性への懸念をもたらした。経済財の域を超えて自民党農政の政治財と化したコメを中心に、農産物の過剰と補助、助成制度による厖大な財政負担が経済の合理性を越え、市場需要との乖離を深め、食管制度を崩壊させる。そして効率と規模拡大を求める農法が原因の水質汚濁、土壌侵食、地力劣化、生態系破壊が農業による環境負荷を顕在化させ、農政に生産調整と環境保全型農業への同時改革を迫ることになった。

高畠有機農業研究会の三八人の同志農民は、農業をめぐるこのような構造変革期のさ中の一九七三年に決起することになった。しかし有機無農薬農法といえども、作物の購買者なしには成り立たない。星はその間の事情を語る。

都市消費者との産消提携の試み

「三年目の冷害を乗り切ったその年に、東京、神奈川あたりの主婦が中心になって市民運動スタイルの消費者グループを作っておって、合成洗剤を追放して石鹸に変えるとか、牛乳、卵の共同購入とか、まだ極めて初歩的な活動をやっておった段階だと思うのですが、そのリーダーの方が三人連れ立ってお出でになった。その方たちが私たちの実践を、有吉さんが訪れて取材したのと同じ畑でご覧になり、『こういう方法で作ったコメであるなら野菜であれ、果物であれ自給して残ったものを分けてもらえないだろうか』と要請されました。しかし虫食いの野菜であったり、不揃いのリンゴであったり、ジャガイモとか野菜類であったり、トウモロコシもしっかり実っていなかったりで、市場に出荷できないものばかりで『こんなもので本当にいいのでしょうか』と半信半疑だったんですね。若者たちは。」

有吉佐和子が七四年、『朝日新聞』小説欄にルポルタージュ『複合汚染』を連載し、農薬による人体、生態系汚染

星さんのリンゴ園。作家・有吉佐和子がその味を激賞したというリンゴの樹。星さんの宝ものである

を告発し大きな反響を呼んだ。その現場取材のため、有吉は七四年に高畠を訪れ、三泊四日で星寛治ら有機農研の農法をつぶさに調査した。星は今も有吉が自ら枝からもぎ取り、食べたという果樹園のリンゴの樹を大切に育てている。

有機無農薬米の最初の購入者となったのは「大田区健康を守る会」（東京）の消費者たちである。その前身は水道原水にしていた多摩川の水質汚染による児童のカシンベック病（骨格障害）発生の疑いが報道されたのがきっかけで、合成洗剤の追放運動に取り組んだグループである。また「たまごの会」は卵からＰＣＢが検出されたことをきっかけに、首都圏に住む消費者たちが茨城県八郷町に自給農場を開いていた。いずれも一九七五年から高畠有機無農薬米の購入を開始し、都市の公害と自ら向き合い、反公害運動を生活の次元で実践していた。有機農研との生消提携は、生産と消費の次元で食の安全、安定を目的に、ともに農業と環境の統合を目指す先駆的な試みであった。

高畠は日本で有機無農薬農法による稲の栽培が組織的におこなわれ、都市の消費者との提携により購販売する生消提携の原点となった。

一九七五年に始まる生産者、消費者提携により、有機農研の農産物価格は市場の相場とは関係なしに生産者と消費者の話合いで再生産が保障される農家手取額を決め、コメ六〇キロの価格は三万三千円で約三〇年間変わっていない。米価の下落で慣行栽培米が六〇キロ一万二七八一円（二〇一〇年産米の一〇月の卸値）と低迷しているのと好対照である。ただし、凶作で六〇キロが五、六万円に高騰した時も三万三千円は不動の価格として保たれた。

田園文化社会の創造へ

「日本も成熟社会に入りつつありますから、今までの物質文明とは違う幸せを追い求めていくという、新たなものさしを持たなくてはいけません。そのためには命を何より大事にしていく。世の中で、絶対的なものが一つあるとするならば、それは命です。自然に対する恐れから発した尊敬と崇拝の中で、ヤオヨロズの神々が共存している図というのはアジアの中で日本だけなのではないかな。柔らかさ、相手を認め合う包容力というものが、日本という文化の根底を流れていると思いたい。農の喜びというものを根底に置いた、命と命の関係、連鎖という物の中に、共鳴し合って、地域社会は二一世紀の文明を作りだす小さな力になっていかなくてはならない。

宇沢弘文氏に言わせれば、福祉と同じように農業は、公共的社会性をもった公共財としての性質が強いので、市場原理だけではなく、社会的な公正を保つため、行政の関わりは必要だと思うのです[4]。

その場合は国民の血税を投入していただくわけですから、都市と農村との関係を今までとは違う新しい親戚付き合いのような、いつでもこちらへ来ていただけるように人間交流、絆をしっかりと固めていくような関係を作っていくということでしょうね。例えば、墨田区とは高畠産のコメを学校給食に使い、墨田区に災害があれば高畠に区民を受け入れる関係を築いています。阪神淡路大震災の後の試みです。単なる儀礼的な姉妹都市ではなく、もっと実質的な共に生きるという関係を結んでいくことが農業の公共的な社会性を実現するには必要でしょう。高畠では和田小が主体となり、五、六年生の父兄が中心となり東京の子を受け入れ、さらに一二〇〇俵の減農薬米を墨田区の学校給食に使っていただいています。堆肥センターの堆肥使用を義務付けた減農薬米です　これから先の一〇年、私たちは何を目指してやっていこうとしているのか、新しい田園文化社会を創造していくということに尽きると思います。

文化というのは耕す、土地を耕すというのが農業の語源ですから、農の世界にこそ本当の文化があるのです。私自身は生命地域主義という米西海岸カリフォルニア州から発想され、ゲイリー・スナイダー・カリフォルニア州立大教授が描く地域社会を目指したいと考えています。水系を一つの区切りとした命を育む範囲の地域の中で、循環して永続している社会、というものを生命地域主義とよんでいます。」(5)

高畠の軌跡をたどる農政

農業基本法は需要の増減、外国農産物との競合を配慮し、有利な農産物の「選択的拡大」をはかること、そして経営規模の拡大、農地の集団化、機械化などによる「農業構造の改善」を目的とした。農業セクター内部で自己完結する政策を目標に掲げていたといえる。しかし、農業基本法の制定から三八年を経て施行された「食料・農業・農村基本法」は、農業セクターだけの支持にとどまらず、新たな農業政策の展開に国民的な合意を必要とした。

その理由は社会の各セクター代表が参加して新農業基本法のあり方を検討した、首相の諮問機関「食料・農業・農村基本問題調査会」の答申で明らかにされている。「私たちは今、地球資源の有限性や環境問題、食料危機への不安などを強く意識せざるを得ない、文明の大きな転機にたたされている。進歩と発展の明るい高度成長期から一転して、世界的に危機意識と不透明感が強まる中にあって、戦後の農政を形づくってきた制度の全般にわたる抜本的な見直し、二一世紀を展望しつつ国民全体の視点に立った食料・農業・農村政策の再構築がなされなければならない(6)」。

「農業基本法」(一九六一年)を起点に、「新しい食料・農業・農村政策の方向」(一九九三年)を経て「食料・農業・農村基本法」(一九九九年)に至る日本の農業政策は、産業構造の変革、経済の国際化と連動して、農業セクター内部の政策から、国民的な合意を基盤とする食料生産・国土利用・地域総合政策へと変革を迫られてきた。農政は質的な転換を余儀なくされている。

農業環境政策の立案に際して、パラダイムの転換を必要とするに到った社会事情の第一は、基本法農政の大量生産策の結果、主要な農作物が生産過剰に陥っているにもかかわらず、現実に逆行する生産刺激策により、農業予算の非効率な運営の矛盾が限界に達したことがあげられる。EU共通農業政策にみられる、生産抑制と環境保護を合体させた環境保全型農法への誘導が、日本の農政にも必要になった。関連してGATTウルグアイラウンドからWTOドーハラウンドに到る貿易自由化の徹底により、大量に生産され、安価に輸出される農産物の輸出攻勢に対抗して、国産農業は新鮮で安全な農産物の質の比較優位性を消費者に対し、明示しなくてはならない社会状況に至ったことである。

この経過はまた生産者の利益、判断を偏重する官主導の生産刺激・統制政策から、消費者の需要の変化、量から質、物から心への社会認識の動態を映す国内市場需要への接近過程ととらえることが出来よう。生産者至上の国家統制史観を消費者の需要、社会の動態に沿い改めていく試みである。

第二の社会事情は、自然が備えている環境容量とその自浄作用が大量生産、消費、廃棄によるエントロピーの増大、廃棄物の質の変化、量的増加により地域、国境にとどまらず地球規模で破綻しつつあることへの農業セクターからの反応である。オゾン層保護条約、気候変動枠組条約、生物多様性保護条約が示すように、農業は環境汚染、自然破壊の最も脆弱な被害現場となる恐れが強いと認識されるようになった。反面、農業起源の二酸化炭素、メタン、亜酸化窒素は温暖化の原因となり、気候変動枠組条約の京都議定書により規制対象とされた。水質汚濁防止法の要監視化学物質の多くは農薬起源である。食の安全性と環境保護の意識を高めている消費者の求めに応じ、農業セクターは必然的に環境と共生可能な「農業環境政策」への転換を実践せざるを得なくなっている。

一九九九年「食料・農業・農村基本法」とそれに基づく二〇〇四年「農林水産環境政策の基本方針」は、いずれも一九七三年にさかのぼる高畠有機農業研究会の実践が、地域社会で挙げた多彩な成果を三〇年遅れで追認し、政策化したものといえる。

農林水産省の「農林水産環境政策の基本方針」は「健全な水、大気、物質の循環の維持・増進と豊かな自然環境の保全・形成のための施策展開」を基本認識とし、

・大量生産・大量消費・大量廃棄社会から持続可能な社会への転換

・農林水産業者の主体的努力と消費者の理解・支援

・都市と農山漁村との共生・対流

を今後の農政の基軸とすることを公約した。いずれも政府農政による高畠での有機無（減）農薬農法の成果の後追い策というべきである。

高畠の地域社会が立証したとおり、作物の規格化、効率的な生産のための農政から、国土、環境の保全と食の安全とを結びつけ、都市との関連を求めつつ、農政が農村社会の維持政策そのものへ展開せざるを得なくなってきた。

高畠の農民たちは政府の農政の構造的な矛盾に抗し、「近代化」には「慣行の知恵」を対置して有機無（減）農薬農法を、規格、効率化された「市場経済」には、自給に基づく生産者、消費者提携の産直・「協同経済」を、いわば自主的な〝小さな食管制〟として対置することで自活の途を拓いたといえよう。

キーパーソンによる内発的発展

有機無農薬あるいは減農薬農法は、農水省が規定する近代農法に対し、伝統的な慣行農業への復帰を目指す社会運動の一面を持つ。社会運動とは一般的には現状への不満や予想される事態に関する不満に基づいてなされる変革志向的な集合行為である[7]。集合的剥奪に動機付けられて、その回復や阻止のために、現状の変革を求めて複数の人々が共同で行う行為が社会運動である。「集合的剥奪」の内容は高畠では地力、農民の暮らしの質であったといえよう。農薬・化学肥料による農作物と地力、人体、環境汚染への危機感は、農民の側と呼応する都市住民（消費者）との生消提携の社会運動の形をとった。

市井三郎はキーパーソンの概念とその歴史的な背景を、概略して次のように述べている。

> 人間の歴史には、〈すぐれた伝統形成→形骸化→革新的再興〉の共通したダイナミックスが、長期的に観察することができる。（…）
>
> 〝歴史の進歩〟とみなされたことの多くは、逆説的《パラドキシカル》なもの、つまりたかだか、先行する時代のマイナスをプラスに転じた側面とともに、先行する時代にはなかった新しいマイナスをも生じる逆側面を、必ずともなうものであった。（…）
>
> そのパラドックスをこえるには、過去の〝進歩〟を

導びいた諸理念をもこえる必要がある。（…）

「歴史の進歩」と称されることには、このように執拗な逆説性がつきまとってきた。そのような事態に、自覚的にとり組み、逆説性を少しでも減らすことによって不条理な苦痛を真に減殺する方策が、新たに探究されねばならない。だが人類の過去の歴史に見られる程度にせよ、人間の不条理な苦痛を軽減する試みは、つねに創造的な苦闘を必要とした。（…）

不条理な苦痛を軽減するためには、みずから創造的苦痛をえらびとり、その苦痛をわが身にひき受ける人間の存在が不可欠なのである。(8)

有機農業を指向した人々を栽培技術と思想の面から導いた中心人物、星の思想と行動は、キーパーソンと評価されるに相応しい。

農薬と化学肥料の大量投与は収穫量を飛躍的に向上させ、苦汗労働から農民を解放した。それは農業史における「歴史の進歩」と評価するに値する。だが反面で農薬と化学肥料の多投は人体、作物、環境汚染をもたらし、生態系を撹乱した。「先行する時代にはなかった新しいマイナスをも生じる逆側面」をもたらした。

この逆説性による不条理な苦痛を軽減するために、「過去の〝進歩〟を導いた諸理念をも超え」、自ら「有機農業」と言う創造的な苦痛を選びとり、その苦痛をわが身に引き受けるキーパーソンの役割を星は引き受けたといえよう。

社会が変化していく動態は、しばしば肯定的な意味で「開発」あるいは「発展」と表現される。タルコット・パーソンズは欧米の社会が近代化していく過程を分析し、「発展」の類型を「内発発展型」と「外発発展型」に分類した。外発発展型（exogenous development）とは外来モデルの社会システム、技術、資本などを「非近代的」あるいは開発の遅れた社会に導入し、外部の力によって近代化を図る方式である。

対する内発発展型（endogenous development）は地域の歴史と文化、生態系などの多様性を尊重し、多様な価値観に基づく、多様な社会発展の形であるとされる。

一九七二年の高畠有機農研の発足以来、有機農業による自然環境の復元に始まり、人間環境・文化環境の創造、有機農業の理念を追求してきた軌跡は、農業地域資源を活用する内発発展型の理念に沿うものである。

高畠出身の故大塚勝夫早大教授（経済学）は、高畠の四つの魅力を次のように記している。（一）素晴らしい自然環境（美しいまほろばの里）、（二）古い歴史と伝統文化（縄文時代から日本書紀を経て、日本のアンデルセン、浜田広介に到る）、（三）農工商のバランスがとれた産業構造と特産物（地元の農産物を原料として生産される地場産業が活発）、（四）町民の人間性（開放的で、大らかで、親切に満ち溢れている。権力者の横暴に対して屈しない反骨の精神風土）。(9)

リゾート開発計画から産業廃棄物処理場の立地計画まで、和田地域の住民は結束して農の基盤である自然環境を維持するため、外来型の開発圧力を拒否した。しかし拒否のみでは過疎化の進行は止められないと自覚する農民たちは、「外来型開発」に代わる農村地域の資源を活用した「内発型の発展」を目指す必要性を自覚する。そして、この地域の伝統の社会教育に培われた多彩なグループが内発型発展を志向する「和田懇談会」を発足させる。

このような経緯から大塚勝夫は、高畠・和田地区の有機無農薬農業の性格を「内発的発展」によるとし、次のように定義している。

高畠町の地域の有機農業運動は、上からあるいは外から導入された運動ではなく、地域の農民有志が自発的に起こした運動で、地域の「内発的発展」を志向している。内発的発展は外発的発展と異なり、外部の資金や技術、思想、労力に頼ることなく、地域に居住する人々が自分たちの知恵と努力によって、地域の自立と前進を遂げて行こうとする在り方を意味するものである。地域住民の協同参加により、地域の資源、環境、歴史、文化、その他の特色を生かし、独自の発展を遂げていこうとする内容である。(10)

高畠有機農業研究会の同志たちによる、有機無農薬栽培生産の技術・経済面での成功は、高畠町の全農家の半数が参加する「有機農業推進協議会」へ進展、高畠町行政は「第四次総合計画」の中心に、「有機農業の里作り計画」を据えることとなる。

内発的発展論の弱点は、一般的に地域経済を支える代替産業の不在にある。しかし高畠での地元産有機栽培米などを原料にした農産物加工地場産業の活動は、付加価値と雇用創出とをもって地域の経済発展を支えることとなった。

高畠の課題

農業政策と環境政策を統合した農業環境政策が農の現場で有効に機能するには、これらの要因が政策手段に多様にとりこまれて形成される必要がある。農の役割と多面的機能について、農政は定量的評価に偏りがちである。しかし自然、人間、文化の三つの環境がともに維持、培養されていくには、高畠で実証され、表（本書四三頁）に示された農業・農村の多様な役割と多面的機能の多くを占めている、定量化はできないが、定性的には評価が可能な要因を、農業環境政策の対象に取り込む政策理念が必要である。

高畠の有機無（減）農薬農法による営農方式は、三六年間の努力が成果を挙げている一方で、いくつかの課題に直面している。

第一に、有機無（減）農薬農法による営農地域を高畠町全域にいかに拡げていくか。中山間地域への現行の直接支払い制度を、EUの制度を参考に、環境直接支払い制度へどのように改革していくか、農政の支援を必要としている。

第二に、有機無（減）農薬農法を普及していく上で、必要条件である除草技術の開発が必要である。これは農業環境政策の技術開発分野の主課題である。

第三に、担い手の高齢化に伴う生産対策を必要としている。主体は家族農業による自立経営であるが、集落営農の推進、経営体の法人化、二、三次産業まで包括した農業振興公社の設立が必要な地域社会の状況になっている。

第四に、都市との交流を多面的な機能を生かしてさらに多様な内容にする一方、脱都会を目指して高畠へ転居してくる「新住民」に住宅や農地をあっせんする方策が必要である。いずれもその解決に行政の支援、行政との協働を必要とする課題である。

第五に一九七〇年以来運動を支えてきたキーパーソンたちが高齢化したことである。産消提携のパートナーである都市の消費者グループも同様である。

一九七〇年代の高度経済成長期を起点とするオールタナティブ活動を共有してきた世代は、高齢となり生産者、消費者共に活動の一線から退きつつある。新しい世代が先人たちの意思を共有し、継承して参加できるか。時代状況の変化とあわせて生産者、消費者双方にとっての課題である。

第六に、有機無（減）農薬栽培作物が一般化し、JAS法による作物の規格化が普及する状況で、高畠産の無（減）農薬作物の特性を埋没させる圧力が高まっていることを示している。

高畠の有機無（減）農薬農法が、地域に根ざした持続可能な農法として継承されていくには、これらの課題が解決されなくてはならない。

注

（1）トポスはある問題についての論点や考え方の蓄積されているところを指している。現在トポスが新しく重要な意味を持っているのは、トポス（場所）が人間存在を成り立たせる基体として考えられるようになったからである（見田宗介ら編『社会学事典』弘文社、一九九六年、六六一頁）。

（2）目的は自ら食糧を生産する技を学び、生命を育てる営みを介して人間育成に資することである。国の教育行政が現在求めている学校農園のモデルが、すでに三〇年近く前からこの地で実践されてきた。高畠小学校は東日本でただ一校、文部省の「環境教育モデル校」に選ばれている。

（3）一九九八年七月国立公害研究所が、高畠町の採水中でヌカエビの生存率テストを行った。星の田の水では七日間で死亡率ゼロだったが、農薬を空中散布した田の水では一〇分で全滅した。

（4）宇沢は農村を社会的共通資本として位置づけ、一つに国がたんに経済的な観点だけでなく、社会的、文化的な観点からも、安定的な発展を遂げるためには、農村の規模がある程度安定的な水準に維持されることが不可欠であるとする。しかし、資本主義的な経済制度の下では、工業と農業の間の生産性格差は大きく、市場的な効率性を基準として資源配分がなされるとすれば、農村の規模は年々縮小せざるを得ないのが現状である。さらに、国際的な観点から市場原理が適用されることになるとすれば、日本経済は工業部門に特化して、農業の比率は極端に低く、農村は事実上、消滅するという結果になりかねないと指摘する（宇沢弘文『社会的共通資本』岩波書店、二〇〇〇年、六〇—六三頁）。

（5）鳥越晧之はピーター・バークの唱える「生命地域主義」(bioregionalism) を次のように解説している。「地域を総体として捉え、そこでの生態系の回復を目的としている。生命地域主義は三つの目標をもっているという。一つは生命地域における生態系の維持と回復。二つ目が持続可能な方法の追求。これは人間の基本的な欲求を満たすための食糧やエネルギー、水、その外の資源を使いながら、資源が枯渇しない持続可能な生活を考えること。三つ目が住み直し。それは自分たちが、その地域や生態系と一体となって生きる者として、自分を認識することである」（鳥越晧之「環境共存へのアプローチ」飯島伸子他編『講座　環境社会学』第一巻、有斐閣、二〇〇一年、八一頁）。

（6）「食料・農業・農村基本問題調査会」（木村尚三郎会長）

答申、一九九八年一〇月。答申は国内生産を基本とする食糧安全保障の確立と農村が持つ多面的機能の維持に応えることを、新農業基本法の核心に位置付けている。
(7) 長谷川公一「環境問題と社会運動(第一章)」飯島伸子『環境社会学』有斐閣、一九八九年、一〇二頁。
(8) 市井三郎『歴史の進歩とはなにか』岩波新書、一九七一年、一四五、一四八頁。
(9) 大塚勝夫「高畠町の内発的発展と農的生活」『日本社会における農村地域の役割と発展方向に関する研究』早稲田大学農村地域研究会、一九八八年、八五―八六頁。
(10) 大塚勝夫、前掲書、九三頁。

時代潮流から「高畠」を読む（一九七二～二〇一〇年）

「環境」と「持続可能な発展」の原型を地域社会に求めて」

早稲田大学大学院アジア太平洋研究科で、筆者は一九八九年から二〇〇八年まで「環境と持続可能な発展論」を講義し、同名のプロジェクト研究（ゼミナール）を担当した。

ゼミ生の多くは中国をはじめアジアからの留学生である。先進工業国である日本が、近代化の過程で引き起こした産業公害、環境破壊をどのように克服してきたか、が途上国からの留学生の関心事である。

一方、日本人学生はＯＥＣＤレベルでの環境と調和した「持続可能な社会発展」の近未来像を、先進工業国日本やドイツに求め、模索していた。

アジア社会の現実を見れば、事態は緊急の対策を要するのだが、「環境と持続可能な発展」の概念と実像について、理念上はともあれ、現実社会に照らして、普遍的どころか地域的にすら通用する答を私たちは未だに見出しえていない。この現実にもかかわらず、国内はもとよりアジア・太平洋の諸国からも多くの若者、社会人が日本の社会に「環境と持続可能な発展」への解を期待して、プロジェクト研究を志願してきたのである。

しばしば環境先進国などと自称することのある日本ではあるが、その社会状況が「持続可能な発展」をたどっているとは未だにいい難い。かつて国際社会から〝公害のデパート〟視された日本が、自らの経験と反省に基づく人文科学、社会科学に裏打ちされたアイデンティティを確立せずに、どうしてアジア社会の持続可能な発展に、環境先進国として貢献し得ようか。[1] この半世紀、ジャーナリスト、学徒として日本と世界の環境破壊の現場を歩いてきた筆者が、早稲田環境塾を拠点に、大学、行政、企業、ジャーナリズムから参加する塾生と共に、実践の現場を訪ね、文化としての「環境日本学」の創成を試みる理由である。

「環境」と「持続可能性な発展」の対立する概念

プロジェクトの研究課題は三つのキーワードとコンセプトから成り立っている。「環境」「持続可能性」「発展」である。

「環境」とは何か。自然環境、人間環境、文化環境の三つの要素を統合して「環境」像とすることを『環境日本学』を創る」に記した（本書二頁参照）。

次に何が社会発展における持続可能性（sustainability）であるのか。現場の状況に学び実践者に教えを乞うことで問題意識を鍛え、課題への作業仮説を立て、その検証を実地に試みなくてはならない。高畠での合宿はその試みの例である。

環境問題と関連づけ、この概念を国際会議の場で最初に明らかにしたのは、筆者が新聞社の特派員として参加した第一回地球サミット・国連人間環境会議（一九七二年・ストックホルム）で採択された「人間環境宣言」であった。ただし、ストックホルム会議での「持続可能性」が意味した概念は、参加国の社会状況の相違により、異なる判断を内包していた。第一に、先進工業国相互間では、環境対策の相違が不公正貿易の原因になりかねない「公害ダンピング」（pollution dumping）あるいは非関税障壁（non-tariff barrier）化を相互に牽制する動きであった。第二に、経済格差が原因の南北対立、第三に市場経済対計画経済の東西対立が、「持続可能性」の概念に鋭い相違をもたらした。

当事国次第で「持続可能性」にこめられた意味が異なり、今日に至るまで持続可能性を巡る論議に混乱と対立をもたらすことになる。

「環境と持続可能な発展」のパラダイムは、ストックホルム会議での政府代表演説で、アメリカ政府首席代表のラッセル・トレイン大統領環境問題諮問委員長により簡潔に規定された。

経済学者の目標と生態学者の目標の間に、もはや質的な相違があってはならない。いまや、両者が一緒に住む時がきた。共通の目標は、人間と環境との相互作用について諸事実を十分認識したうえで、大気、海洋、土壌、森林を世界的な規模で保護することである。(2)

人間と環境との相互作用、つまり生態系（ecosystem）に経済を調和させよ、とトレイン演説は「新しい哲学」を説いた。

他方、ブラジルのカバルカンティ首席代表（内務大臣）は、途上国の主張を代弁して逆説的に問題を提起した。

世界の大多数の人々にとっては、大気汚染の防止よりも貧困、栄養、衣服、住居、医療、就労といった問題の改善の方がより大きな問題になっている。先進国が環境への配慮に高い優先順位を与えることを可能にしたのは、まぎれもなく経済の成長である。途上国では開発による資源の蓄積なしに、貧困という「汚染」（pollurion）を減らそうと努力しても自滅するだけだ。(3)

「もっと煙突を、もっと公害を」とマスメディアに単純化され、誇張されて報道されたカバルカンティ演説は、この機会に先進国から追加的な資金援助を引き出そうとする途上国の支持を得て、地球サミットの原名称"The United Nation's Conference for Human Environment"に加えて"and Development"と併記され、九二年のリオサミットを機に、極めて開発色の強い会議運営に塗り替えられていく。

一〇年間隔で開催されてきた国連の環境サミット史をたどれば、ストックホルム会議で主張された「持続可能な開発」とは、最も広義の意味では、工業先進国にとってはラッセル・トレイン演説の「社会・経済活動と生態系の調和」である。

一方、途上国での「持続可能な開発」とは、開発による資本の蓄積と貧困減らしを意味している。

北対北、南北、東西軸で対立するストックホルム会議で採択された「人間環境宣言」と一〇七項目の「行動計画」は、妥協と協調で分裂の危機を乗り越えた〝ストックホルム精神〟の成果であると一応評価された、つまり、資源の浪費と公害にさいなまれている北の先進国は、欲望をおさえ、環境とあい容れるレベルに経済活動の規模をとどめ、「経済学と生態学との共存」（トレイン米首席代表）をはかる。

一方、南の開発途上国は激増する人口をくいとめ、資源を合理的に利用し、環境と調和がとれて将来に持続できる開発を目指そう、ということだった。そのためには「南の環境政策を北の国々が経済的に援助し、経済の格差を縮めることが必要」(人間環境宣言)とされた。一方途上国にとり「持続可能な開発」は、環境保護を名目とする、先進国からの追加的な資金援助と技術の援助を意味するものとなっていく。

その後の国連と政府間会議が描く持続可能な社会発展像の原型は、以上の国際状況を反映したストックホルム会議で明らかになった対立し、矛盾する概念を内包しながら形成されてきたといえる。

特筆すべきはストックホルム会議で採択された「人間環境宣言」の勧告が第二分野「天然資源管理の環境的側面」の項で、「農業及び土壌」について農業政策と環境政策の統合の必要性を各国政府、国際機関に勧告していたことである。

その翌年高畠では星寛治氏の経営するリンゴ園が病害で全滅、さらにこの年「国際有機農業運動連盟」(IFOAM)が発足、農業政策と環境政策の統合を勧告していた。平均年齢二七歳、三八名の上層農民が星を指導者に翌七三年から有機農業農法に取りかかっている。日本政府は「食料・農業・農村基本法」と農業環境三法(持続農業法、家畜排泄物法、肥料取締法)を一九九九年に施行。農業政策と環境政策の統合にようやく着手した。

「高畠町有機農業研究会」の発足から二六年が経っていた。

「開発」と「発展」の違い

アジア太平洋研究科のプロジェクト研究「環境と持続可能な発展」は、developmentを「発展」と訳し「開発」の概念とは一線を画した。日本の高度成長経済第一期の体制を担い、「地域間の均衡ある発展」を目標に拠点開発方式を進めた「全国総合開発計画」(一九六二年閣議決定)、及び一九八五年を目標年次として、開発可能性の全国土への拡大と均衡化を図ろうとした「新全国総合開発計画」(一九六九年閣議決定)の開発現場とされた地域社会で、開発政策の作用と反作用とを検証するとき、developmentが内包する「開発」と「発展」の意義の相違を、地域社会の状況から確認しておく必要がある、と考えたからだ。

「全国総合開発計画」による拠点開発構想、「新全国総合開発計画」による大規模プロジェクト構想は、高度の投資効率を実現しようとする投資戦略の原点、ハーシュマンの「経済発展の戦略」に倣ったものである。[4]

「全国総合開発計画」は所得倍増を推進する反面で、日本を「公害列島」に陥れていく。全総計画が目標年次とした一九七〇年一二月に、政府は公害特別国会の開催を余儀なくされ、公害関係一四法の制定、改定を経て、翌年七月環境庁の設置へと追い込まれていく。

新全総を実現するために、社会は「環境庁」という伴走者を必要としたのである。

拠点開発構想の現場とされ、公害と自然破壊が激化している最中の「新産業都市」「工業整備特別地域」で、筆者は地域社会、とりわけ農、林、漁業コミュニティが混乱に陥っていく過程をつぶさに取材した体験をもつ。

『広辞苑』などによれば「開発」とは開きおこすこと、「産業開発」「資源開発」、利益を得るための exploitation の意味をもつ。スハルト開発独裁体制、developer などと表現されてきた。

「発展」とはのび拡がるとこと、栄え行くこと、物事が低い段階からより高い段階へ転化していくことである。growth あるいは expansion の意により近い。

この転化は質的な変化であるが、低い段階で漸次的に用意されたものであり、両段階の間には内的な関連がある、と解されている。

経済学による「開発」像は公共投資と民間投資を含めて、高度の投資効率を実現しようとする投資戦略である。対する「発展」には無意識的、自主的進歩をさす語感がある。

development のこのような両義性を区分する理由は、日本の公害体験に照らしつつ、とりわけ多民族、多様な文化を擁するアジア・太平洋地域で、「環境と持続可能な発展」を考察しようとするからには、exogenous（外来）と endogenous（内発型）と、development の二つの社会発展類型への歴史的認識を深めておく必要があると考えるからである。

内発的発展と近代化論

内発的発展の概念を社会学の観点から日本へ最初に紹介

したのは、アメリカ社会学の近代化論に内発的発展論を対置させた社会学者鶴見和子である。

アジア太平洋地域の国々へ、先進的工業国家から適用された開発理論が、近代化論に基づいていることは言うまでもない。鶴見は近代化論と内発的発展論とを対置して次のように説明している。

> 近代化論は、地球上すべての社会に適用することのできる「一般理論」として構築された。これに対して内発的発展論は、それぞれ多様で個性をもつ複数の小地域の事例を記述し、比較することを通して、一般化の度合いの低い仮説あるいは類型を創っていく試みである。近代化論を「理論」とすれば、内発的発展論は「原型理論」（proto-theory）と特徴づけることができる。そこで原形理論としての内発的発展論の特徴付けをしたい。
>
> これまでの社会科学の理論の多くは、主として、西欧諸社会の経験に基づいて抽出された。その理論を、それが抽出された社会の分析に用いれば、ホモロジカル（相同的）な接近法ということが出来る。その理論を、それが抽出された以外の社会の分析に適用すれば、ヘテロロジカル（非相同的）な接近法となる。これまでは日本や中国など非西欧社会の分析に、西欧社会で作られた理論が用いられることが圧倒的に多かった。ヘテロロジカルな接近法が支配的であった。
>
> （…）
>
> 近代化論は、全体社会（国民国家と境界を一つにする）を単位として組み立てられた社会変動論である。これに対して内発的発展論は地域を調査の対象とする。
>
> 近代化論には自然環境についての配慮がまったくない。
>
> 内発的発展論は地域の生態系と調和した発展を強調する。
>
> 近代化論では前近代と近代とを社会構造、人間の行動、思考様式などにおいて截然と区別する。
>
> 社会構造及び人間の行動・思考行動様式は、工業化の進行にともなって前近代化型から近代化型へ移行するものと考えられている。これに対して内発的発展論では、地域に集積された社会構造及び精神構造の伝統を重視する。現代の問題を解決するために、人々は伝

統の中から役に立つものを選び出し、それを新しく創り直して使うことができると考える。

近代化論は経済成長を主要な発展の指標とする。これに対して、内発的発展論は、人間の成長を主要目標とし、経済成長をその条件と見なす[5]。

「もう一つの発展」という表現で内発的発展の概念を国際政治の舞台で最初に用いたのは、スウェーデン出身の初代国連事務総長ダグ・ハマーショルドを顕彰する財団が一九七五年、国連経済特別総会に提出した報告書『なにをなすべきか』である。

西川潤は内発的発展につながる『なにをなすべきか』で示された多様な発展のあり方を次のように分析している。

もし発展が、個人として、また社会的存在として、解放と自己展開をめざす人間の発展であるとするならば、このような発展は事実上、それぞれの社会の内部から発現するものでなければならない。

こうした発展はそれゆえ、近代資本主義世界の発展を担ったような「経済人」としての人間類型に見られるような一面的な人間、利潤動機によって動かされるような一面的な社会を拒否し、それぞれの型の発展を、自然環境との調和や文化遺産の継承、そして他者・他集団との交歓を通じる人間と社会の創造性を重視する発展にほかならない。それは自己の生活様式や発展方法に関する自律性を前提とする。そのような意味で、内発的発展とは、他者への依存や従属を峻拒する人間、または人間たちの発展のあり方と言ってよいだろう[6]。

保母武彦は「内発的発展論」が登場した一九七〇年代央の時代状況を次のように指摘している。

内発的発展論が登場する一九七〇年代央は、ベトナムに対するアメリカの軍事介入が決定的に敗北し、石油危機による激しいインフレと不況が同時に進行するなど、欧米の近代化路線が築きあげてきた国際秩序が揺れ動いた時代であった。それまでに独立を果たした国々において、若手エリート官僚たちは、彼らを抑圧した欧米型社会ともソ連型社会主義とも異なる社会発展の道を模索しはじめていた。つまり、西欧近代化文明への追随を批判しつつ、各々の民族や地域の伝統と文化などを再評価して、独自の発展の道を追求しようとしていた。

（…）

内発的発展の内容は、欧米が工業化していった経験をもとに構築された近代化論が公認する単一の価値観ではなく、宗教、歴史、文化、地域の生態系などの違いを尊重して、多様な価値観で行う、多様な社会発展である、ということができるのではないだろうか。(7)

有機無農薬農法が定着しかけた高畠・和田地区にも「地域開発計画」が次々持ち込まれた。

バブル経済がはじける直前に、東京の開発業者に狙われて、上和田地区にゴルフ場とかリゾート地を作ろうという動きがありました。そういう情報をキャッチして何とか住民運動で阻止することができました。ぶどう園の一角に産業廃棄物の処理工場を作るとか、建設廃材の不法投棄を水源地帯にやるとか、次々に問題が起きました。しかし、上和田有機米生産組合が作られて展開していたお蔭で、他の住民諸団体を巻き込んで全部阻止することができました。もちろん行政にも積極的に働きかけました。

しかし外部から攻めてこられて防ぐだけでは、何も変わらないのではないか。

それに代わる何か内発型の産業を起こさないと、過疎化は進む一方ではないか、という危機感がありました。そこで何十かある社会教育の集団が集まって「和田懇談会」をつくりました。住民主体の街づくりの方向を、行政に頼らず自らやろうではないかという運動が地区公民館を中心に起こってきました。

やがて町全体が行政と草の根があい提携しながら、都市と農村の交流を重ねるとか、学生さんを受け入れる。例えば神奈川県立総合高校の修学旅行を受け入れて、町が農林課の中に事務局を設け、教育委員会、和田民俗資料館、共生塾、官民一体となって都会から訪れる人たちの受け皿を作ってきました。

その事業の一環として民俗資料館の大改修とコテージの建設、そして三年目は「食の里」を町が事業主体となって整備してくれました。　（星寛治氏）

このような経緯から大塚勝夫は、高畠・和田地区の有機無農薬農業の性格を「内発的発展」によるとし、次のように定義している。

高畠町の地域の有機農業運動は、上からあるいは外から導入された運動ではなく、地域の農民有志が自発的に起こした運動で、地域の「内発的発展」を志向している。内発的発展は外発的発展と異なり、外部の資金や技術、思想、労力に頼ることなく、地域に居住する人々が自分たちの知恵と努力によって、地域の自立と前進を遂げて行こうとするあり方を意味するものである。地域住民の協同参加により、地域の資源、環境、歴史、文化、その他の特色を生かし、独自の発展を遂げて行こうとする内容である。(8)

NGOの台頭と政府環境政策への批判

「環境と持続可能な発展」の概念を考える際に留意すべきことは、政府間会議のそれとは言語概念すら異にするNGO（nongovernmental organization）による「持続可能」な世界像形成への努力と主張である。ストックホルムでの第一回国連人間環境会議で、政府間会議に併行してNGOがフォーラム「大同」を組織し、意見や証言を対置させたことが国際環境NGO活動が連携、台頭する第一歩となった。

フランスの科学ジャーナリストでエコロジー運動の著名な指導者であるパリ大学教授ドミニック・シモネはストックホルム会議に参加したNGOの時代性、特長を次のように記している。

「われわれには、たった一つの地球しかない！」。一九七二年の国連の第一回環境会議を機会に、ストックホルムに集まった何千という若者たちによって、エコロジズムは誕生の第一声をあげたのである。会場の外では、何千という若者が平行的にフォーラムを組織し、彼らの側の意見や証言を対置させた。この人たちが、後に「エコロジスト」とよばれるようになるのである。（…）彼らは、枯草剤の使用、核実験、クジラの殺戮、多国籍企業の影響、第三世界からの搾取などを弾劾した。

この新しい活動家たちは、「国籍を超えた世界の人々」が「ホモ・サピエンス（人類）は危機にさらされた種である」ことを自覚するように呼びかけるアピールを出した。公的なスローガンである「たった一つの地球」に、彼らは「たったひとつの人類」のスローガンを付け加えた。

エコロジズムは、一挙に国を超えた抗議運動に発展したのである。

農薬・化学肥料による人体、環境汚染、東京への土木工事の出稼ぎにより経営コストをまかなう農業のあり方に疑問を抱いた青年農民三八人が集い、一九七三年に出発した「高畠町有機農業研究会」の行動は、シモネが指摘した「自然や動物や文化や人間が破壊されていると証言し、例え国家権力の意にそぐわなくても、これと対抗しても、ただちに行動を起こすべきだ」と主張したエコロジストの行動そのものであった[9]。

しかしこの当時、高畠の青年農民たちは、ヨーロッパ生まれのエコロジストなる言葉を知って行動する由もなかった[10]。三七年間に及んだ有機無農薬農法の実践が結果として、地域の自然、人間、文化環境に共生と連携の関係をもたらしたことに気付いたのである。

「環境と持続可能な発展」の概念は、国家やその集合体である国連が主導して作られる国際条約・協定の作成過程と条文によって検証され、定義されることが多い。だが、地球規模の環境破壊への取り組みは、国益と国境を越える課題であり、ストックホルムからナイロビ、リオデジャネイロ、ヨハネスブルグでの政府間会議で露呈されてきたように、一連の地球サミットでは南北、北対北、東西間で主張、利害が対立し、すべての条約は機能不全に陥っている。

その原因について国連開発計画（UNDP）の報告書『地球公共財』（一九九九年版）は、政府と国連の機能不全の構造を明らかにするとともに、圧倒的な力量を有する企業や市民組織など非政府機関が公共政策の策定過程から排除されているからだと指摘している[11]。

国連は国家の集合体であり国益主張の場であるから、この事態は当然の結果だ、と片付けることはできない。科学的な事実と推論は、温暖化や誤った土地利用が原因の砂漠化が進行し、熱帯林と生物の種が減り、生命の維持と再生産のための基盤がつき崩されつつあることを示しているからだ。
このような国家、政府を超える普遍的な価値の実現を願い、無数のNGOが環境の分野へ登場、社会に大きな影響を及ぼし始めた。二〇世紀末以降の歴史的現象として注目される。(12)

ストックホルム会議から二〇年を経て九二年六月、リオデジャネイロで開催された「地球サミット」(国連環境開発会議)で、政府間会議と並行して開かれたNGOの国際集会「92グローバル・フォーラム」には、一六五ヵ国から約七五〇〇のNGOの代表約二万人が参加した。リオデジャネイロの白砂のフラメンゴ海岸に展開する巨大なテント群の一つ「三〇番パビリオン」(通称日本館)ではリサイクル、水俣病、長良川河口堰、大気汚染公害病、アジアの難民援助などさまざまな問題に取り組んでいる日本の市民組織の代表者たちが、入れ替わり立ち替わり討論や講演を行い、展示会を開いた。日本の環境NGOは、この三〇番パビリオンから、ようやく国際化の第一歩を踏み出した。(13)

「持続可能な発展」を目指した地球サミットは、世界環境憲章ともいうべき「リオデジャネイロ宣言」、二一世紀へ向けての緊急行動計画「アジェンダ21」を採択、温暖化防止条約、生物多様性保全条約、森林に関する原則声明、地球環境基金(GEF)の改革・拡充となって実った。しかし米国の反対で温暖化防止条約は二酸化炭素削減の拘束力を奪われた。生物多様性保全条約も、その宝庫である熱帯雨林を擁する途上国が開発への規制を恐れ、WWFやIUCNなどの国際自然保護団体が協力してまとめた保全すべき場所を定めたリストを破棄してしまった。

貧しさからの脱出を願う途上国が「開発の権利」を強調するあまり、環境、自然保護が開発の求めに屈し、地球サミットの宣言、条約の少なからぬ部分が形骸化していく原因を作った。

政府条約と鋭く対立する農業、生物多様性市民条約

会議がこのような状況に陥ったのと対照的に、NGOの「92グローバル・フォーラム」は持続可能な世界の創造へ、NGOが協力していくための新制度を構築しようと国際債務問題、生物多様性、代替経済戦略など四七分野でNGO

が取組む行動計画を盛り込んだ「ＮＧＯ条約」を作り上げた。

　プロジェクト研究「環境と持続可能な発展」では国際環境条約を通して持続可能性の概念の形成過程を考えるシリーズで、「持続可能性」に対する政府間政策とＮＧＯの認識の差を、双方の「生物の種の多様性保全条約」を通して検証した。

　国際条約が保護すべき対象としている「生物多様性」の核心にあるのは、医薬品や栽培作物づくりの情報源として産業社会が必要としている遺伝子資源である。ブッシュ米大統領が、生物の種の多様性の保全条約に調印しなかった理由がここにある。多国籍企業が開発した薬品やバイオテクノロジーの「知的所有権」を保護し続ける利益があったからだ。

　「生物多様性」への政府とＮＧＯのとらえ方の違いは、二〇一〇年名古屋での条約加盟国第一〇回会議（ＣＯＰ10）に到ってますます明らかになってきた。

　ＮＧＯの生物多様性保全条約では、保全すべき対象物（生物種や生態系）が人間社会とは別な存在として切り離されていない。生物の多様性の延長上に人間の社会や文化の多様性が連なっている、との認識が基本的な前提とされている。

　いわば生物社会と人間社会の多様性が、同列なものとして位置付けられており、文化や社会あるいは農業や農村、衣食住の生活様式、さらには人々の精神的世界の多様性までもが、生物多様性の延長上に位置付けられている。「生物多様性は、文化、経済、社会、そして人々の精神的成長や生活の質に決定的な影響を与えてきた。その保全には、固有の文化を育むコミュニティの能力を高めることが不可欠」とされている。経済学の交換価値体系の視野になく、関係価値論によってようやく評価することが可能な問題提起である。

　知的所有権や利権といった狭い私的な利害関係や産業的、経済的な価値からのみ自然を評価し、囲い込むのではなく、歴史的なものであり、人類全体の将来にとって大切に共有すべき固有の価値をもつ存在として、尊重しようとする姿勢が打ち出されている。二一世紀の人類が分かち合う基本的な理念、ないし新しい倫理観が先取りされている、といってもよいのではないだろうか。

　生物の種の多様性保護に関連して、ＮＧＯの「92グローバル・フォーラム」は「食料の安全保障」（Food Security Treaty）と「持続可能な農業」（Sustainable Agriculture Treaty）と二通りの市民条約をまとめた。

　食料の安全保障は基本的人権である。食料安保は、出来る限り地域的な食料自給に基づくべきである。食料に対する権利は、量、質、アクセスなどの物質的な側面ばかりでなく食料の文化側面をも含んでいる。食料の生産と消費の形態は、コミュニティと社会の環境や文化的、政治的、社会的な多様性を反映したものであり、それらは尊重されるべきものである。

（食料の安全保障条約）

　永続可能な農業とは、環境と自然資源こそが経済活動の基盤であるとの認識を踏まえた、公平かつ参加型の発展ビジョンに基づいた社会的・経済的な活動形態である。それは、地域の再生可能な資源と適正で入手可能な技術を使用し、外部からの購入、投入物の使用を最小限に抑えることで、地域の自立と持久力を高めると共に、小農民や家族農家そして農村コミュニティの安定した収入源を増やす。より多くの人々が農地に定着し、農村の地域社会は強化され、人間と環境の関わりは深まり一体化していく[14]。

（持続可能な農業条約）

　NGO条約のこのような視点は、半自然生態系である農業を、自然と人工環境の接点に位置する「緩衝地帯」として位置付ける。様々な機能を担っているこの地帯で、人間が他の生物と共生し「持続可能な農業」を実現し、定着していくことこそ地球環境の不安定化や地域固有の文化の衰退に対する防波堤の役割を果たす、との主張である。

　市民条約のこのような主張は一九七三年の「高畠町有機農業研究会」に発し、一九七八年町民憲章による「有機農業の町宣言」を経て、二〇〇八年の「たかはた食と農のまちづくり条例」に集大成されている考え方とまったく同じである。

　日本政府はCOP10に「里山イニシアティブ」を提案したが、農産物の輸出国である多くの途上国が、環境を楯にした日本への農産物の輸出規制になると反対した。里山イニシアティブのような考え方は、とりわけ途上国での構造調整と国際経済システムを担ってきた世界銀行・国際通貨基金（ＩＭＦ）体制、関税貿易一般協定（ＧＡＴＴ）、世界貿易機構（ＷＴＯ）体制による農業と工業の相違を認めない、自由貿易の貫徹の求めを批判することから発してい る。日本国内の政治、経済の力学からみると、農水、環境省が自由化推進の他の事業官庁と対決する構図となってい る。

高畠有機農業三七年の経験は、経済国際化の状況で日本の社会と政府が国民的な規模で学んでよい事例を豊富に示しているといえよう。

注

（1）環境庁の初代地球環境部長をつとめたＮＰＯ法人「環境文明21」の加藤三郎共同代表は、国内外での環境官僚三〇年の経験から、自他ともに呼称する「環境（公害）先進国日本」の実態について警告している。

「職業柄、私はこれまでの海外の多くの著名な環境専門家や技術者・経営者に面会してきた。話をしてみると、彼らは日本の省エネやリサイクルなどの環境技術には一様に関心を示し、しばしば賛辞すら呈する。しかし、そのような環境技術を生み出す基盤となっている日本人の思想、価値観、感性といったものにはまったくと言っていいほど関心を示さない。『もったいない』『足るを知る』といった日本人が長年にわたり育み、継承してきた知恵の働きについては、日本人の間でも、まして外国人に対しても、理解できるような形で伝える努力がされてこなかったことに思い至った。」

そして次のように主張する。

「日本のみならず世界中が、新たな価値観やそれに基づく暮らし、経済活動を模索するなかで、日本の伝統社会が保持していた知恵が、新しい精神性の支柱の一つになりうるとの確信はさらに深まった。」

（加藤三郎・藤村コノヱ著『環境の思想』プレジデント社、二〇一〇年、二一―三頁）

（2）環境庁長官官房国際課『国連人間環境会議の記録』七四―七五頁。

（3）前掲書、五五―五七頁。

（4）外発発展型の理論はハーシュマンが『経済発展の戦略』、ロストウが『経済成長の諸段階』によって展開していた開発経済の理論に代表される。ロストウは先進工業国の資本を発展の遅れた国に導入して社会資本を整備し、先行投資型の公共投資による波及効果で経済成長を図れると説く。ハーシュマンは経済の「成長拠点」（growing point）が経済的発展過程の途上で実現されなければならないとし、経済成長の国際的、地域格差の発生が成長それ自体に不可避な随伴現象であると規定し、成長の「浸透効果」（trickling point）を説く（アルバート・ハーシュマン『経済発展の戦略』巌松堂、一九六一年、三二〇―三二三頁）。

（5）鶴見和子『鶴見和子曼荼羅　Ⅳ環の巻』藤原書店、一九九九年、七四―七五頁。
（6）西川潤『人間のための経済学』岩波書店、二〇〇〇年、三〇頁。
（7）保母武彦『内発的発展論と日本の農山村』岩波書店、一九九六年、一二二頁。
（8）大塚勝夫「高畠町の内発的発展と農的生活」『日本社会における農村地域の役割と発展方向に関する研究』早稲田大学農村地域研究会、一九九八年、九三頁。
（9）ドミニック・シモネ『エコロジー――人間の回復をめざして』辻由美訳、文庫クセジュ、白水社、一九八〇年、二四―二五頁。
（10）ダーウィンに師事したドイツの生物学者エルンスト・ヘッケルによって、エコロジーという言葉が一八六六年ごろにつくられた。自然を対象とした科学用語としてのエコロジーは、生物と環境のかかわりあいを研究する「生態学」を意味している。
　エコロジーは、自然の生態系（エコシステム）の均衡の破壊を、最初に捉えることが出来る環境保護の科学として、現代に新たな脚光を浴びることになった。

　エコロジーはまた、環境を破壊し、管理社会化を強める工業社会を批判的にとらえ、自然との共生、個人の自立などを求める思考と実践を総合的に表現する多彩な意味を含む言葉としても用いられている。キデンズはその著『社会学』でエコロジーが帯びる社会学的な意義を「環境エコロジー」（environmental ecology）と呼んでいる。

　エコロジズムとは、自然志向と分かちがたく結びついた思考を、エコロジストとはエコロジズムを実践する人を指している。
（11）地球公共財が供給不足となる主な理由としては、公共政策の策定過程の大きなギャップが三つ挙げられる。
　権限のギャップ：今日の主要な地球レベルの政策問題の範囲と、国レベルの政策策定の範囲との矛盾。
　参加のギャップ：複数の行為主体が参与する世界に於いて、国際協力は依然として第一には政府間協力に限られているという矛盾。
　インセンティブのギャップ：道義的理由では当該国にその（有害物質の）国際的溢出を是正させるだけの説得力はなく、地球公共財に協力させられない矛盾。
　こうした協力が成功するためには、現存する機構は次のように新たな機構を構築しなければならない。
　明確な権限のループ：国家から始まり、地域、地球レベルまで到達し、再び国家レベルに戻る明確な権限の一連の繋がり。
　参加のループ：政府、市民社会、企業、世代間にわたる人々の全グループ、国々のグループなど、すべての行為主体をプロセスに巻き込むこと。
　インセンティブのループ：協力することにより、全ての参加者に明らかに公正な結果がもたらされることの保証
（インゲ・カール他著『地球公共財――グローバル時代の

新しい課題』日本経済新聞社、一九九九年、二一九〜二二〇頁）

（12）国連欧州経済委員会（ＥＣＥ）のオーフス条約（環境問題における情報へのアクセス、意志決定への公衆の参加及び司法へのアクセスに関する条約、一九九八年）は、前項の〝三つのギャップ〟を改めるため、「市民は、環境問題において「情報へのアクセスを有し、意志決定に参加する資格が与えられ、かつ司法へのアクセスを有しなければならない」と規定している。

（13）「日本のＮＧＯの新たな一歩」『毎日新聞』社説、一九九二年六月一一日付。

（14）『市民のためのポスト地球サミット・ガイド』第二章、「92グローバル・フォーラム「持続可能な農業条約」――ＮＧＯ（市民代替）条約とその後」市民フォーラム二〇〇一、一九九三年。

高畠の場所性

自治と進取の伝統

本論は冒頭で高畠の場所性（topos）に言及した。高畠の位置する山形県置賜《おきたま》地方は古くから開発がおこなわれ、中世から近世にかけて地方の領主は伊達氏、蒲生氏、そして江戸時代に米沢藩上杉氏が支配した。一六六四年、米沢藩は江戸幕府から半領削封を受け、以来屋代郷《やしろのごう》（現在の高畠）は幕領地となり同時に同藩の預地となった。上杉鷹山による改革がおこなわれる以前の米沢藩は厳しい重圧政治を行い、年貢の滞る貧農は取り潰すという年貢徴収第一主義をとった。さらに悪政と言われた重税や専売制なども加わり、屋代郷の農民は米沢藩支配を嫌い代官が直接支配する幕領地を望みしばしば米沢藩から離脱運動が起きた。

第一次離脱運動につながったのは、二井宿《にいじゅく》地区出身の肝煎(村長)である高梨利右衛門の幕府への直訴運動であった。一六六六年、利右衛門は「米沢十五万石惣門」の名で幕府領の信夫《しのぶ》（福島県）代官所に訴状を提出、年貢徴収と専売制の過酷さを訴えた。これは後に信夫目安事件と呼ばれる。結局、利右衛門は一六八八年に刑死、翌年屋代郷は幕領地へ戻された。利右衛門は今でも義民として高畠の地に酬恩の碑が残されている。一七四二年、屋代郷は再び米沢藩の預地となり、一八六三年に私領地同様の取り扱いを許される。これに反対する屋代郷民は再び立ち上がり、隣の仙台藩（伊達氏）への編入嘆願運動を展開するなどの抵抗を試みた。しかし、仙台藩重役である奉行の片倉小十郎らは農民の嘆願を聞き入れたものの、幕府と米沢藩と戦火を交えることは出来ないと判断し、結局屋代郷民を説得し帰郷させるが、行き場をなくした屋代郷民はやがて一揆へと打って出た。幕末のいわゆる「屋代騒動」である。

その後も高畠の住民は権力や、上からのお仕着せ的な政策に対して、自治自律ともいうべき町民の特性を発揮した。自らよく考えて行動し、潮流に逆らっても信ずる道を進む哲学を持ち合わせる気質を住民が培ってきた歴史がそれを物語っている。戦後の高度成長期に多くの農山村が荒廃していく中、高畠住民の有志は自給自活を掲げて地域社会に根ざした有機農業運動によって内発的発展を遂げ、政府の農政に逆らって自主性と自発性を発揮し、有機農業を地域社会の持続発展の道として取り組んだ。高畠の試みは、持続可能な地域社会の発展を構想するさいに、示唆に富むパラダイム転換の方向を示しているといえよう。

星寛治さんは高畠人の気風を次のように語る。

二井宿小学校の校庭に立てられた農民一揆の指導者、高梨利右衛門の顕彰碑

三〇〇年の間徳川幕府の直轄地だったので、江戸との交流もあり、井の中のカワズでなく開かれた精神風土があって、しかし、理不尽なことには徹底的に闘うという反骨の気風と両方あるんですね。明治維新以降はアメリカ、ヨーロッパからいろんな果樹、ホルスタインなども導入して先端的な産業を次々と起こしていくという気風を持った所です。有機農業なんかも、その延長上に位置付けられていいんじゃないか、と私は思っています。地域づくりのために、新住民と原住民が一体となってよい関係を作っている。今までになかったようなエネルギーを見出しています。

それと町（役場）との関係が非常にうまくいっていいます。

「たかはた共生塾」の初代の塾長、鈴木久蔵さんが町の助役を一三年間勤め、五三歳で辞めてからひたすら地域活動、ボランティア活動に死ぬまで汗を流しました。私も二四年間教育行政の内部にいました。私自身町行政のレールを引いた一人だと思っていますが、そういう草の根と行政の連携がうまくいっている町として一つの特長を出しているのでは。

市町村の合併はしないで自立独立路線でいきたい、という町民アンケートの結果が出ています。米沢に吸収合併されると高畠の町名は消えてしまう。天領だった高畠は徳川時代は米沢藩預かりとなった。重税が課せられて農民は塗炭の苦しみにあえいだ。だから米沢とだけは合併したくない、と考えるのです。

原風景と祈りの文化の継承

東に蔵王、北に朝日、南に吾妻、西南に飯豊連峰の険しい山々を遠望する高畠町は、東北の高天原といわれる。古代史跡を点綴させた近景の水田、果樹園から深い森をまとった奥羽山脈へと連なる遠景、中景、近景の均衡が美しく、「まほろばの里」(1)の評価が高い。

高畠の地域特性は、その歴史の豊かさ、多彩さ、独自の文化性にある。農政審の答申「今後の中山間地域対策の方向」に示された「個性ある内発的発展の促進」のためには、地域の精神文化を形づくる歴史性と文化性が基盤として自覚されなくてはならない。高畠は内発的発展へ向かうのに必要な地域資源を豊かに内蔵しているといえよう。

町の北半分に集中する洞窟、岩陰遺跡群には、縄文時代の始源にかかわる国指定の遺跡が多く、遺跡の町と言われている。

高畠はまた草木塔《そうもくとう》に代表される「祈りの文化」を継承している。

「山川草木悉有仏性」の仏教思想に由来する草木塔は全国に約一六〇が基確認されている。そのうち一二〇基が山形県内にあり、高畠には五基が建立され、「草木塔」「草木供養塔」「草木国土悉皆成仏」などと刻まれている。その意義は「一木一草の中に神（霊）をみた、土着の思想を今に残す証」とされる。田畑の到るところに散在する杜は、

「山川草木悉有仏性」に由来する草木塔

神仏習合の跡をとどめ、田園風景の結節点となっている。

「祖先たちが、土や水や空気を清く豊かにする草木を見て「自然の恵み」や「草木と人間との共生」に気づき、毎日、木や草の命をもらって暮らしていること。更に森林を伐採したことへの償いの心と、材木を運ぶ木流しの安全を祈りながら、自然界の霊魂による祟りへの恐怖から逃れる術として、草木塔を建立したものではないかと言われています。人間の生命がいかに草木の生命と繋がっているかを深く認識しなければならないことから、この地に住む人々の精神的モニュメントとも、解することができます。『涅槃経』に「一切衆生悉有仏性」とあり草木、国土も人間と同じように役立つことで成仏でき、草木にも霊が宿ることを表しています。この思想は「お山まいり」の山岳信仰（湯殿山参り、飯豊山参り）に結びつくことにもなります。

（高畠町・ゆうきの里体験情報No.2―03「訪ねてみよう草木塔」から）

星寛治さんは二〇一〇年の年賀状に「草木塔の心」と題

する詩を記した。

草木塔のこころ

うきたむの野辺に雪ふりつみ
その下で立ち尽くす石碑《いしぶみ》
「草木塔」の彫り深い文字

草や木の命をいただいて
生かされてきた身の
深き思いを込めて
鷹山公のいにしえから
供養の石碑を建ててきた
百姓《ひやくせう》の声が聞こえてくる

木流しの谿川のほとり
あるいは入会の山路の傍に
安穏を祈って刻んだ
生きとし生けるものへ
手向ける鎮魂の言葉

寄りそう慈しみのこころ

吾妻嶺や飯豊のふもと
万物の種の垣根を越えて
ひびき合ういのちの谺
湧き出づる清洌な水
そこは共生の源流だった

うきたむ常民の思念は
いま、平成の草木塔に甦り
文明のるつぼ東京の一隅から
京都大原三千院の境内
大和明日香の里の辺まで
ゆかしい石碑が立つ
そして、海の向こう
南米パラグアイの大地にも
さんさんと太陽を浴びて
ま新しい草木塔が立つという

けれど、この列島の里山を

なめつくした松枯れの炎
いま、ナラやブナが枯れていく
おびただしい風景の終焉は
一体どこからくるのだろう

病んでいく緑の星の
回生のきらめく朝を
今一度呼び寄せるために
うきたむの草木塔のこころに
深くふかくまなびたい

高畠で有機無農薬農法が既成の概念、組織に潰されず村落の点から面の営みへ、広く普及していった背景を星さんは「自然に対する恐れから発した尊敬と崇拝の中で、ヤオヨロズの神々が共存している柔らかさ、相手を認め合う包容力」に求めている。

源義家が鎌倉鶴岡八幡宮の分霊を祭ったとされる安久津八幡宮の県重要文化財指定の舞楽殿では、毎年五月三日に倭舞が、九月一五日には延年の舞が奉納される。

日本三文殊の一つと称される亀岡文殊の四季折々の祭礼も、高畠には欠かせない行事として伝えられてきた。千余年の歴史を持つこの文殊は、本尊に文殊菩薩をもち、知恵の文殊として願望成就、試験合格と学徳成就の守護仏として訪れる人が絶えない。

さらに民衆の祈りは、高安犬《こうやすけん》の古里にある安産と病魔退散の犬の宮、飼い猫の健康を祈願する猫の宮などに伝説として今も継承されている。

日本のアンデルセンと讃えられる児童文学の先駆者、浜田広介は明治二六（一八九三）年高畠に生まれた。その童話の世界を紹介する「まほろば・童話の里　浜田広介記念館」は、広介が童話の心を育んだふるさとの風土を紹介するとともに、遺品や作品からその生涯をたどり、愛と善意の尊さを伝えている。

このような歴史と文化性の豊かさが、自然環境と農業が織りなす伝統の風景として住民に認識されて共有されたとき、それはこの地域出身の人々の「原風景」となる。

文芸評論家の奥野健男は生まれ育った故郷の風景を中心として、幼少時代、青春期の「自己形成空間」を〝原風景〟としてとらえている。[2]

「まほろばの里」の意識を地域のアイデンティティとし

て共有している高畠の人々にとって、前面に広々とした水田を抱き、社寺を分散させ、徐々に傾斜度を高めて陰影に富む山ひだの深い奥羽山脈に連なる和田地区の景観は、この地域の縄文、弥生時代に到る狩猟・漁労・農耕の記憶を呼び覚ます原風景というにふさわしい。東京や大阪からこの地に憧れて移住した約八〇人の多くは、「風景の魅力」を移住の動機の第一に挙げている。

風土としての「自然の奥の神々」

深山信仰と里山信仰が共存しているのが出羽の国・高畠の特徴である。奥羽山脈の山麓、有機無農薬農法の近代の復活・発祥の地である和田の集落には、到るところ月山、羽黒山、湯殿山への信仰を刻んだ巨大な高畠石の石碑が道標となって保たれている。

この地域では山の神講がいまも盛んに営まれている。「十九夜講」あるいは「大宮講」は講の日に集落で寄り合い、山の神の掛け図を掛け、灯明を灯し、神人共食の宴をとり行ってきた。現在その場を公民館に移し、星さんの娘さんたちの世代に継がれ、伝統の祀りが続けられている。

「古峯原講《こばはら》」の会員は、栃木県にある古峯原神社に今も毎年詣でている。成人式にあたる「立志式」も一部の地域に受け継がれている。男の子は一五歳になると行屋《ぎょうや》と呼ばれる場で一週間精進料理で身を潔め、飯豊山や出羽三山（月山、羽黒山、湯殿山）へ向かう。「これらの自然信仰によって近代化の中で共同体、精神的な繋がりを保っています。霊的なもの、神、仏、草木悉有仏性の考え方がこの地域の住民の心の底にあります」（星寛治さん）。

二〇一〇年一二月一一日、開設間もない「たかはた文庫」で、筆者らが高畠の民俗資料を調べている時に、中座した星寛治さんが、一冊の本とその朝の『山形新聞』に掲載された、星さん自身による書評のコピーを携え、自宅から戻ってきた。

哲学者内山節立教大学教授、高畠に近い南陽市出身の写真家秋月岩魚さんの共著『自然の奥の神々』（宝島社、二〇一〇年）とその朝の『山形新聞』に、「本質に迫る思索」と題されて掲載された書評である。日本の古代文化の基層と神仏意識との親和性を強調するこの本には、有機無農薬農法の根底に流れている「あらゆる生命とかかわっていく」感性の根源がどこに発しているのか、その答えが用意されている、と星さんは言いたげであった。

平均年齢二七歳の青年農民たちが、なぜ地域の批判に抗して一九七三年「高畠町有機農業研究会」に参加、村八分の逆境に屈せず、有機農業農法を確立し、地域全体に広げ、その思想を町全体の「耕す教育」へと発展させていった原点はなにか。

後述する幾つかの理由から、筆者は高畠・和田地区という「場」の、独自の「風土」に培われた生活者たちの「自然」への認識、エートス[3]に、それらの行動力の源泉が由来しているのではないか、と考える。

星さんが書評で「本質に迫る思索」と評した『自然の奥の神々』で内山教授が説く「自然」そして「風土」とは何か。高畠の場所性（topos）とエートスを考察する手がかりとして、『自然の奥の神々』からの引用により紹介する。内山教授は今からから三五年前に、群馬県の上野村に居を構え、東京と往来している（文章は断片を筆者がつなぎ合わせて構成した）。

私が群馬県の上野村で暮らすようになって感じたものは、この村と共に展開する神々の世界である。つまり、村という場が感じさせる神々。

それは山神だったり水神だったり、さらには阿弥陀仏であったり観音様だったりする。

山神などは「仏像」のようなものをもたないから、このような「かたちをもたない」神々が祀られている場所を含めれば、一千以上の神仏が上野村の山には祀られていることだろう。

この神仏は上野村という「場」が生みだした神仏であり、この「場」の中にいるとそれらが存在することが諒解出来る、そんな神仏である。

とすると「場」とは何なのか。それは自然と人間の長い時間の蓄積が生みだしたものだ。

森林系の山神も、山神を怒らせると罰が当たるという以上の教えはない。ところが森の近くで暮らしていると、自然に山神を大事にするようになるのである。

実際日本の森はどこにでも山神が祀られている。

不思議なのは、この教義も組織化もないような信仰

山際の至るところに潜む石仏・石塔

が、なぜ、これほどまでに広く定着しているのかである。

ひとつだけ言えることは、村で暮らしていると、それが諒解できるということである。ここに私にとっての新しい自然認識があり、存在する自然が生まれた。

自然を知るということは、人間の外にある自然を知ることでもないし、自然のみを考察して分かるものでもない。自然と人間の一体的な世界を知ること、その意味で人間の世界を知ることに他ならない。

その自然に日本の人々は何をみたのだろうか。神仏の世界をみたのである。

今日でもたまに使われる言葉に「山川草木、悉皆成仏」（サンセンソウモク　シッカイジョウブツ）という言葉がある。文字通り読めば、山や川や草や木はみなすでに成仏している、という言葉である。成仏とは仏になっているということでもあり、悟りを開いている、という意味でもある。

この言葉はインドから中国を経て伝わってきた。だがインドで生まれた元々の言葉は違っていた。「一切衆生　悉有仏性（イッサイシュジョウ　シツウブッショウ）」だったのである。

ところがこの言葉は日本に入ってくると日本の人々の感覚とは合わなかった。すでに述べたように、日本では自然と人間を分ける発想がないのである。その結果、次のように変えられた。「草木国土　悉皆成仏」。

この言葉が一般の人々に伝わったそのとき「山川草木　悉皆成仏」と変形していったが、「草木国土」と「山川草木」は順序が逆になっているだけで、言わんとしていることは同じである。

ところが人々はこの言葉にもっと深い意味を付与しながら伝えていった。「山川草木」、つまり人間を除くすべての自然は既に成仏している、と読んだのである。それなのに人間だけはいまだに成仏できないでいる＝悟りを開けないでいる、と。

ここまで深く降りてくると、日本の人々の思いでも自然と人間は同じではなかった。すでに悟りを開き成仏した自然、いまだに悟りを開けずもがき苦しんでいる人間、という違いは感じていただろう。

ではなぜ人間は悟りを開けずにいるのか、それは人間が「私」とか「自分」というものをもっているからである。「私」があるから自己主張や目的意識が生まれる。ヨーロッパの発想ならそれがあるから文明が発展すると肯定的にとらえることになるが、日本の発想は逆である。そんなものがあるから欲望や自己流の理解などでてきてオノズカラのままに生きられなくなる。つまりオノズカラのあり方を踏みはずしてしまうのである。仏教的にいえば、こうして煩悩まみれになっていく。

この人間のあり方をどうとらえるのか。私は、それを人間の悲しさとして見つめたのだと思う。人間は悲しき存在であるとして。

問われなければいけないのは、関係における主体、という課題だ。

その主体のひとつを「知性を介した主体」と言っておくことにしよう、知性でとらえたり、表現したりすることのできる主体、知性で考えることと一体となった主体である。

だがそれだけでは主体は形成されていない。もうひとつ、体でつかんでいる主体。つまり身体性でとらえられ、形成された主体がある。それは身体が心地よいと感じたり、逆に不気味なものと感じさせたりする身体とともにある主体である。

もうひとつ何かがある。知性ではとらえられず、身体性でもとらえられないけれど、自分の奥のほうで何かを判断しているような主体が、である。それを私は霊性、あるいは生命性と呼んでいる。本当は霊性と言った方がよいかもしれない。なぜなら生命性は、知性、身体性、霊性が一体化して形成されているのだから。

人間の主体というものは、意志としてあらわれてくるような知性に属するものだけがすべてではないのである。知性、身体性、霊性、あるいは生命性、この三つが結んだ所に主体は成立する。

主体とはこのようなものなのに、人間は主体を知性でとらえられたものと、ここでも、錯覚するのである。なぜなら判断を下すという出口の部分では、知性が働くからである。だから知性による判断がすべてのものだと錯覚する。

人間はこの他者との相互的な関係をとおして自己を形成する。だから自己の判断と思うものも、他者との相互的な関係をとおしてつくりだされてきたものであることから、逃れることはできない。

今日の私たちの自然認識は知性による認識が圧倒している。近代的な社会を作りだした近代思想が知性による思想であったことが、さらに私たちがこの社会に身を於いているうちに近代的な発想になれ親しんでしまったことが、そのような自然認識の時代をつくりだした。

だが近代的な思考に埋没する以前の人々はそうではなかった。知性による認識以上に身体性による認識や霊性による認識を重要視していた。語りえぬ者の方に根本がある、語りうるものは知性というフィルターをとおして生まれた表面的なものだと感じていたのである。

この霊性や身体性をとおして捉えられた自然に、人々は絶対的な善を、真理を、神仏をみたのである。

それは個人が到達したものではなかった。あえてそのような言葉を使えば、「場」が到達したもの、風土が到達したものだったのである。ひとつの地域で自然と向き合いながら人々が暮らしてきた長い時間が、このような諒解された世界をつくりだした。

だからこの了解は風土が違えば当てはまらない。あくまである地域の自然と人間の関係がつくりだした諒解であり、そこに生まれた自然観・人間観なのである。

私は自然は世界共通のものとして存在してはいないと考えている。ひとつひとつの風土ごとに、それぞれのとらえた自然が存在しているのである。自然はローカルにしか存在しない。

自然と人間が無事に暮らすことのできる世界をつくろうとするなら、それぞれの風土に合った共生の思想を創造していく必要があると言った方がいい。その可能性はどの社会でももっている。なぜならどの社会にも、自然と人間の共生を可能にする思想が、過去には存在したはずだから、である。

（以上『自然の奥の神々』から引用）

書評で「本質に迫る思索と表現」と評価しながら、同時に星さんは「かって人々は、知性による認識以上に、身体性や霊性による認識を重視した、その原郷に還ることが、地域はともあれ地球規模の環境保全を解くカギになるのだろうか。越境する汚染には、科学する鳥の目も要るのではと思うのは凡人の読みの浅さかも知れぬが」と記した。

二〇一〇年夏の酷暑は、冷害対策に尽力してきた高畠の稲作のあり方に、根本から〝温暖化対策〟の必要性を突き付けた。一地域、一国家にはどうすることも出来ない地球規模の環境破壊の影響が、稲作の現場で現実のものになってきたのである。既に西日本では、稲の種類を耐暑性に変える試みが一般化しつつある。外来種植物の蔓延もおびただしい。

まほろばの里でも、害虫マツノザイセンチュウの蔓延によるマツ枯れに続いて、害虫によるブナ枯れが急速にひろがりつつある。

森の色は一面褐色に変じ、新緑も紅葉も力を失いつつある。

高畠で唯一人の猟師の猟犬は、山に入り藪を漕ぐたびに、体毛に油性の汚れが一面にはりつく。風上に汚染源がないところから、中国大陸からの汚染大気のせい、とみられている。一九九九年一月四日、高畠の雪原は一夜にして中国大陸からの黄砂に染まった。春まだ遠い正月明けの来襲であった。いずれの異変も農の現場を脅かしてやまない「環境破壊」である。

汚染の原因と結果を、高畠の農民たちは、社会の構造から的確に認識している。

彼らは、六〇年安保反対闘争で国会議事堂を包囲したデモ隊に加わり、食管米価闘争の先頭に立ち、東京九段の農林省分庁舎での審議会に押しかけ、野外で農林大臣交渉に参加した経験を持つ。

「中央の動向を批判的に掌握しつつ、地域から世界を透視する目を持ち続け、主体的に『精神的辺境性』を生きる意志を培ってきた人たちである」（西村美紀子「主体的に『精神的辺境性』を生きる意志」本書二二三頁参照）。彼らは有機農法を介し、高畠の風土としての「自然の奥の神々」に対しつつ、同時に、まほろばの里に越境してくる汚染の構造に、「科学的に」立ち向かう意志を固めている。

自然との関係において、農民たちが見せるこのように盛んな「主体的」なかかわりようの淵源は、おそらく「知性」「身体性」「霊性（生命性）」が一体となって形づくられる判断、表現力に由来しているように思える。

「それは個人が到達したものではなかった。あえてそのような言葉を使えば、「場」が到達したものだったのである。一つの地域で自然と向き合いながら人々が暮らしてきた長い時間が、このような諒解された世界をつくりだした。」（『自然の奥の神々』）のであろう。

既に農業経済学、農村社会学による調査、研究が数多く高畠でなされてきた。しかし既存の経済体制の枠内で、地域農業の市場経済性をミクロに分析し、統計数字に表現する農業経済学、農村地域の社会動態をミクロに分析する社会学の説明から、そこに暮らす人々の暮らしの流儀、生活の作法、つまり生活者の「主体」が歴史的、社会的にどのように形づくられ、変化してきているのか、が脱落しているのが常である。「環境との調和」を目標に掲げた「高畠町有機農業研究会」の発足から一三年経た一九八七年、和田地区の三〇代の青年農家七六名が、一回だけ除草剤を使

年を経てなお盛んに根を張る「たこ杉」にもカミが秘められている（撮影＝筆者）

う「少農薬有機栽培」を目指し「上和田有機米生産組合」(菊地良一組合長)を結成した。三年後には一三〇名が加わり、先行した完全無農薬農法グループの指導を得て、地域の多数派を形成、有機農法は点から面への展開を果たす。

——和田地域のような中山間地は、効率優先の規模拡大の近代農業の、ふるいの目から落ちてしまうのではないか、と不安を抱えておった。それと農薬の空中散布が平野の方からどんどん始まって、もう一三年も無農薬でやってきていろんな生き物が田んぼに群を成している。そういう和田地区の農業がこれから先どうなってしまうのか、強い危機感を持つ三〇代の青年たちが立ち上がりました。

少農薬グループ登場の背景を星さんはこのように指摘する。

有機無農薬農法がもたらした生き物の復活と、いのちの繋がりの認識に基づく高畠町の耕す教育への発展は、官製用語「農業の多面的機能」とは何か、への明快な回答である。先行してそのことを実証した「高畠町有機農業研究会」に学び、「生き物が田んぼに群をなしている」光景を、農薬の空中散布によって奪われまいとした「上和田有機米生産組合」に加わった青年農民たちの心情の拠ってくるところであろう。

高畠の自然環境へのこのような反応は農民にとどまらない。本書第Ⅲ部2「塾生は高畠に何を見たか」で、初めて高畠を訪れた早稲田大学政治経済学部二年生の関谷智君は『もののけ姫』の世界で命の渦に溶けこんでいく」体験を得、同名嘉芙美子さんは「自然、人、文化の豊かさで回る三角ループ」の存在を実感した。

すべてのいのちは、自然(宇宙、神、人間を超越したもの)によって生かされ、また自分もその一部であることを自覚(無意識にも)していること。それが「祈り」であり、その心が、高畠には連綿と継承されてきたように思う。

(嶋田文恵「いのちのマンダラ」本書二二一頁)

早稲田環境塾生もまた高畠の人と自然のたたずまいから、己れの意識と感性に潜在している「自然への祈り」に気付かされているようにみえる。

注

（1）まほろばとは、古事記などに記されている「まほら」という古語に由来し、丘や山に囲まれた実り豊かな住みよいところを意味する。

（2）奥野健男『文学における原風景』集英社、一九七二年、一一頁。

（3）エートス ethos 人間の社会行動のゆくえをその内側から規制する観念の束であるが、「こうすべきである」というような当為的な倫理規範ではなく、むしろ本人の自覚し得ない、あるいは自覚することのない規範である。さらにそれは、単一の個人の内面だけに浸透するものではなく、何らかの集合体や社会階層のうちに共有されたものであるともいえる。この用語を蘇生させたのはM・ウェーバーであり、日本語の語感でこれに近い表現は精神的構造ということばであろう（『社会学小辞典』有斐閣、一九九七年、四二頁）。

ヘイケ蛍が舞う有機無農薬栽培 38 年の星寛治さんの水田

第Ⅱ部　地域づくりの精神

［編・構成］吉川成美

第Ⅱ部は、二〇一〇年第四期早稲田環境塾講義記録を元に吉川成美が起稿、編集した。中川信行、渡部務、佐藤治一の論考は、これまでの各人の発表記録より吉川が起稿し、加筆・編集を施した。星寛治「尊農攘衣の思想」、島津憲一「文化としての蛍の光、カジカ蛙の声」は書下ろし。吉川成美「野の復権」は、『環』第40号・特集「いま、『農』を問う」所収「野の復権——星寛治論」に加筆・修正を施したものである。

1 新しい田園文化社会を求めて

新しい田園文化社会を求めて

[有機農業の展開を軸に]

星 寛治

ほし・かんじ／一九九五年山形県高畠町に生まれる。有機農業研究会のリーダー、詩人。たかはた共生塾顧問、元高畠町教育委員長。著書『種を播く人』（世織書房）、『農から明日を読む』（集英社新書）『「耕す教育」の時代―大地と心を耕す人びと』（清流出版）。二〇一〇年度齋藤茂吉文化賞受賞。

農の現場で温暖化を体感

近年、農の現場で温暖化が激しく進んでいるのを体感しています。一つは、異常気象の頻発です。記録的な猛暑と旱魃、その裏返しの長雨と日照不足。超大型台風や集中豪雨などが、農業生産と住民生活に深甚な影響を及ぼしているのです。

生態系にも変化が現れ、植生や野生生物の棲息地図が変わりつつあります。イノシシは福島県が北限でしたが、吾妻連峰を超えて、山形に入ってきました。また、クマはあちこちに出没しました。果樹園、トウモロコシの畑、和田小学校のグランドにも現れました。通学路も危険だということで、バス通学に切り替えたりしております。また栽培作物の適応範囲も年を追って北上し、それにつれて病虫害の発生状況も違ってきています。たとえば、東北地方の稲作技術では、これまで冷害対策が主要なテーマでしたが、近年では温暖化にどう立ち向かうかが課題になってきました。例えば山形県の二一世紀農業戦略会議で、柑橘類の導入を考えてはどうかという提案とか、あるいは柿栽培というのは庄内柿に代表されるようにほとんど渋柿ですが、富有柿のような甘柿を導入してはどうか、というような提案がなされたということを伺いました。

近年、温暖化に伴うさまざまな自然環境の変化のなかで、生命を育てる農業の営みというのは深刻な被害を受けますし、対応が難しくなっておりますが、近年は品種の特性と有機栽培のイネの強さが相まって、他地域に比べますと有機農業の成果が出てきました。

もう一つ気がかりなことがあります。すでにマツ枯れが日本列島を北上し、海岸から里山までの風景を一変させました。加えてここ二、三年、ナラ・ブナなどの広葉樹が枯れ始めています。その急激な拡大は、森林の水源涵養の機能を劣化させるとともに、光合成の宝庫を失うことで低炭素社会への筋道も見えなくなります。水と緑と食料を生み出す基盤が崩壊すれば、地域共同体が維持できなくなり、ひいては都市文明の衰退を加速させることになるでしょう。

空前の不況と混迷の中で

今日私どもが置かれている社会の状況は空前の経済不況、混迷の中にあります。全く先の見えない閉塞感というものが漂っておって、いらだちのつのる日々を送っているというのが、多くの国民の姿ではないかと思われます。

今は一〇〇年に一度の大恐慌とよく言われますけれども、私はおそらく一〇〇年に一度ではないだろうと最初から考えていました。現代の産業社会は大きな壁にぶつかって立ち往生しているというのが実態ですから、その社会の構造を根本的に変えていかない限りは、そんなにやすやすと私どもが望む健全な豊かな社会が訪れることは期待できないんではないかと思っています。

しかしその間に地域社会の空洞化というのはどんどんと進んでおりまして、明日に展望が拓けないという実感をお持ちだと思うんです。しかし考えてみれば、国が変わらなければどうしようもない、とあきらめてはおれない段階だと思うんですね。成長神話と他力本願という、従来ややもするとそういう傾向にあった私たちが、そこから覚めて、自立と協働を基軸にした、内発的な発展の道を探っていかなくてはならない時代ではないかと思えて仕方がありません。

グローバリズムという大津波に足下をすくわれないために、いのちと環境と固有の風土性を何よりも大事にする地域創造に全力で立ち向かう、そんな場面だと思います。

ＴＰＰ（環太平洋戦略的経済連携協定）が急遽打ち出され、食糧生産と農村の今後に重くのしかかっています。二〇〇六年、シンガポール、ブルネイ、ニュージーランド、チリの四ヵ国が自由貿易協定を結んだことが出発点でしたが、二〇一〇年三月にアメリカ、ペルー、ベトナム、一〇月にはマレーシアが参加、九ヵ国の連携のもと貿易自由化を一気にすすめ、五年以内に完全に関税をゼロにしていくという取り組みです。一一ヵ国間の協定の場合は、日本にとってかけがえのない品目については例外として保護できたわけですが、TPPは例外なき自由化路線ですから、これが推進されていくと日本農業の壊滅的打撃は明らかです。心ある消費者、生協、市民団体は協力してTPP反対運動を展開しています。とりわけ農・畜産物に関しては、主要農産物のコスト競争に勝てず、わずか一割程度の生産しか残らないと農水省も試算しています。澱粉や砂糖類は一〇〇%壊滅するという見通しです。さらに、コメ、ムギ、牛乳、牛肉など九〇%もダメージを受ける品目は六品目以上あり、日本の食料自給率は四〇%から一四%まで急落するという予測があります。猛烈な危機感を持っております。農業分野ではなく金融、医療、教育、保険、労働力の自由化も含まれておりますので、日本の雇用条件をさらに厳しいものにしていくと思われます。関連の産業、製造業にも及んでいきますので、企業は日本のなかに立地して操業することが困難になり、海外への流出を招くので地域社会の崩壊が危ぶまれます。

食の安全に関しては、特に遺伝子組み換え食品が雪崩のように入ってくることになるでしょう。植物特許を持つ多国籍企業に管理支配される構造を許すことに繋がり、国境措置のない遺伝子組み換え食品の流入により、日本の食文化は大きな打撃を受けるでしょう。WTO体制でもこの点が懸念されていましたが、今回のTPPによって、例外なく一気に進むことは明らかです。地球の温暖化など我々が考えなければならない人類的課題、たとえば「低炭素社会をいかに作り出していくのか」という根本的なテーマで歯車を狂わされていくことが問題です。COP10が開催され、名古屋議定書、里山イニシアティブという画期的な取り組みがなされようとする矢先です。政府は三月に「食料・農業・農村基本計画」を策定して、この一〇年計画で四〇%の自給率を五〇%に高めていくという閣議決定をしたばかりなのに、あえてTPPに踏み出していこうというのですから、明らかに財界の圧力に屈して、農業を人身御供にするという政策の表れだと受け止めざるを得ません。

いずれにしても地域社会が崩壊していくということは、高畠についても四〇年かけて足場を築いてきたものが揺らいでしまうという懸念がありますし、全体が荒れ果てていくなか、有機農業だけが生き抜いていくというのはほとんど不可能ではないかと思います。コメについては、七〇〇%以上の関税をかけて輸入米と国産のバランスをなんとか保ってきたのですが、TPPに参加となると有機米や、新潟のコシヒカリなどほんの一握りのブランドしか残らないと農水省も指摘しております。そんなことが許されていいのか、忌々しきことです。

菅内閣には食料安保という視点が欠落しているというのが最大の問題だと思います。軍事的な安全保障ということだけではなく、生存にとって、いのちの糧というのは根本であります。それが手に入らなくなって路頭に迷うというのは、想像力を働かせればすぐに洞察できるはずなのに、全く違う方向を模索しようとしている。「平成の開国論」といって、幕末の黒船にたとえているようですが、これは倒錯した発想だと思っています。

そんな状況のなかで、日本の明日の食料はどうなるのでしょうか。FAO（国連食糧農業機関）は二〇〇八年の飢餓人口は一〇億二千万人、そのうちの六億四二〇〇万人がアジア諸国、次にサハラ砂漠以南のアフリカ地域では二億六五〇〇万人、中南米で五三〇〇万人という実態を示しています。途上国の問題だけではなく、自給率を放棄してしまったわが国のような先進諸国でも、外国から禁輸措置がなされると、たちどころに飢えるという事態にならざるを得ません。そこに、輸入依存の危うさがあります。

そうした状況の下で私たちはどうしたらいいのでしょうか。私は「身土不二」からの再出発だと思っています。これは中国の仏教由来の思想ですが、有機農業と消費者運動の合言葉として広がってきました。農水省や自治体では地産地消ともいいます。昔の人は四里四方で採れたものを食べていれば、人間は健康で長寿をまっとうすることができると伝えてきました。伝統的な食文化を生かした食事ということだと思います。地域風土に立脚し、畑と食卓を結ぶという考え方が大事だと思います。

畑と食卓を結ぶ糸口として考えられるのは、学校給食だと思います。子どもたちの食べ物を何より優先して、本当にいいものを地域が作り出していくという取り組みが、一つの扉を開いていくだろうと思います。学校の給食だけではなく、病院、福祉施設、会社などの給食を通して具体的にシステムを作り出すことが大事です。高畠では和田小学校をはじめ長年にわたって自給野菜組合の活動が続けられており、また二井宿小学校で学校農園を通して、子どもたちの手で自給率を高め、給食の自給を向上させています。給食という切り口から子供からお年寄りまでが、地域の基盤を作り出すということが大事だと思います。

人と自然にやさしい農を求めて

①手探りの草創期（一九七〇年代）

持続可能な社会を作り出すために、具体的に今、何が求められているのでしょうか。そのヒントになるかどうかはわかりませんが、地域から地球への視野を持って、いのちと環境を守るもう一つの道を求めて歩いてきた高畠町の実践について、その一端を述べてみたいと思います。

一九七三年、今からちょうど三八年前に近代化を超えるもう一つの道を探求しようと、若い農民集団が誕生しました。「高畠町有機農業研究会」であります。青年団活動やサークル活動で学習を積んできた二〇代前半の若者たちが主体でありました。今で言えば大学生の世代ですね。その出発の柱は、やがて次の五つに集約されたと思います。

一つは、何よりも安全な食べ物を作るということ。二つは、その本物の食べ物を産み出すために、生きた土を作るということ。三つは、失われた自給というものを回復するということ。四つは、環境をしっかり守るということ。五つ目は、農民の自立を目指すということでありました。ただ、近代化の恩恵に酔っていた当時の社会状況からしますと、いのちと環境に重心を置く運動の主旨というものは、地域住民からはほとんど理解されませんでした。

化学肥料や農薬を使わないで堆肥などの有機肥料を施して、手作りの農法でコメとか野菜を育てようとする営みというものは、戦前とか、江戸時代とか、昔の農業に帰るような変わり者集団という風に見なされまして、有形無形の圧力に耐えなければなりませんでした。便利で効率のよい化学農法とは異なりまして、堆肥などでじっくりと地力をつけて土の生命力でもって作物を育てていく有機農業は、実際に取り組んでみると数倍も手間暇がかかりますし、また収量も半減するという大変厳しい現実からのスタートでありました。けれども若者たちは、筋道の正しさというものに信念を持って、困難と闘いながら取り組みを続けたのです。その姿を作家の有吉佐和子さんは、記録小説『複合汚染』の中で大きな希望を込めて描いておられます。

一九七六年、実践三年目のその年は、東北地方を空前の冷害が襲いました。五一年冷害といって、記録に残る冷たい夏でありました。お盆が過ぎても穂が出ずに、今年は収穫皆無だなと半ばあきらめかけておりましたところ、九月になって一ヵ月遅れの夏が訪れ、ようやく穂が出て実りへと進んでいきました。しかし既に低温障害で空っぽの籾をつけたり、病気にやられてしまった稲田は、黄金色とはほど遠い白茶けた風景の広がりでした。その光景の中に、不思議なことにぽつんぽつんと金色の田んぼが現れたんですね。有機栽培三年目の会員のイネでした。収穫をしましたら、ほぼ平年作を確保したことがわかりました。周辺が半作以下の時にその成果というものは、本当にずしりと重いものでした。

ところでその秘密というものはどこにあったのでしょうか。七〇年代後半に四年続けて襲ってきました冷害も、見事に乗り切ってわかったことですが、有機の田畑は、計ってみると田んぼの泥の温度が三度も高いということなんですね。つまり、柔らかくて温かい土になっていたのです。そこには無数の小さな生き物たち、とりわけ土壌微生物が生息をし、生きては死に、生きては死に、顕微鏡の世界の生命活動を繰り広げておったのですね。まさにいのちの曼陀羅と呼ぶことができましょう。

野菜畑とか果樹園の土では、微生物の固まりのような団粒構造というものができあがって、保水性と排水性が両方とも高まってまいりました。そこでは作物は冷害とか長雨に強いだけでなくて、干ばつにも強い抵抗力を示すということがわかってまいりました。その段階になりますと、人間がそれほど細かく手を加えなくても、土の生命力でもって作物はかなり安定した作柄をもたらしてくれるようになります。

出発の目当てであった自給というものがほぼ達成されるようになったとき、都会の目覚めた消費者、市民の方々と出会いまして、畑と食卓を直接結ぶ産消提携の道が見えてまいりました。その新しい流通の形も試行錯誤ではありましたけれど、「顔の見える関係」を合い言葉にしながら、ネットワークが全国に広がっていきました。

その段階で、いわば多品目少量生産の、小さな家族農業であっても、自立できる目処がつくようになったんですね。それまでにほぼ一〇年の歳月がたちました。そうしてようやく地域社会から、なるほどそういう生き方もあるのかな、という市民権を与えられたわけであります。

②地域に根を張る運動へ（一九八〇年代）

一九八〇年代は地域に根を張る有機農業運動を目指して、新しい村づくりに挑んだ時代でありました。先駆けてきた研究会の実践に触発をされまして、地域に様々な動きが起きてきたのを敏感にとらえた私たちは、それまでに手にしたノウハウをすべてつぎ込んで、新たな集団の誕生を促してまいりました。つまり、産婆役に徹したわけです。

私の住む和田地区ではヘリコプターによる農薬の空中散布を何とかして水際で阻止したいと立ち上がった人々が、一年あまりの準備期間を経て、ほぼ地域ぐるみの組織を発足させました。「上和田有機米生産組合」の誕生です。農協青年部などの、三〇代の若手中堅の農民が機関車となって推進する新たな活動は、中山間地域の活性化に大きな希望をもたらしました。何よりも現場にしっかりと密着した生産活動が功を奏しまして、やがて会員も倍増し、有機米の小さなブランドとして全国に知られるようになりました。

里山の豊かな自然と、きれいな水と、しっかりと守られてきた農村の原風景とその暮らし。それを生かし切った意欲的な取り組みが、安全でおいしいコメを育んでくれたんだと思います。そして二〇有余年を経た今日では、コメの全国の食味コンクールで六年連続金賞を受賞するほどに成長いたしました。また今年度の全国環境保全型農業推進コンクールにおいては、大賞に輝きました。その地域集団はコメの生産と流通だけにとどまらず、当時次々と発生してきた環境問題とか、教育とか、福祉とか、食と健康づくりなどの課題にしっかりと向き合って、住民活動を牽引する役割を果たしてきたと思います。

そうした実践を続けるうちに地域の環境が甦り、ドジョウ、タニシ、ホタル、赤トンボなどの小さな生き物たちが帰ってきたのでした。つまり、生物多様性が豊かになってきたということですね。それは私たちにとっては作物がよくできることと同じように、大変うれしいことでありました。

③都市と農村の多彩な交流（一九九〇年代）

一九九〇年代に入りますと自前の学習集団「たかはた共生塾」が発足いたしました。ベルリンの壁が崩壊し、東西冷戦の構造が音を立てて崩れゆく人類史の節目に立って、地域にあってもこれまでの惰性に流されない、自立した生き方を確立しなければならない、と考えたのであります。年齢とか職業とか立場を超えて、一人の人間として今何を学ばなければならないのか、何を学びたいのか、何を学べるのかを草の根のところで考えながら、ともに学びあおうとしたわけであります。初代の塾長は町の助役を一三年務められ、退任後も地域のボランティア活動に情熱を傾けてこられた鈴木久蔵さんです。まさに大人《たいじん》でありました。

共生塾は具体的には、この国の一流の知性に触れる連続講座とか、あるいは全国に発信して今年で一九回を重ねてきた「まほろばの里農学校」の開催を通じて農的な体験の中から生き方を考えてまいりました。町内にもう一つ誕生しました屋代村塾[1]とか、あるいはいくつかの有機農業グループ、そして行政では、教育委員会とか農業委員会と連携をしながら、九〇年代は都市と農村の交流が多彩に、しかも充実して展開された時代でありました。長く続けてきました消費者との提携をベースにしながら、立教大学を始め、早稲田大学、千葉大学、東京農業大学、明治大学、筑波大学など、十数校に及ぶ首都圏の大学のゼミのフィールドワークや、地元の山形大学、それから小、中、高校の修学旅行とか農業体験学習、あるいは学会のワークショップとか、自治体職員の現地研修、さらには外国人の視察とか、グリーンツーリズムなど、農村はまさに交流の舞台として機能するようになったのであります。「ゆうきの里・さんさん」は、その拠点施設として大きな役割を果たしてまいりました。それは私たちにとっても、地域にいながらにして最新の情報に触れ、魅力的な人間性に触れる得がたい機会ともなったわけです。

そうした交流というものがきっかけになりまして、少なからぬ人々が「高畠病」に感染して、リピーターになってついに移住された方々も少なくありません。その「新まほろば人」と呼ばれるみなさんはこの高畠、置賜《おきたま》の大地にしっかりと根を張って、新しいライフスタイルを実現しておられます。また移住されないまでも熱心なサポーターとなって全国各地からあつい声援を送って下さる方々も多くて、おそらくそれは何百名に達すると推測されます。その存在

都市民との交流拠点、「ゆうきの里・さんさん」

によって私たちはたくさんの元気をいただいているのです。

そうした時代の風を受けて、町は第四次総合計画の柱に「いのちと環境」「自然との共生」をしっかりと位置付け、まほろばの里づくりに取り組んで参りました。農業については、有機農業を核とした環境保全型農業を推進すると明確に謳っております。第四次総合計画は、当時斬新なインパクトを県内外にもたらしたと記憶しております。屋代村塾の創始者であります早稲田大学の大塚勝夫先生も、審議会の一員としてその策定に情熱を傾けて下さったのを鮮明に覚えております。

④小さな共生社会への一歩（二〇〇〇年代）

二〇〇〇年代、私たちは何を目指して汗を流すのか、歩きながら考え、考えながら歩き続けているところです。これは私見ではありますが、地域の条件というものを十分に生かしながら、身の丈にあった小さな共生社会を描いてまいりたいとずっと考えてきました。有機農業の目指す自給・自活の実現というものをベースにしながら、内発的な発展を計りつつ、持続する循環社会に近づくことを夢見ているのです。

我が町では、一九九九年に開催しました「水俣・高畠展」の延長のところで、二〇〇一年に環境基本条例を制定し、行政と住民の共働によって環境にやさしいまちづくりに鋭意取り組んでいるところです。また一九七六年から町内のすべての小中学校に学校農園をもちまして、三三年間取り組んでまいりました「耕す教育」は、子どもたちが食を自らつくる営みを通して命の尊さを知り、生きる力を養おうとするものです。また唯一町内にあります県立高畠高校の一年生全員が、三〇戸の有機農家に出向いて行われております「いのち耕す体験」[2]も、土に立って自らも生き物の一員であるという生身の実感を取り戻そうとする新しい学びの形だと理解をしております。

また今年は新しい田園文化社会をイメージしながら、手作りの「たかはた文庫」の創設に踏み出したところです。そこには有機農業資料センターを併設する予定です。

多面的価値の生成

有機農業三八年の実践を通して地域社会全体を眺めてみますと、その風景は産業を超える農の豊かさに充ち満ちている、ととらえております。それはまさに多面的価値の創成と呼ぶことができましょう。まず何よりも本物の食べ物を生み出すことによって、私たちの生命を豊かにし、生存基盤というものをしっかりとしたものにしてきたと思います。

環境については、ホタル、セミしぐれ、赤トンボに象徴されるような小さな生き物の楽園が復活してまいりました。

それから生産的には、豊饒の土の贈り物のように安全でおいしく、栄養豊かで、しかも機能性の高い食べ物が作れるようになったと思います。

そして生活面では、自給をベースとした手作りの暮らしを、多くの人々が楽しむようになったと思います。

また生産者と消費者の提携につきましては、顔の見える関係から、共に生きる関係へと、質的な高まりを見せてきたと思います。

さらに地域経済につきましては、農業と地場産業[3]をしっかり結ぶことで、とりわけ食品加工の企業が元気に頑張っておりますし、優れた高畠ブランドを形成しています。

また資源の面では、畜産と結んだ土づくりなど循環のシステムというものが作動いたしまして、持続する社会の一翼を担っていると思います。

また教育につきましては、耕す教育からいのちの教育へと深化してまいりまして、子どもたちが生きる力を養いつつあると思います。

さらに文化につきましては、カルチャーの語源が示しますように大地に根ざす芸術文化活動が大変盛んでありまして、農そのものが文化であるという認識も生まれてまいりました。高畠町にはいろんな領域の文化活動の集団がありまして、町の芸術文化協会の構成員は五〇〇名を超えるとうかがっております。

手挟みでコメの出来栄えを実感する（撮影＝吉川成美）

さらに福祉につきましては、農の持つ癒しの効果というものが近年とみに注目されてまいりまして、地域ケアの非常に大切な要素になりつつあると思います。
さらに医療・保健に関しましては、身体によい食べ物の機能性というものが明らかになりまして、オーガニックの食材の優位性というものが示されております。
さらに地域づくり全般につきましては、都会から移住される方が相次ぎまして、帰農の里の表情を見せております。
自治に関しましては、住民と行政の協働に、さらに全国各地の支援者の力が加わりまして、厳しい財政事情の中にあっても、元気で心豊かなまちづくりに力を注いでいるところです。

私にとって有機農業とは

ここで私自身の生き方に少しふれてみたいと思います。

毎年リンゴの花が咲く時期は５月上・中旬（写真提供＝筆者〔左〕、吉川成美〔右〕）

　農業に就いて五五年、そして有機農業にめざめ、仲間と共に手探りの実践を始めて三八年が経ちました。自然に真向かい、農政の変転に翻弄されつつも、土の力に信頼を寄せ、いのちを育むモノづくりをライフワークとする中で、私は農のよろこびを実感できるようになりました。傍目には全く愚直に見えるその営みの核心の所に、何よりも作るよろこびがあります。まるで愛し子を育てる親の面持ちで、また時として農芸《クラフト》作家のような眼差しで土や作物に向き合い、入念な手入れをする。その作物が求める環境を整えるために、労働とわざを施すのです。いのちを育むモノづくりは、生命の神秘《ふしぎ》や尊厳への終わりのない旅のようでもあります。だから注いだ汗の結晶のような産物は、商品ではなく作品だと自負しております。

　次に、手塩にかけた作物のみのりを収穫するよろこびがあります。その手応えこそ、農の醍醐味だといっても過言ではありません。そして天地《あめつち》に感謝して頂くときの充足感はたとえようがありません。

　さらに、手にしたみのりを他に分かち合うよろこびがあります。互助とか共生を実感する場面です。「今年のリンゴは、ほんとうに美味しかったよ」という一言が、それまでのいろんな苦労を吹き飛ばしてくれるのです。

とりわけ、長い間重ねてきた消費者との提携においては、相互の信頼感を軸に、いのちのつながるよろこびをもたらしてくれます。その絆から広がる豊かな人間関係は、充実した人生へと誘ってくれるのです。そして生命を育て、その果実を分かち合い、生かし生かされる行為は、いつしか感性を養ってくれることに気づきます。農はこころを深く耕してくれるのです。

私は非力ながらも、農を文化に高めたいと願っています。遠く祖先から、息の長い営みによって培われてきた豊饒の土を、次世代につなぎ、そこに希望を託すときに、これまでの地べたを這うような人生は報われると信じたいのです。

しかし、社会的には個人の努力だけでは及ばぬ壁があります。根源的な農の問い直しと政策転換が求められる場面だと思います。

農の公共性、普遍性を問う

今日、アメリカを震源地とする金融破綻の津波は、世界中を襲い、空前の経済危機をもたらしました。その背景には、行き過ぎた市場原理主義とマネーゲームの落し穴があるのを素人ながら感じます。しかもライフラインの中核を成す衣食住やエネルギーまで投機の対象にし、もうけを追求する不公正さは、目を覆うばかりです。

私はかねてから、命の糧を産む農の営みは、市場原理を超える公共性、普遍性を持つもので、経済効率以前の生命の物差しで測るべきだと考えてきました。だから、教育や福祉、医療などと同じく、公的な支援システムと推進体制が必要であり、そうでないと公正な生産と流通、そして消費生活は維持できません。

たとえば、戦後の長い間、主食のコメについては食管制度によってしっかりと守られてきましたが、国がその責務を放棄して市場流通にまかせた結果、価格は下がり続け、生産費も償えない状態になってしまいました。若い人が展望を持って継げる環境ではなくなったのです。みずほの国と呼ばれた稲作文化の系譜は、息も絶えだえの状態と言わねばなりません。

そういう中で、京都から小さな火の手が上がりました。「縁故米運動宣言」です。市民の力で地域の田んぼと食卓を守ろうという実践的な運動を展開しようというものです。

食べる側から生産活動を支援し、担い手の確保までめざそうという草の根の動きに注目が集まっています。

私たちが有機農業運動の柱としてきた提携も、生産者と消費者の合意によって全ての産物の価格形成がなされ、田畑から台所へ直接届けるシステムが作動してきました。三〇年以上、ささやかではあっても市場相場とは関係なしに、顔の見える人間の信頼感をベースにして、ほんとうに暮らしに必要なものを作り、届けてまいりました。その内容は、市場原理を超える小さな食管システムと呼ぶことができましょう。ただ、そうした草の根の活動は、生消双方の主体的な力量が問われ、社会環境の変化に伴って厳しい面も出てまいりました。

時あたかも、国も「有機農業推進法」を制定し、安全な食料の生産と消費、そして農の果たす環境の保全に一定の責務を負う姿勢を打ち出しました。また、私たちの町でも、「たかはた食と農のまちづくり条例」（本書巻末所収）が策定され、人と自然の共生をめざす地域創造に向けて動きだしました。長い愚直な積み上げの果てに大義名分を得た有機農業は、漸く官民一体で推進する時代を迎えたといえましょう。

「たかはた食と農のまちづくり条例」

次に「高畠町有機農業推進協議会」について触れてみたいと思います。一九九七年、町内の有機農業集団を中心にしましてJAのライスセンター管理組合とか、あるいは農業法人など一三団体と個人が集まって、緩やかな協議会が結成されました。高畠町有機農業推進協議会であります。事務局を町の農林課に置きまして、ほぼ一年の準備期間を経ながら、情報交換とか人間交流を主とした緩やかな協議会を構成したわけですね。初代会長は中川信行さんです。

しかし活動を重ねるに従って、推進協議会には、行政に対して政策提言をしようじゃないか、という気運が高まってまいりました。例えば水田への農薬空中散布を全廃することとか、遺伝子組み換え作物の栽培禁止の要請についても、大変ねばり強く活動を続けてきたわけです。

緩やかな協議会といいましても、それぞれの団体の構成員をトータルしますと、ほぼ一〇〇〇戸近くに及ぶ存在感というのは非常に大きなものがあります。二〇〇〇年代に入って、長年の懸案でありました水田のヘリ防除は全面的

山形95号の止葉は剣のように鋭く天を指す。有機栽培に適する良食味の品種（写真提供＝筆者）

に廃止されました。そして農薬に頼らない環境農業の普及拡大に、一体となって取り組むことになったわけでありま す。

さらに大きなテーマであります遺伝子組み換え作物の世界的な拡大は、学習を積むに従って自然生態系と人間の生存にとって、非常に深刻な影響を及ぼすということが次第にわかってまいりました。ですから高畠町内での栽培はどうしても阻止したいという意向が強まってきたんですね。そのためには組み換え作物の反対運動にとどまらず、地域農業全体の方向を明確にしながら、その中に栽培規制をしっかりと位置付けることが大事だという認識で一致したわけです。

農林課のスタッフと推進協議会のリーダーがじっくりと検討を重ねてまいりまして、愛媛県の今治市の条例をモデルにしながら原案を煮詰めました。そして最終的には町長の決断と議会の全面的な賛同を得ることができまして、「たかはた食と農のまちづくり条例」は二〇〇八年の九月に制定の運びとなりました。そして二〇〇九年の四月から施行されております。

その条例の柱は次のようなものであります。まず一つは、自然に調和した農業の推進。二つは、農業の多面的機能の発揮。これは具体的には国土保全とか景観形成、温暖化防止などであります。三つは、安全な食べ物の生産。四つは有機農業の推進。五つは地産地消と地域内自給の向上。六つは、食農教育の充実。それから七つは、遺伝子組み換え作物の自主規制。八つは、都市と農村の交流促進。その他に担い手の育成なども掲げています。

中でも地域自給の向上と有機農業の推進、そして組み換え作物の栽培規制というところに大変大きなポイントがあります。今年度はさらに町の有機農業推進計画の策定ということが課題であります。

県のレベルもそうですが、計画を具体化していくカギを握っているのが、農協の取り組みだと思っています。とりわけ市町村の枠を超えて合併した大型農協においては、支店間の温度差がありますし、同じ物差しではなかなか測れない課題があるように思います。それでも環境農業の推進という大きなテーマについて、主体的な力量というものを農協に十分に発揮してもらいたいと強く願っております。新しい農政にどう対応するかということも含めまして、地域再生の原動力として協同組合運動の有するダイナミズムに私は大きな期待を込めております。

新しいふるさとづくりの視点

農業の営みと農村社会は、人と自然の共生空間です。純自然とはちがい、人々が長い間働きかけて、命の糧を産む装置として作り上げた人為的な自然です。だからその地域風土に根ざした固有の表情を持っています。[4]その原風景は地域の文化遺産というべきもので、いまを生きる私たちは、できる限り守りぬく責務があると思うのです。景観は見た目が美しいだけではなく、いのちの曼陀羅のように数え切れない生き物が棲む楽園でありたいものです。いわば生物多様性の発現こそ、調和のあるくらしのバロメーターだと思うからです。

農村はもはや閉鎖社会ではなく、外に向かって開かれた交流の舞台として機能し始めたようです。都市の市民や若者、そして子どもたちが、緑の持つ癒しの効果や心の安らぎを求めて農村に赴く流れは、近年とみに高まってきました。さらには土を耕し、作物を育て、自らの食事をつくる喜びを味わう人々もふえてきました。

地域社会は、そうした成熟社会の新たな潮流をしっかりと受け止めて、交流と定住の条件を整えることが必要です。とりわけ生命産業の創出と雇用機会の拡充が不可欠だと思えます。さらに文化風土の豊かさも、大きな魅力の一つです。農と文化と観光が融合した形で、小さな村でも自立できる可能性があることを実証している事例は少なくありません。

明日を創造するために

私たちのふるさとをさらに住み良く、いつまでも栄えるところにするためには、どういう基本姿勢と実践が必要でしょうか。

まず何よりも、ゆたかな自然こそが最大の財産だという認識を持ちたいと思います。めぐる山脈や、里山や、公園の森や、街の並木や、屋敷の草花にいたるまで、緑は私たちに安らぎと潤いをもたらしてくれます。

そして忘れてはならないのは、「農業が育む人為的な自然」[5]です。そこに群れなすいのちの饗宴によって、私たちは生かされる関係にあります。

次に、地域資源を一〇〇%活かす知恵と技術《わざ》が必要です。大地とか、草木とか、海とか、水などの天然資源はもとより、伝統産業や、特産物や、歴史的遺産や、食文化や、それらを担う人材も何より大切な資源です。

生活環境も含めて、地域全体の環境レベルをできるだけ限り向上させたいものです。美しい景観は住民の品格を表す指標であり、象徴だと思うからです。

私はこれからの地域づくりのキーワードは環境・健康・文化だと思います。本来の農のある所に、健康も、文化も脈打っていることに多くの人々が気付き始めました。

今日、地域農業には市民の生存基盤をしっかりと支えるという使命の他にも、様々な役割があることも明らかで、その実現に向けて各界からの期待も高まっております。けれど農村は高齢化が進み、このままでは再生のチャンスを失ってしまいます。いまこそ若い世代が、真剣に自分たちの未来のことを考え、このままでいいものかを問い直す場面だと思います。そして、自分が何をしなければならないか、何ができるかを考え、一歩踏み込んでいく姿勢が欲しいものです。沢山の知恵やわざを身につけた先達が健在のうちに、大事なものをしっかり学び、受け継いでいく必要があります。いわば歴史や伝統との共生です。そこから未来に通ずる道筋が見えてくるはずです。

つながりの文化の回復

ここで改めて有機農業運動の現代的な意味について考えてみたいと思います。昨年の一一月三日、ゆうきの里で「一楽思想を語る会」というのを催したときに、講演をしてくださった一人に栗原彬先生がおられました。

先生は、一言で言えば、有機農業運動の本質というのは「つながりの文化の回復」ということに尽きる、と言われました。生産者と消費者・市民との提携における人間的な絆というものは、生命共同体としての関係性ということができます。特に私たちの地域農村社会においては、血縁とか地縁とかいうものをベースにしながら、連綿として地域共同体というものが息づいてきたわけなんですが、有機農業運動は従来型の地縁・血縁の社会に、いのちを吹き込む大変重要な役割を果たしてきたと思っております。

一方で無縁社会というものが激しく進んでいる都市社会においても、顔の見える関係というものを回復することによって、相互扶助の機能を呼び戻す力を発揮できるんですね。暮らしの隅々まで浸透してきたデジタル化の中で、失いつつある生身の人間の実感というものを、土の香りのする旬の農産物が甦らせてくれるということを、もう三〇数年提携活動をやっている若島礼子さんという方が語りました。房総の三芳村の生産者と四つに組んで、首都圏の一〇〇〇戸近い消費者グループを組織して、推進している体験に基づく話です。土の香りのする旬の産物というものが、自分たち都市生活者に、自分が生き物であるという実感を甦らせてくれるんだと語りました。

そういうことが一つの刺激剤になりまして団地や町内会とか、とりわけNPOなどの様々な住民活動が展開されてまいりますと、人と人とのつながりとか地域に対する愛着とか、帰属意識というものが生まれてくるんですね。いわば都市における、地縁の回復と呼ぶことができましょう。

私たちはかねてから提携を「新しい親戚づきあい」と呼んでまいりました。DNAを超えて同じ価値観によって結ばれている、つながっているもう一つの血縁という風に呼ぶことができるかと思います。

立教大学を退官された栗原彬先生が寄贈した蔵書 10 万冊が収められた「たかはた文庫」。2010 年 11 月にオープンした

「たかはた文庫」の創設

つながりの文化という貴重な提起をしてくださいました栗原彬先生の蔵書一〇万冊を寄贈いただいて、上和田の地に、「たかはた文庫」の造営にただいま取り組んでいるさなかであります。そこには有機農業資料センターを併設する予定であります。また、高畠の有機農業運動の前史をなした青年団活動とか、行政の社会教育活動関連の資料を可能な限り収集したいと考えて、関係者のみなさまにご協力をお願いしているところです。ただ手づくりの田園文庫の創設という夢を住民の力だけで実現するには元々力量が足りません。ですから和田民俗資料館管理組合が主体となって、建設委員会を構成いたし、併せて協賛会というものを立ち上げまして、町内外の多くのみなさまのご協賛を賜ってまいりました。高畠町をはじめ、地域の有志のみなさまの多大なご支援を礎としながら、さらには高畠と固い絆で結ばれているご縁を大事にして下さる多くのみなさま、首都圏の大学、有機農業者や消費者団体、さらには関西から九州までのご支援くださる多くのみなさまに支えられて、

大きな事業を推進しておるところです。その志に応えるような内容のものにしていきたいと、みんなで力を合わせているところであります。

　そして地域の子どもたちや若者、あるいはお年寄りの方々にいたるまで、高畠の文化風土に生きることの誇りと自信と、幸せを養っていく知的交流の場として機能してもらいたいものだ、と強く願っております。

新しい田園文化社会のイメージ

「新しい田園文化社会を求めて」という、このテーマについては私の尊敬する坂本慶一先生（京都大学名誉教授）の『農の世界の意味』という著書の中から少し引用させていただきます。坂本先生は、農と生の相関ということについて論じておられます。要約してみますと、人間の生の構造というのは生命《いのち》、生活《くらし》、人生《生き方》で成り立っている。食の根源というのは農に始まるし、農はいのちと健康の源である、また農は人間の暮らしを豊かにする。ですから農は人間が人間らしく生きるための基礎をなすということができる。そこでは家族とか社会生活などの人間関係を大変密接なものにする、と指摘をされております。

　農と生き方については、総じていえば、人間が幸せに生きる条件というものを整えてくれる。農は食料生産によって人間の生命と健康を保全し、さらに物質的生活と人間関係を大変豊かなものにしてくれる。加えて農耕は、人間に有機的な生命が一つになることを教えてくれる。母なる大地とそれに育まれる生命への尊厳である、とされております。

　さらに坂本先生は農村風景や田園景観というものは、二次的、人為的な自然であって、文化環境と言うことができる。そこで営まれる有機農業や伝統的な農業というのは、生態的農業のシステムであり、農といのちの相関を回復する運動である。そして新しい文明・文化の創造を目指す流れをなすものである、と結論づけておられます。

　既に高畠町では一一年前に策定された第四次総合計画におきまして、基本理念に参加・創造・共生を掲げております。そして、まほろばの里づくりのキーワードを、一万年の歴史、あたたかい心、緑豊かな豊饒の大地におきまして、具体的に施策化を進めてきました。

　そして今年度策定され、既に施行に入っております第五

図　有機農業から派生する農家と消費者の共生要素

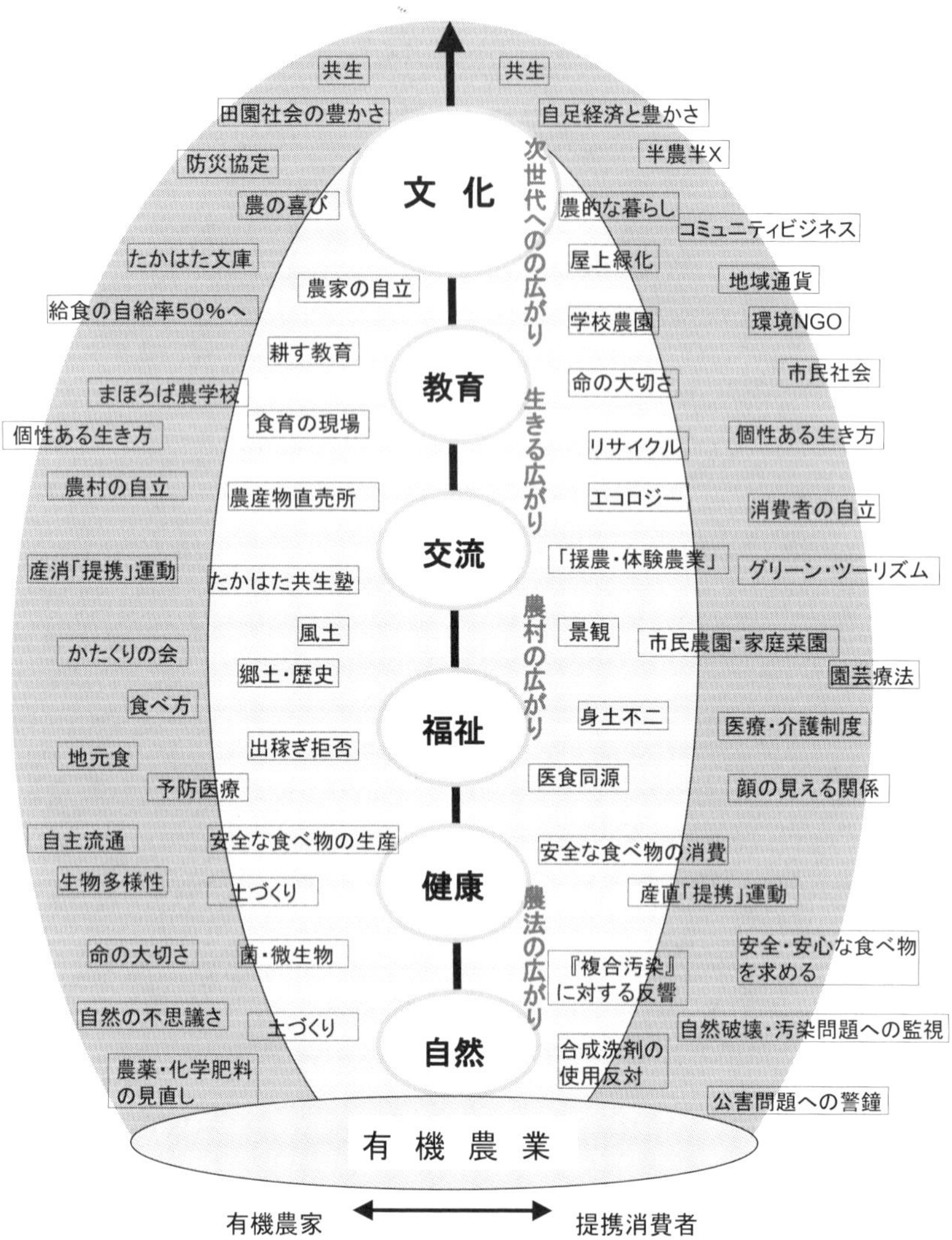

（出典）吉川成美「日中有機農業生産の形成と政策転換——自給体制からＷＴＯ体制へ」（2002年修士論文）31頁。

次総合計画におきまして、めざす町の姿を「すべてのいのちを大切にし、いきいきと輝くまち」と、その基本理念を「誇り、創造、自立、共生」として、基本目標に町民憲章の五本の柱を据えております。その導入の文言に「一人ひとりが社会の一員として自覚と責任を持ち、人や地域が支え合う成熟社会の自立と互助の営みをしなければなりません。家族との絆を大切にし、簡素で心豊かに生きることに自信と誇りを持ち、日々の暮らしを見直す必要があります」という風に書かれております。未来社会に対して明確な指針が示されていることを、私はしっかりと受け止めたところです。

人間が再び大地に還る時代

私はグリーンニューディールを待つまでもなく、二一世紀は人間が再び大地に還る時代だと確信しておりました。物質文明がもたらした便利で贅沢な消費生活を捨てて、ゆとりと安らぎを求める人々の行動というものは成熟社会の価値観に基づくものだと思います。四季のめぐりも鮮やかな美しい自然に身をゆだね、簡素で心豊かに生きる幸せ、それこそが成熟社会の自己実現と言うことができましょう。

ただ現代社会の便利で贅沢な暮らしになれてきた人々が、簡素で心豊かなライフスタイルへ価値観の変換を遂げていくというのは、容易なことではありません。子どものころからいのちの教育が根気強く持続されていく必要があると思っております。そのいのちの教育の核心のところに食と農の教育があります。高畠はまさにその食農教育の先進地であるといえましょう。

いま地球環境を守る第一歩として自分の暮らし、地域の有りようというものを少しでも健全なものにしていく不断の努力が求められると思います。そのとき私たちは、新しい質を帯びた生命文明へ、パラダイムの転換を促す水先案内人として力を発揮すべき場面だと思います。

食といのちと環境に関心を持つ若者や市民が、様々な切り口から関わっていくことが、変革への大きな潮流をなす原動力だと信じております。その響きあういのちの連鎖に希望を託しまして、私のつたない話を終わらせていただきます。

注

（1）高畠出身の故大塚勝夫早大教授が、一九九四年に高畠町屋代地区の生家の田んぼを土地造成して開設した一七〇平方メートルのログハウス。都市の大学生を合宿させ、農的生活についての理論的、実践的学習が行われてきた。

（2）山形県内全域での中学生の減少から、いったん統廃合が内定した県立高畠高校の存続を願う町民たちは、耕す教育の延長上に「地域環境列系」など地域社会に密着した環境、福祉、観光四系統の実践カリキュラムを創造し、二〇〇四年総合高校として再建に成功する。何故高畠高校が存続しえたのか。山形県の教育庁に勤務していた小野庄士は、「高畠という地域には圧倒的な情報の発信力があるからです」と説明している。教育を通した文化環境の醸成は、持続する地域社会の精神的な拠り所となるはずだ。

小野庄士は二〇〇四年に高畠高校校長に就任した。同年、若者の共感を呼んで高い興行成績を挙げた矢口史靖監督の『スウィングガールズ』は、高畠高校でのロケをまじえて製作された。

（3）高畠では農業が地場産業に原料を提供して地域経済を支えている。ワイン、酒、ジャム、ドレッシング、漬物、ゼリーなど約二〇社が年間約一〇〇億円を生産している。

（4）自然を利用する農林業の特性から、生産の場と生活の場が同一であり、しかもそこはほぼ一つの生態環境のユニットとしても展開する場である。つまり農山村地域は、生産・生活・生態環境が一つの空間において重なり合い、切り離しがたいシステムとして成立している。そこは人間にとってトータルな「生の場所」といえよう。活発な生産活動と豊かな人間生活、そしてそれらを包み込む安全な生態環境、これらの物が調和的に展開し、循環と共生の空間が形成される時、そこは最も人間的な生の場所となるのである（日本学術会議『地球環境・人間生活にかかわる農業及び森林の多面的な機能の評価について』二〇〇一年、九頁）。

（5）社会学的観点からの「環境問題」とは、「物理的環境や化学的環境、あるいは自然的環境の変化や悪化と関連して、人間生活、人間集団、社会関係などに発生する様々な影響や問題である」とされる（飯島伸子編『環境社会学』有斐閣、一九九九年、四頁）。しかし農業の多面的機能の観点からは、農業集落という人間環境が、社会的にも経済的にも持続してこそ、農業の生産基盤である半自然生態系は維持される、とする観点が強調されなくてはならない。COP10で日本政府が提案した「里山イニシアティブ」は、このような観点からも評価されるべきであろう。

尊農攘衣の思想

［反TPPの地域論］

星　寛治

百姓の系譜を生きる

私が就農した一九五〇年代半ばは、従来の人手や牛馬耕に代わって、漸く動力の小型耕運機が登場した近代化の曙にあたる。重労働から解放されて、人間らしく生きたいという切なる願いを叶えてくれる文明の利器として、農業の機械化、化学化、省力化は、その後一気に進んだ。

一九六一年、高度経済成長の農業版をめざす農業基本法が制定され、全国津々浦々で農業構造改善事業が唸りを上げて進められてきた。

農地の基盤整備と大型機械化が劇的なテンポで展開され、併せて農薬、化学肥料、除草剤などを多投する近代農法が推進された。そのめざましい変革は、人呼んで「農村革命」と称された。農民の主体的なエネルギーが、史上まれにみる規模と密度で発揮された場面である。それを牽引したのが、国が示す他産業並みの所得を指標とした儲かる農業への夢である。自給的複合農業から脱皮して、専作経営の主産地形成が鳴り物入りで進められ、地域の共働の力が発揮された。成長作物として、コメ、果樹、野菜、畜産などが取り上げられ、地域風土の適性を考慮した産地化が進展した。とりわけコメは、食管制度で価格が保障され、増産意欲が所得向上につながった。ただ、生産規模に比例しない過剰な設備投資が、機械化貧乏を誘発し、出稼ぎ、兼業を急増させた。併せて生活様式の都市化が進み、モノ、カネに支配される暮らしへと変容したのである。

私たちが近代化の効用に酔い、いわば光の部分に幻惑されているうちに、その影の部分ともいうべき健康と環境へのダメージが深化していた。気が付くと暮らしの安全が損なわれ、周辺に「沈黙の春」が訪れていた。公害は工業の側ばかりでなく、生産手段に工業産品を駆使する農業にも顕在化したのである。

ただ、近代化によって生産性は向上し、民族の悲願であった主食のコメの完全自給を達成し、やがて大量の余剰米を産むまでになった。そして一九七〇年、農家にとっては青天の霹靂のような減反政策が降りてくる。コメ一粒でも多く穫ることを農の美徳と信じてきた百姓にとって、「コメをつくるな」という方針は、農のモラルを否定する精神的なショックをもたらした。減反は、若者の就農志望を激減させ、兼業を急増させる動機づけとなった。

近代化を超える道を求めて

そうした時流の中で、健康と、地力と、環境の破壊に通じる道から引き返し、人と自然にやさしいもう一つの道を歩みたいという思いが募ってきた。その認識は、若い仲間たちとの共同学習や、福岡正信、一楽照雄氏などの深い示唆を得て、自給、自活を基本とした有機農業の扉を叩くことにつながっていく。

一九七三年、二〇代の若い農民が三八名結集して、「高畠町有機農業研究会」は出発した。安全、地力、自給、環境、自立が運動の柱である。けれど、創設期の手探りの実践は、第一次オイルショックと重なり、何より反近代化の烙印を押されての厳しいたたかいだった。

その軌跡については、拙稿「新しい田園文化社会を求めて」と、高畠の主体的な担い手のレポートをお読みいただきたい（いずれも本書所収）。

七〇年代の試行錯誤の取組みは、いくら理念の高さがあっても苦節一〇年ともいうべき日々であった。しかし、土の生命力の回復と労をいとわぬ手わざの集積が、やがて異常気象にも打ち克って安定した作柄をもたらすようになった。その間、都市の自覚的消費者、市民とめぐり合い、提携の絆を結び、しだいに「顔の見える関係」のネットワークが形成されていった。既存の市場流通に頼らずに、生消合意の価格形成が機能し、多品目少量生産の家族農業が持続できる目処がついた。有機農業が経営として成り立つ可能性によって、その後の地域的展開が見えてきたといえよう。

環境を活かす村づくり

地域に根を張る有機農業運動の実現に向けて、一九八七年、「上和田有機米生産組合」が発足した。その誕生には農協の手厚い支援があった。ほぼ地域ぐるみの組織活動は、現場主義に立ち、中山間地域の豊かな自然を守り、それを活かす活動に挑んだ。バブルの末期に押し寄せてきたリゾート開発や、産廃処理施設の計画などを住民運動で白紙撤回させた底力は、健康、福祉、教育などの分野にも発揮されるようになる。そして、地域の各種団体や地場産業とも結び、内発的発展のビジョンを描く作業に着手した。環境を基軸にした新しい村づくりの展開である。

その間、日本の農政は、「前川レポート」に象徴される農業過保護論や、財界の農業叩きと自由化推進論に席巻される。その不条理は、農民の誇りと希望を奪い、担い手の減少に拍車をかける。国内自給率は五〇%を切り、しかも食管法を廃止し、新食料法が施行されると、コメは市場流通に委ねられることになる。国は主食の確保という責務を放棄した。そこから低米価の流れが加速する。一方、一九九一年、牛肉、オレンジの輸入自由化が実施され、多頭畜産経営が破綻し、ミカン産地も苦境に喘ぐ。そして一九九三年空前の冷害凶作を機に細川内閣の手で、コメの緊急輸入と、ミニマムアクセス米の部分開放に踏み切った。それ以来、九〇万ヘクタールに及ぶ四割減反の今日まで、高関税と引き替えに、半ば義務化されたコメの輸入が続いている。

その背景には、国民一人当たりのコメの消費量がピーク時の半分に減り、需給のバランスを保つ難しさはあるのだが、銘柄米志向に対応する産地間競争に追い立てられて、地域農業の厳しさが益々募った。そして価格の下支えを失ったコメは、変動幅の大きい商品になった。

一方で、地球温暖化による気候変動の抑止に国連も動きだし、一九九七年京都議定書が採択される。そうした新たな流れの中で、国民的な論議を経て一九九九年に「食料・農業・農村基本法」(新農基法)が制定された。その柱は、環境に調和した農業と農の多面的機能の重視である。わが国は、WTO交渉においてEU諸国と連携しながら農産物輸出大国のケアンズグループと渡り合い、環境重視の政策を主張した。中山間地域直接支払い制度も、そういう文脈の中で生まれたといえる。

けれど、グローバリズムの高波に洗われて、規模の小さい日本農業は衰退の一途をたどり、自給率は四〇%に低迷した。先進諸国では最低のレベルで、不測時の食料安保に重大な不安がつきまとう。その国民的課題に対応して、政府は二〇一〇年三月、「新基本計画」で、一〇年間で国内自給率を五〇%に引き上げると閣議決定したばかりだ。なのに菅政権は、半年で突如TPPへの参加を打ち出した。WTO体制の世界的枠組みづくりが、とりわけ農業部門で難渋しており、代わって二国間のFTA（自由貿易協定）や、EPA（経済連携協定）が、多角的に急展開する状況に焦った所からの発想なのか。或いは、財界やアメリカなどからの圧力なのか、素人の判断の及ばぬ所である。

いずれにせよ、TPP加盟が実現すれば、ゼロ関税下でわが国の食料自給率は一三%まで急落すると農水省は予測している。それでも、「平成の開国」という大義名分を振りかざし、前のめりに踏み込もうとしていることの意図が良く解らない。ただ、GDP一・五%の農業保護のために国益を損なうわけにはいかないという認識にその本質が窺える。

地域の窓から国と世界の動きを見つめると、その構図が浮かび上がってくる。グローバリゼーションを歴史の必然のように装いながら、国家の力さえ凌駕する多国籍企業の跋扈を野放しにしてきたのは一体誰なのか。

自分史と地域史の視座からは、わが国の農業の衰退は、無定見な国策の結果であることが良く解る。四〇年も減反を強いながら、耕作放棄地の増加を農家の自己責任にすり替えてしまうのは、あまりに理不尽であろう。半世紀もの歳月を変転する猫の目農政にほんろうされ、天変地異にも耐えながら、地域風土に土着し、命の糧を生み続けてきた担い手の平均年齢は、六五歳を超えた。その顔と五体に刻まれた深い皺は、今日の日本の礎を築いた象徴である。

開闢以来、この列島の大地に流された膨大な汗の所産を、僅かGDP一・五%の存在と一蹴する思考の軽薄に愕然とする。

いずれにせよ環太平洋の例外なき自由化は、私たちがこれまで何度も直面してきた危機の比ではない。列島を丸呑みにする空前の大津波である。開国どころか亡国の航路であることを、深い憤りを以て受け止める。

TPPは何をもたらすか

TPPの本質とその背景については、すでに多く論じられていることなので、私は、実際に加盟推進された場合に、予測される影響について考えてみたい。

まず、もっとも身近な地域農業と、そのトータルである日本農業は、ほぼ壊滅するだろう。WTO体制においては、関税という国境措置を砦とし、またはEPAやFTAなどの二国間の協定では重点項目を例外扱いすることができた。しかし、TPPにおいては、加盟国との例外なき自由化なので、やがて関税ゼロの交易圏に呑み込まれることになる。とりわけ、アメリカ、オーストラリアなどの農業大国の産物が怒涛のようになだれ込んでくると、コメ、ムギ、ダイズなどの穀物や、牛肉、乳製品などの畜産物、そして砂糖、澱粉などの加工品は全く太刀打ち出来ない。農水省の試算では、それら主要品目の九〇%は潰れ、砂糖、澱粉は全滅すると予見する。つまり、殆どの土利用型の農業は消え去り、農村はゴーストタウンになってしまう。そして国内自給率は四〇%から一三%に激減するとされる。いわば農なき国への転落である。その状況の下では、日本人の食卓の九割近くを輸入品で賄うことになる。併せて生産、加工の工程が見えない外国の事情では、食の安全が脅かされることは必然である。たとえばBSEが懸念される牛肉やGM作物の規制緩和を迫られ、食べ物の質について赤信号が点滅する。いわば食料安保に重大なリスクを背負うことになりかねない。そのことは、ひとり農業の存亡にとどまらず、国民の食の主権と健康の確保という生存基盤を揺るがすことに直結する。

さらに、地域農業が消滅すれば、関連の地場産業も空洞化を余儀なくされ、地域社会そのものが崩壊するだろう。雇用機会が一層減少し、少子高齢化に拍車をかける。加えて外国人労働力の流入も、低賃金を常態化させ、若者の定住条件を削いでしまう。

また、先人が永い歳月をかけてつくり上げた農的な自然が持つ美しい景観は、文化のバロメーターであり、魅力ある観光の資源である。その原風景が荒涼とした広がりに変貌することに耐えられるだろうか。

さらに懸念されることには、ＴＰＰ加盟の条件には、金融、医療、保険、生物特許、教育などの知的所有権まで含まれることが明らかになり、地域の共生システムが維持できなくなることである。それは、日本の固有の文化と公正な社会の命脈が断たれてしまうことを意味する。ただでさえ無縁社会化が進む状況を更に深化させずにはおかない。

菅政権が描く国益とは一体何なのか。輸出依存の一握りの大企業を利する条件整備なのか。自社の利益追求のために際限なく海外移転を進め、国内の下請け企業を切ることが持続的発展につながるかどうか疑問である。ましてや農業を人身御供（スケープゴート）にしての開国論をぶち上げる政治家や財界、そしてその筋の学者やマスコミの世論誘導の大合唱は、正に良識を疑うばかりだ。私たちにとって本当の国益とは、国民の生命線を守り、地域社会を堅持することだと痛切に思う。

反ＴＰＰの地域創造

ＴＰＰの黒船に対峙して、私は「尊農攘衣の思想」を砦にしたい。何よりも命の糧を生む「農」を第一義とし、環境を守る機能も正当に評価する。美しいふるさとを荒廃させては、子孫への顔向けができない。

「攘衣」は、使い捨ての消費文明の衣を脱ぐことを意味する。そして、簡素で心ゆたかに生きる成熟社会の価値観を身に帯び、自己実現を図ろうとする。併せて同時代を共に生きる人との関わりを以て、社会的実現をめざす。

私たちは、東北の草深い町、たかはたの地で、仲間と共に自給、自活をベースにした有機農業運動を積み上げ、地縁・血縁に縁どられる地域共同体に生命の息吹を吹き込んできた。いわば生命共同体として蘇生する試みである。

早稲田環境塾の原剛塾長は、「地域社会は自然環境、人間環境、文化環境を包括したものとして捉える」と力説する。その三つの要素が有機的に結合し、高畠という地域社会の相貌を彫り込んできた歴史の厚みの中に、固有の場所性があると指摘する。社会的には自立と互助の関係性を基調とした協同組合主義の中にその発現を見ることができよう。市場原理と激烈な競争の渦に飲み込まれる今日の状況下で、伝統的な結いとか、贈与の再生によって、支え合うくらしの糸口を手にすることができるのではないか。本書の吉川成美論文が記述する中国農村に芽生えてきた新たな思潮と実践の行方に、資本主義も社会主義も超える可能性に注目したい。

また私たちが三十数年積み上げてきた生産者と消費者の提携、都市と農村の交流、大学との共同研究などから生まれる関係性は、かけがえのない地域の財産である。各界の生き残りをかけた大型合併と競争の場裡の中で、その流れに抗して、等身大の生産とくらし、そして小さな共生社会をめざすたかはたの論理は、グローバリズムの波に乗って経済成長を描くTPP路線とは対極に立つ物差しを持つ。座標軸に食と農をしっかりと据えて、健康、環境、文化をキーワードにした地域創造に汗を流したい。そこから農医連携の可能性も見えてきた。

また、田園の中に造営した手作りの図書館「たかはた文庫」(栗原文庫)を核にした田園文化社会の創成も、少しずつ正夢になろうとしている。農と文化の融合がもたらす豊かさが、人々の幸せにつながる道を踏みしめたい。その道筋は八〇年も前に宮沢賢治が描いた羅須地人協会の理想像と、どこかで交わるかも知れない。

生命文明への一里塚

近年、欧州の社会学や環境経済学の分野に新たな思潮が湧き起こってきた。成長神話にしがみつく現代経済学を超えて、ポスト開発と脱成長と前面に打ち出すフランスのセルジュ・ラトゥーシュや、「成長なき繁栄」を説くイギリス、サリー大教授のティム・ジャクソン氏らに先導される流れである。成長を前提とする社会発展は、結局地球環境と有限な資源を食い潰し、人類社会を破局へと追いやる。際限なき成長は、仮に「持続可能な」という但し書きが付いたとしても、破壊に行きつく必然性を持つ。その洞察に立つならば、私たちは唯物史観と成長神話から脱出し、経済成長なき社会発展と人間の幸せを求める他はない。

昨年夏の猛暑と、その裏返しのようなこの冬の厳寒と豪雪に苦吟しながら、天は人間社会の相も変わらぬ狂騒に赤信号を発しているように思えてならない。私たちは、もう消費文明に訣別をして、生存に必要なものを最小限度生産し、それを大切に使用、消費し、足らないものは補い合い、永続する幸せを求めたいものである。

「いのち輝く未来宣言」をうたった高畠町第五次総合計画の象徴的な部分は、前文にさりげなく記述された「簡素で心ゆたかに生きる」ことにあると読んだ。

自然と人間の共生をゆるぎない基盤としながら、人と人とが支え合って生きるつながりの文化を再生し、異常な競争社会とは一味違う地域社会を創造したいと願っている。

（二〇一一年二月）

2

高畠の実践

まほろばの里・草木塔考

遠藤周次

「まほろばの里」の歴史

ここ山形県高畠町は古くから「まほろばの里[1]」と呼ばれており、「周囲が山々に囲まれ、景色も美しく、コメをはじめ、果物などあらゆる作物の稔りが豊かで、そこに住む人々の心は温かく大変すみやすいところ」といわれています。

今から約一万二千年前、洞窟や岩陰に住み始めたのが私たちの祖先たちなのです。そして、更に二〇〇〇〜二三〇〇年前頃の縄文文化が終わって弥生文化が伝わってきた頃の遺跡では、あきらかにコメづくりが始まっておりました。

えんどう・しゅうじ／前・「ゆうきの里・さんさん」チーフマネージャー、元農協職員

イネの籾跡のついた土器は見つかっておりますが、田圃の形はまだ見つかっていません。発掘が進んでいないということなのでしょうか。

高畠町の人口は二万六二八五人、七二〇四世帯、農家戸数二〇八一戸のうち八%強の一八二戸が専業農家です。主な作物はコメ、ブドウ、リンゴ、洋梨、畜産では乳牛、肉用牛、豚と野菜を含めて、粗生産高は八七億円程度です（置賜地域農業振興協議会 平成一六年度統計）。

高畠町における有機農業運動は、一九七三年から始まり三八年の長い歴史を持っております。その流れは、

一、最初は苦悩の連続でありました。どうにか運動の基礎づくりができたのが最初の一〇年、一九七〇年代で

ありました。
二、そこで、運動は次のステップへと行きます、長年土づくりをしているうちに、それは生き物たちの楽園づくりだと気がつきます。そこに住む人々の村からの視点が、「農業を環境問題」としてとらえるようになってきたのが一九八〇年代でした。
三、そして更に食べ物を介して都市と農村の人と人との顔の見える交流が始まり、それが発展して提携に、そして共生へと歩み始めてきました。それが一九九〇年代でした。
四、今、自然と人間の共生を基軸にすえて、モノ中心の文明から「いのちの連鎖を持続可能にする」社会づくりをめざした有機農業運動を、これからの時代へと続けていきたいと考えております。

草木塔《そうもくとう》について

日本列島の中心を走る山脈のひとつ奥羽山系の丘陵地一帯は、「凝灰岩」という石の層でできています。この石は約一二〇〇万年前頃、日本列島の形があらわれ始めた頃に、直径約一〇キロメートル、深さ一キロメートルの広さのくぼみができたあと、大爆発による噴火が始まって、大量の火山灰や軽石が噴出したのです。それが冷えて固まったのが「高畠石《たかはたいし》(2)」と呼ばれています。

ここの地域には豊富に産出される石を使ったものが沢山あります。石塀、石垣、建物の土台、石倉、石段、石畳、道しるべ、いろり、サイロ、水路、少し前には石風呂、石釜など暮らしにも使われていました。一方では古くから石碑、石仏、祠を作り信仰心を高めてきました。もっと歴史的に古くなりますと、縄文時代の初めの一万二〇〇〇年前頃から、むきだしになっている洞窟や岩陰に祖先たちが住み始め、食料を保管する貯蔵穴や暖をとったいろり、料理の石皿など、沢山の遺跡群が見つかっております。そして、一七〇〇年前頃の古墳文化時代には、石棺も使われております。

その後はお城や館を築く為の基礎にしたり、神社の祠や鳥居、灯篭、墓石などにも使われております。

ところで石碑石仏のうち、祖先を供養する仏を刻んだ塔婆を「板碑」といい、武士たちが死後の極楽浄土への願望から、仏にすがりたい気持で建てたものではないかとも言われています。

他には十三仏念仏碑、虫供養をする三界万霊塔、お酒の神社松尾大明神、水の守護神としての象頭山碑、飯豊山碑、雨ごいや遭難よけの金比羅大権現、子育て、延命、豊作の地蔵様、長生きの庚申塔、金持ちを願う金華山、火の守護神の秋葉山、古峯神社など、挙げれば数限りなくあります。

さて草木塔ですが、今のところ全国で一八〇基以上あるといわれています。まだまだ未発見のものもあり、地下に埋もれたり、洪水で流されたり、ひどいものでは、水田の基盤整備をするときに、地中に深く埋めたと思われるものもあります。

現在見つかっているもののうち山形県内には一五三基、特に江戸時代のものが全国で三四基あって、このうち県南部の置賜には三二基あります。そして海外にも二基（二〇〇九年）建てられました（やまがた草木塔ネットワーク確認数字による）。

碑は江戸時代から明治、大正、昭和、平成の現代になっても寺院や公園、学校などにも建てられています。ここにある碑には「草木塔」と書いてありますが、他では「草木供養塔」「草木国土悉皆成仏」など経文の一部を刻んでいるものもあります。これを見ると仏教の流れを汲んでいることが解ります。

どうしてこのような塔が江戸時代から建てられたのでしょうか。日本で一番古いといわれる碑の年代が安永九（一七八〇）年となっています。この時代（安永元年）に江戸で大火がありました。高畠に隣り合う上杉藩の江戸屋敷も当然焼失してしまったわけです。ちなみに、高畠町の大部分は幕府が直接支配する直轄の地でした。上杉藩では再建のために、藩の御林を切り出すことになり、大量の木材が江戸まで運ばれることになったのです。その時期がちょうど江戸藩邸再建の時期と一致しており、大量に伐採した木の魂の供養をすることで、草木の霊（霊魂観）が人間に「たたる」ことのないように、と願いを込めた鎮魂供養の心ではないかとも思われます。更には、その木を育ててくれたお山の恵みによって建物が建てられたわけですから、「お山」への感謝の心（自然観）として、後の世代に伝えるため、新しく植林をしたのですから、その樹木の健やかな成長を願う気持の表れもあったのではないかとも語られています。一方では木流し衆が城下町に薪木を流す労働作業の安全祈願のために建てたのでは、とも言われ謎の部分が多くあります。
もうひとつ考えられることは、当時の藩公上杉鷹山は名君として有名ですが、鷹山公の教えである「樹木や植物を尊敬する」思想の流れも見逃すことはできないのではないかと思います。いずれにしても、建立目的には諸説があり迷うことが多いのです。先人達の深い深い思いに心をめぐらすのも楽しいです。

またいかに供養の心があったにせよ、この塔を建てるには相当の経費や労力を必要とします。それだけの負担をしても建てなければならないという思想的な信念がなければならないと思います。

「思想」と「財力」がポイントになります。その理念というべき思想は、たぶん「草木国土悉皆成仏」という経文からみられるように、草や木や国土のごとく心を有しないように思えるものにも、ことごとく仏に成り得る仏性（すべての者が本来もっている仏となる性質）をもつの意味からも、天台宗や真言宗の密教化による、仏教の教えによる信仰心があってのことと思います。

現代の驚くべき競争原理の社会において、草木塔の教える「自然と人間の共生」を掲げ、今こそ、調和のとれた自然の上に立って、人間社会がつくられるべきだと気づかされるはずですが、まだまだ遅れています。

この「草木塔」の隣には「湯殿山」「飯

祈りの里、高畠に散在する「草木塔」

豊山」と読める碑が良く見られます。湯殿山は出羽三山の総奥の院で、東日本一円の信仰を集めている聖地です。その他に「お山参り」をするという山岳信仰にもあたりますが、草木塔とは無関係と解く人もあります。

修験者（山伏）は山に入って高い峰や深い谷を渡って歩き、滝に打たれて難行、苦行を重ねております。この修行のなかに、自然を敬い、生命の再生を祈り、身をもって自然を体感する訳ですから、人間と同じように魂を持つ草木の生命を絶って生かされていることの意味、自然観を彼等は地域の人々に説いてまわったものと思われてなりません。自然の原点は水ではないでしょうか。その水を生むのが山であり草木だと思います。

草木塔に託された心

草木塔のほかに材木供養塔、財木供養塔、大木大明神、松木塔、大杉塔、松ノ木供養塔などがあって、「樹霊信仰」（木霊信仰）の側面を見ることができます。高畠町には梨子大明神や竹木瓢盛碑などがあります。私たちは食事の前に「いただきます」と言います。それは、「草や木をはじめ、すべてのもののいのちをいただいています」という意味になります。

動物たちへの供養塔は世界にも数多くあると聞いていますが、草や木の供養のために建てられるのは「草木塔」だけではないでしょうか。

草や木にも命があり、私たちは万物のいのちをいただいて生かされてきました。私たちの先祖たちが自然の恵みに感謝して生きてきた、その「あかし」として草木塔があるものと思っております。

草木塔は誰が建てたのでしょうか。大部分は○○村、○講中など集落単位であり、当時の生活単位（共同体）で建立されました。他には、個人、導師（信仰の先導者）寺、神社もあります。

建てられた場所は、

○街道添い、川に沿って山に向かう道沿い。山仕事をするときの集合場所や休み場所、または木流しをする貯木場の近く、共同作業をする仕事場との結びつきがはっきり見えます。仕事には伐採だけでなく植林や山林の手入れ作業もあります。

○神社、寺の境内を山仕事の始まりや終わりのときの祭りの場として、お盆や墓参りのときに一緒にお参りをします。

建てられた月は八月が一番多く、お盆の墓参りのときに、祖先の霊を供養する「祖霊供養」の意味かもしれません。八月八日は大日如来の縁日。真言宗大日経の教えからでありましょう。

さて、ここ高畠の上和田にある草木塔には、明治九子年（一八七六年）八月八日入会村、三名の代表者氏名と石工の名前が刻まれています。入会というのは一定の地域の住民たちが、特定の権利をもって共同利用をする場所なのです。

その昔、森林をもつ原野を燃料にする薪や炭焼き、牛馬の草地、山菜・きのこの採取地として利用するために、区割りをして権利をもつ場所が入会地であり、現在もこれが続いています。

その土地から生産される草や木に感謝する気持と、豊かな森林資源が長く保てることを願っており、広く「自然への感謝」の印ではないかと思います。

この「草木塔」の心こそ、有機農業運動の基本理念でありますし、今、地球規模で環境破壊が急速に進み、人類の生存さえも危ぶまれているとき、草木成仏の思想と自然に神が宿ることへの畏敬のこころを失ってはならないと思います。

注

（1）「まほろば」とは、古事記などにしばしばみられる「まほら」という古語に由来する言葉で、「丘、山に囲まれた稔り豊かな住みよいところ」という意味を持っている。奥羽の山なみ深くに源流をもつ屋代川・和田川の扇状地に拓けた稔り豊かな美しい町で、山々や丘陵には、貴重な古墳や洞窟岩陰群が点在し、東北の高天原といわれるほどである。肥沃な平坦地には、稲がたわわに稔り、山間地にかけては、ブドウ、リンゴ、ナシが熟し、まさに「まほろばの里」と呼ぶにふさわしいということで、こう呼ばれるようになった（高畠町企画課による）。

（2）高畠石は、火山の噴火で噴出し、火山灰の堆積でできた高畠町の石材。無数の気泡を有している。七世紀末頃から、高畠町の横穴式石室に使われており、江戸時代には家の土台や墓石などとして広く使われるようになった。大正時代から本格的な採石が始められた。無数の気泡と天然石材の持つ暖かさや質感が好まれて様々な用途に用いられている。高畠石は、石切場の名前を付けて細分化されて呼ばれている。瓜割石、羽山石、高安石、味噌根石、大笹生石、西沢石、海上石、細越石、沢福楽（さんぶくら）石などがある。

生産者と消費者が共に生きる関係——「提携」

中川信行

なかがわ・のぶゆき／「たかはた共生塾」塾長

近代農業化政策と翻弄された地域農業

私が就農したのは一九六一年、農業基本法が制定され、農村社会が大きく変換を余儀なくされる時だった。高度経済成長の銅鑼の音は農村の根底を揺さぶり、私たちは夢と不安の交差する状況におかれた。高畠町の農業形態は水稲を基本とし、果樹（ブドウ、洋梨、リンゴなど）、畜産（酪農、養豚、和牛など）を主力とする三本柱の複合経営地帯として恵まれた自然条件と技術的にも高い水準の地域である。私の家も水稲を基本にリンゴ、野菜（自給）と二ヘクタールの中農であった。当時の農作業は手作業主体で、まだ畜力（牛）利用も残っていた。

子どもの頃を思い出す。小学校五、六年生は田植え休みが四、五日あった。子どもには役割があった。苗を運んだり、田んぼに入り、牛の誘導などの仕事があった。山桜が咲き、カッコウ鳥が掛け声をかけ、水田にはドジョウやフナが泳ぐ、のどかな農村の風物詩があった。私たちは子どもの頃から土と深くかかわってきた。また歴史をさかのぼれば、私の村に一〇ヘクタールほどの美しい湖がある。清水ヵ原溜井と称される農業用の貯水池である。発祥は室町時代に遡る。こんこんと湧き出る清水、降雨水、自然湧水を貯える。稲作を中心とする日本の村々では、水利は最大の課題であった。村々に保存される古文書の大半は水利に関するもので、しかもそれは紛争と葛藤の歴史である。争いは農民エゴの表現であるが、生活防衛の手段でもあった。またそれはお米を食べたいという民衆の悲願の歴史でもあろう。数百年にわたり脈々と継がれた農民の生き様は、また知恵は、私たちの地域に生きる農民のＤＮＡにしっかりと組み込まれている気がする。この先人の培った遺産である湖は農業水利と共に東北最大の養鯉場として今も活用されている。

農業基本法の目的は農民の社会的、経済的地位の向上と謳われ、生産性の向上を目指した。土地の基盤整備事業、作目の専作と、消費構造の変化に合わせた作目の選択的拡大と欧米型農業で、今までの伝統農法とは様相を異にするものであった。大型機械、化学肥料、農薬、除草剤と四つの歯車を駆使するいわゆる近代農法である。一方山形県では六〇万トン米作り運動が展開された。農協を中心とした米価要求運動の圧力で一般労賃の上昇を基本に米作りの所得も上昇し、農家の意欲を掻きたてた。しかし一九七〇年に青天の霹靂のように米の減反政策が始まり、農村に大きな衝撃が走った。私たちは信じるものを失い、胸が裂ける思いを必死にこらえた。今も時折思い出される。

一九七〇年代の幕開けにより高度経済成長がもたらした公害問題が、あらゆる産業、また生活の現場で噴出した。四大公害が激化し、日本は公害列島と化した。農業の生産過程でも農薬が多用され、私たちも使用している農薬を見るとＢＨＣ（塩素系農薬）、有機水銀剤、有機燐剤で、農薬中毒また自殺、人体残留、遺伝子損傷など、知らず知らずに人体を蝕むこととなる。こうした現実を目前にし、高畠の青年は自らの問題として取り組み始めた。高畠町は青年教育に熱心な歴史を持つ。青年団農研サークル、町青年研修所などを中心に町、農協、農業改良普及所、農業委員会が一体となった機関、また先輩方が多く力となった。そうした教育環境のなかで「高畠町有機農業研究会」が結成された。

混迷する日本農業はさらに大きな危機に直面し、特にコメの価格は年々下落し再生産が不能な価格水準となり、民族の基本をなした稲作は風前の灯火という状況となった。農政の失態といえるが、背景はグローバリズムによると思う。特に世界貿易機構や国際通貨基金、Ｇ７、Ｇ８首脳サミットなどを主導する先進国の会議には、必ず激しい反対デモが展開されるが、市場原理のみを機軸とした企業戦略が見え隠れし、相互依存関係とは表面的で、不平等、格差は拡大するばかりであるからだ。特に近年は、多国籍企業による食糧支配であり、農業支配の意図が露骨である。その尖兵は種子の支配から始まった遺伝子組み換え作物の作付けである。日本に輸入される大豆、トウモロコシなど大半はその類である。わが町では、「たかはた食と農のまちづくり条例」が施行された（平成二一年四月。本書巻末所収）。そのなかで私たちは遺伝子組み換え作物の作付け禁止を以前より要請しており、条例のなかで明確に厳しく規制する内容が実現した。農業生産は目的を明確にし、取り組むことが大事と思う。また目的に沿った条件整備を農政は責任をもって実施してほしい。生産者も主体性をもった積極的な行動が必要である。

地域農業と言っても経営のスタイルは多種多様であり、とりわけ農業生産は自然条件、また農業者の方針や考えにより作目の選択、規模などの生産要素の組み合わせによって異なり、それぞれの個体は異なった体系をもつものである。およそ体系別に分けてみれば、次のように分けられる。

土地利用型生産（食糧政策的生産）　日本農業、とりわけ東北農業は特徴的地勢と年間降雨量（一二〇〇ミリ）の豊かな水資源を活用した稲作中心型農業である。戦後の農地改革により自作農は平均約一ヘクタール規模の農家群である。農基法の精神は、これらの農家の生活の向上であり生産性の向上にあった。自立経営の目標は何ヘクタールあればコメを作って生活できるか、二・五ヘクタールあれば、という指導の下に自立経営を目標に借金をしながらも土地を求めた。お米は民俗の糧であることを信じて生産に取り組み、一九七〇年代には一四〇〇万トンのコメの生産があった。

コメは政府の管理下にあり、一粒たりとも自由に売ってはいけないといった食糧管理制度も財政上の理由であやしくなり、平成二年食管制度が大きく変わり、市場原理を基本とした価格政策が導入され、土地利用型の生産農業は方向性が見えなくなってきたのが現実である。

商業資本管理型生産　農産物が一般の商品と同じレベルで流通され消費される。一般的に農家が生産した農産物は農協が集荷し、委託販売形式で主に市場に出荷される。市場から卸業→小売業→消費者といった流通となるが、近年大型量販店が規格や価格を左右する状況になっている。農産物も工業製品並みの規格が要求される。

わが町のデラウエア種ブドウの生産は日本一である。デラウエアは大衆向けの夏期の果物としては人気商品であり安定した作物である。しかし、規格は数ランクに分類されるため、生産者は規格品作りに大変な苦労を強いられる。また需給のバランスによって価格も不安定なものともなる。

食べ物の本質を基本とした生産（生消提携型農業） 食べ物の本質は健康を増進し、命を育み、より生活を楽しく豊かにすることにある。本来食べ物は商品として、経済活動に組み込んだときから多くの矛盾が生じてくる。農産物はまず生産し、自ら新鮮なものを食べる、いわゆる自給することから始まり、余れば知人に分けて食べてもらう。さらに生産者が消費者のところに売りに行く方法もあり、最近は直売所でお互いに顔を合わせて品物を見定める。私たちの有機農産物の生産流通もこうした型のもので、商品としての流通ではない。したがって規格、見栄えなどによる価格の基準に振り回されない、あくまでも食べ物としての本質と機能性を目的とした農業体系である。

流通を自らの手に

今、農業者の自立を考える時、自らの生産した農産物は自らの手で価格を設定し、再生産を確保しながら持続可能な生産体系を築くことが大切である。それは日本の自然、風土に培われてきた日本型農業が果たした多面的な役割を守ることに通ずる。とくに農業の近代化政策が始まった一九七〇年代は、高能率生産、選択的専作生産が指向され、合わせて流通も産地形成と大量流通へと拍車がかかった。農業者の汗と命の結晶である農産物も生産者の意思は反映されず、需要と供給の市場メカニズムの中で価格が決定された。例えばリンゴなどはどこか産地が台風で被害を被れば、どこかの産地が得をするといったように、農民同士が分断され、さらに生産者と消費者の利害が対立すると言われ、互いに分断された。また日本農業の零細性がまことしやかに宣伝されている。私たちはこのままでは潰される。なんとかして自らの意思を反映させたいと切望した。

消費者との出会いと課題

高畠町有機農業研究会の発足によって、私たちは一九七四年から米、野菜、果樹の有機栽培に取り組んだ。初めての農産物の供給は意識の高い福島生協が相手となり、何回かの話し合いを重ね、野菜、リンゴ、ブドウ等の供給体制ができあがった。

当初、私はトウモロコシ、枝豆等に取り組んだ。技術の未熟さもあり、大小さまざま、中から虫がでてくるものもあり、店頭に陳列された有機農産物は生協の消費者組合員には理解されず、結果的に目的は達成しなかった。また、地元米沢市の消費者グループとの取り組みも徐々に始まりまったが、生産地であることや親戚からのいただきものも多く、量的な需要はあまり期待できなかった。

一九七五年に首都圏の消費者グループ、「所沢生活村（牛乳友の会）」、「たまごの会」との出会いに恵まれた。当時のことを昨日のように鮮明に思い起すことができる。中生種のリンゴをトラックに積み、担当の金子君と夜通し走って所沢の集会所（プレハブ）に着いた。朝早く電話で起こされ飛び出してきたといった感じの女性が、肩をすくめ近付いてきた。朝早く気の毒だなあという思いと、どんな人かといった期待があった。それが「所沢牛乳友の会」代表の白根節子さんとの初めての出会いだった。

その後所沢との結びつきは急速に深まり、量的にも拡大した。同じ年、「たまごの会」との結びつきも始まり、主にブドウ、リンゴ等をトラックに積んで八郷農場の方に運んだ。鶏舎、豚舎、加工施設、宿泊施設と共同生活を営む農場のスタッフの方々、消費者の直営農場だったので、土の香りのしない新農民といった感じが今も強烈に思い起こされる。

消費者に直接農産物を届ける、そしてその評価を直接受ける。「高畠のものはおいしい」と言われる時、今までいくら望んでも味わえなかった生産者としての喜びと新しい世界が夢のように広がった。人的交流も多角的に広がり、「食べることに幸せを感ずる」農産物づくりにますます意欲が湧いた。「提携」についての考え方とその意味の深さをお互いに理解し始めたのである。

第四回日本有機農業全国大会の意義

第四回日本有機農業全国大会が、若月俊一先生の佐久総合病院で開かれ、「生産者と消費者の提携の一〇ヵ条」（本書巻末所収）が提案された。提携は有機農業運動の「要」であり、生産者・消費者の生活の見直しを通した、人間の自立への道である。「提携」の本質は物の売り買いではなく、人間の信頼を土台とした相互扶助の精神から出発しており、一条から一〇条まで、正に淡々とした表現だが、有機農産物をつくる生産者の立場に深く立ち入り、消費者の立場から自らの食べ物を守ることに熟慮されたものである。

時は流れ社会的な背景、状況が大きく変容する中で、第八回日本有機農業全国大会を高畠で開催することができた。町立体育館で六〇〇名ほどの全体会の時だった。有機農産物の流通の問題で私たちと交流のあった流通業者の発言に、一楽照雄先生が激怒された場面もあった。安全な食べ物を求める消費者の意識が高まる中で、レッテルだけの有機農産物が市場に出回り、店頭に並ぶ今日であり、ひいては外国の有機農産物も輸入されている。一方、日本農業は市場開放の下に、コスト競争の中で農産物の質の低下はまぬがれない。

提携思想の深まり

こうした中で、「提携」の思想はその意味をさらに深めるものと思われる。今、私たちの農産物は、県内はもとより北は北海道、近県、関東、関西、四国、九州と全国的に結びついている。毎年二月、提携している消費者と生産者が集まり、作付け会議を行っている。まず前年の取り組みの反省、今年の栽培の方針、数量の取り決め、援農交流の計画、それぞれ積極的な意見交換が交わされる。

私たちを支えてくださる消費者の方々に感謝しつつ、「提携」の思想と現実との乖離はきびしいものがあるが、その理念に秘められた人々の想いは不滅であると信じている。

日本有機農業研究会が日本農業に与えた影響は、はかり知れない。各地に播かれた種は、それぞれの地で逞しく育っている。

現在、CSA（コミュニティ・サポーテッド・アグリカルチャー、地域支援型農業）、AMAP（家族農業を守る会の意味）など、日本の高畠を源としたつくる人と食べる人との共同体がつくりだされている。これらの主眼は地域の安全な農と食を守り、持続的で平和な共同体を自分たちで築くことなのである。

三八年間の有機栽培を通して考えるその意義と役割

渡部　務

わたなべ・つとむ／高畠町有機農業提携センター代表、JA置賜・経営管理役員、「たかはた共生塾」副塾長

コメ価格の実態

今年も中学生から高校生、大学生、社会人と多くの方々が、我が家で稲刈りなどの農業体験をするためにファームステイされた。到着するとその第一声は「きれいですねぇー。空気が美味しいですねぇー」との感嘆の言葉である。さらに夕日に照らされた黄金色の稲穂に舞い飛ぶ赤トンボ、そして空一面に広がる星を眺めながら、疲れた身体を引きずりながら畦道を帰るその時間は、まさに農村の魅力に全身引き込まれていると言う。しかし、この景観がどのような努力によって維持されているのか、多くの国民の方々はほとんど知らないのではなかろうか。

二年前、東京都大田区青果物市場を見学したところ、その実態に落胆し同時に大きな怒りを感じる場面に出逢った。市場の片隅で業務用と思われるコメが販売されており、その価格表示が一〇キロ単位の下に一食二三円、二五円と記載されていたのである。

我々農家が一年かけて作ったコメがこの価格しかないのか、命を育む主食のコメがこの価格なのか。そう考えると益々怒りが強くなってきたのである。勿論コメ生産過剰の時代であろうが、これは酷すぎる。よく比べられる話ではあるが、コーヒー一杯の一〇分の一以下とはなんとしても納得できない。現在、国民の一人当たりのコメ消費量は年

間六〇キログラム程度であり、この量の農家の販売価格は一万二〇〇〇円程度である。これがコメ農家の実態であり、これでは後継者は生まれるはずもない。ましてや四三年百姓をやってきた私の収入は、とうに子どもたちよりも数段見劣りするようになっている。

有機農業への経緯

一九七三年、第一次オイルショックの時代に四〇名弱の仲間で取組みが始まった。まだ全く有機農業という言葉さえ理解されない時代であった。

私はその七年前、農家の長男というだけで農業高校に入り、好きではない農業の跡取りとして一八歳で就農した。コメと野菜、畜産の複合経営に父母と共に励みながら、夜は地域青年団運動に没頭して、充実した青春時代を送ってきたと思っている。そして有機農業に出逢った年に妻とも結婚した。

農業高校では、一九六一年に制定された農業基本法にのっとり、複合経営から選択的規模拡大経営が語られ、化学肥料、農薬の使い方を学んで来た。就農後は、親父がやってきた「四つんばい農法」は、時代遅れのやり方だと度々理屈だけ並べて口論もしてきた。

そして当時としては周囲より早くトラクター、除草剤、田植え機の導入を試み、同時に肉用牛飼育の規模拡大も進めた。さらに当時はコメ増産運動で開田政策が行われ、原野、畑が水田に変わり、当時の自立農家の目標規模であった三ヘクタールを超えるまでになった。

しかし、一九七〇年、突然コメ減反政策が始まり、さらに七三年のオイルショックで、始めて間もない肉用牛経営が大きな借金を抱える事態となった。コメは一九六七年頃まで増産運動による開田政策が全国的に行われ、原野、桑園、畑が水田に変わった。しかし後で分ったことではあるが、一九六三年の一一八キログラムをピークに国民一人当たりのコメの年間消費量は減り続けていったのである。

さらにその要因の一つに、アメリカが余剰小麦を輸出するため、日本中にキッチンカーを走らせ、粉食文化を定着させてきたという背景がある。

また、肉用牛の飼料は全てアメリカを含む外国産であり、オイルショック時はそれが高騰し、他方で消費量は不況で減り、肉牛価格が暴落する事態となり、多くの仲間同様、借金を抱えることになった。

農家が主体性を持ち自立しないと

高畠町は青年団運動が活発な町として、県内でも名のしれた町であった。戦前、地域青年団は全国的に翼賛運動に取り込まれた団体であったと聞くが、戦後、高畠町における青年団運動は、「あるべき町づくり」の先頭にたって自主的な活動を続けてきた。自ら脚本・演出した演劇を通して村の封建性を打破する取組みや、研究会、学集会を通した町への要望などを積み上げてきた。さらに六〇年安保闘争デモには代表を派遣し、誘致企業の公害問題では被害住民と一緒に取り組んでもきた。

こうした取組みのなかで、農業の変遷と経済的に追い詰められている現状は、農業青年が七割を占めるなかでの大きなテーマであった。近代的農業に夢を抱いて就農したものの、減反、畜産価格の暴落はその夢を打ち砕き、借金地獄に陥れるものであり、これをどう打破するのかが最大の課題であった。

当時の研修会は町内旅館を借り上げて二泊三日、寝食を共にし、参加レポートの提出を求められる熱気ある内容であった。そのなかで語られたのは、農業で自立するには自らが主体性を持って取り組む必要があるということであった。

有機農業の実践

農業近代化とは何なのか。確かに農機具、化学肥料、農薬、除草剤によって親父たちにとって夢であった「四つんばい農法」からの解放が現実となり、労働時間も大幅に削減された。しかしこのことは永く農民の知恵と工夫で築き上げた農法から一変し、資本家が生み出す製品をうまく使いこなす農法となった。即ち、農民自らの農法から金のかかる他人まかせの農法に変わったのである。さらに化石燃料をしこたま使って外国産穀物を輸入するシステムに乗るハメになった。そして借金経営である。

このシステムを変えるためにはどうするのか。もがき、語り合った結果として、高畠町有機農業研究会の組織化となった。日本に於ける有機農業研究会は一九七一年に発足しており、私達はその考え方に共鳴し、一筋の灯りを見出せる想いで二年後の発足となった。

その基本は栽培方法をいったん親父たちの時代に戻し、堆肥等の施用による循環農法を行い、価格は自らが決めた生活再生産可能な価格とする。そのためには消費者の理解を得る取組みを行う、ということである。

自ら考案した水田の除草機を操る渡辺務さん（撮影＝原剛）

地域に根をはる運動

私たちが一貫して掲げてきた目標は「地域に根をはる有機農業」である。農業が地域内での密接な関連のなかで行われることに加え、まったく新しい視点での運動は地域内の理解なしには実現できるものではない。ましてや近代農法真っ盛りで農薬の空中散布や化学肥料一辺倒の時期に、私どもの主張は当初まったく受け入れられず、変人扱いや村八分同様の扱いを受ける状況でもあった。四〇人余の会員も三年後には一九名まで減ったほどであった。

しかし、私たちの取組みを知った首都圏の消費者からのラブコールと、日本有機農業研究会の発足に関わった方々からの熱心なご指導を頂き、意を強くして栽培に取り組むことが出来た。

そして私は三八歳の一九八七年、地域から推挙を受け農協理事に就任することになった。その数年前には農協が実施主体の有人ヘリコプター農薬散布に、有機農業研究会の当時の代表として中止要請をしてきた身であった。勿論私が理事に担がれたのは能力ではなく、様々な当時のしがらみに与しないでいた私への単なる一過性の要請であったと思うのだが、以来二五年余に及ぶ農協運動に入り込む結果となった。

当時は有機農業の仲間が四人同時に理事、監事となってはいたが、二五名のなかでは当然少数派であった。組合員座談会に行けば名指しで批判を受けるのは当たり前の厳しい現実ではあったが、他方有機農業運動は着実に拡大し、確かな足跡を残せるようになった。

一点は、空中散布に反対する青年団当時の仲間が中心となった上和田有機米生産組合の発足があり、有機栽培を実践する組織が法人化するなど、多くの農家が取り組むようになった。

二点目は、農協の販売体制が、単なる組合員から依頼を受けて市場に出荷する流通から「顔の見える流通関係」を唱え、多角化に取組み始めた。とりわけ共同乾燥調整施設に加入するコメ農家が全て化学肥料、農薬を半分以上に減らす特別栽培をしたことである。

三点目は、化学肥料の多投が土中微生物の減少を招き、作物の軟弱化に繋がり、農薬でその対応を図る悪循環に陥っているという認識が生まれたことである。

そして何よりも混住化社会のなかで、地域住民から農薬空中散布の理解など得られるものではないということであった。

そうした背景により一九九七年農林課を事務局とする「高畠町有機農業推進協議会」が発足し、八団体八〇〇名余の町内農家が参画する組織が出来上がったのである。

町をあげての取組みとするために

こうした動きに加え、一九八八年には、一〇年間にわたる町の振興計画のなかで「有機農法を核とする農業振興」がうたわれ、その一〇年後に改定された計画も同様の内容になっている。さらに二〇〇八年九月には「たかはた食と農の町づくり条例」が制定された。その柱は、①自然環境に配慮した農業の推進、②安全安心な農産物の生産、③遺伝子組み換え作物の自主規制である。それには町、生産者、消費者、食に関わる事業者の役割も明記されている。

いずれも長年私たちが「地域に根をはる有機農業運動」のテーマとしてきたことであり、大きな成果である。その中で特に遺伝子組み換え作物に関しては、栽培禁止を求めてきた私たちの主張からは後退したものの、厳しい規制を設け実質的には栽培不可能な条例となっている。また、地産地消、食育、有機農業の推進に加え、高畠ブランド認証、都市と農村交流促進もうたわれている。

形としてまとめられた施策をより具体的にし、実践を積み上げるには、それぞれの組織でたゆまぬ努力が求められる。

その一つは、数字で表示できるような栽培マニュアルの作成に向けた栽培技術の向上である。有機農業栽培の最大課題は、重労働と雑草対策である。重労働解消に向けては、実践者の工夫による各種除草機が試作されており、農機具メーカーでも一部販売が始まっている。しかしさらなる性能アップとより安価なものになることを期待したい。その関連でもあるが、雑草対策はようやく研究が始まったところである。私も三八年間、合鴨、米糠散布、深水管理、二度代掻と実践してきたが、いずれも満足できる成果には至っていない。

二つ目は、地場消費の拡大である。町内小学校への給食素材提供は長年実践されてきた。加えて町内には農協直営を含め直売所が五ヵ所設置されており、年々実績も伸びている。

三つ目は学習の実践である。私どもは一九九〇年に学習集団「たかはた共生塾」を立ち上げ、自らの学習の場としながら町、農協との共催により公開講座を積み上げてきた。それは単に町内にとどまることなく全国に呼びかけ、農業体験実習を企画実践し、現在では八〇名を超えるIターン者が定住することにも繋がっている。その一方で町内住民の方々の理解度は十分とは言えない。さらなる実践が必要である。

「複合汚染」から地域づくりへ

佐藤治一

さとう・はるいち／上和田農産物加工生産組合代表、NPO法人かたくりの里、和田民俗資料館館長

私の夢見た近代農業

戦後生まれの私たちは、高度経済成長期に育ち、有り余る消費文明の落とし子として、世の中の批判を受けながら就職した。その後、農業後継者として就農した私は、農業基本法の下、大規模な近代農業を当然、夢みた。しかしながら、その当時同世代の農村青年が見せられた夢はいったい何だったのか。規模拡大といっても、拡大するような土地はなく、年々大規模化していく農業機械を更新してゆくのに多額の借金をし、出稼ぎに行った自分と仲間。そんな中で必死にもがきながら、私はかすかな可能性を求めて、先進地に近代畜産を学んだ。幸運にも長野に養豚研修に行った先で、自分にとって生涯の師となる若い養豚家、黒岩氏と出逢う。この人の援助を受け、農家の長男でありながら家を出て、和田の山林を切り開き養豚を始めることになる。

青年団時代の仲間の支えもあって所帯をもった。もちろん近代的な大規模養豚をめざし、周りの反対を押してすべり出した。

実際営農にあたっては、長野で学んだ技術をフルに活用し、なるべく手作りに徹して、金をかけない豚舎、施設を作り上げていた。

近代農業の矛盾

徐々に規模拡大をして繁殖豚三〇頭の一貫経営も軌道に乗った頃、減反、出稼ぎ、カントリーエレベーター、農薬空中散布などの農業問題が仲間の話題となる。そして、青年団のOBでもあり、農民詩人の星寛治さんを筆頭として、青年団時代の仲間で「高畠町有機農業研究会」というグループが発足する。

農業協同組合経営研究所、一楽照雄さんのてこ入れ、作家有吉佐和子さんの『複合汚染』の取材などを機に、農業のあるべき姿を根底から考え直すことになる。有吉さんが当時の私の姿を「養豚青年」として記述してくださった。

まず家庭菜園の作物をふやし、自給野菜に力を入れる。豚の飼い方も放牧を充分にして、完全配合飼料から、添加物をぬいた自家調整飼料、残飯に切りかえ、青草をできるだけ与えるようにした。

そして肉の流通の問題にまでかかわりを持ち、自分の生産した豚肉の価値を評価してくれる消費者と間接に、そして直接に繋がった。主食であるコメも作りたくて、無理して水田も手に入れた。

こうして、私たちは農業問題の悩みをエネルギーにしていった。就農したばかりの頃、農業改良普及所の先生方に指導を受けて真剣に取り組んだはずの経営は、私自身の手の中には形として残らなかった。何故だったのだろう。大規模な専業養豚をめざしてスタートしたパイオニアファームの行き着いた先は、小規模有機畜産複合経営という、かつて家出までして自分から切り捨てたはずの農業形態だったのである。

これからの農業をどうするか

私たちはまず、農産物の流通に疑問をもった。一生懸命作った農畜産物が、わずか一、二割の増減産で市場の価格が暴騰、暴落して生産原価を割ってしまうこともある。また流通経費と中間マージンの大きさにも疑問を持った。

そして、その市場対応のみてくれの良い農産物を作るために用いる農薬、除草剤、化学肥料が、私たちの家族の健康を冒しはじめていることが気がついた。

当然、農薬をやめた。除草剤もやめた。化学肥料もやめた。堆肥を多く施すために畜産も入れた。その家畜にも、飼料添加物をなるべく与えないようにした。合成洗剤も使わないようにした。こうして三〇名ほどの仲間がより集まって高畠町有機農業研究会ができあがった。それに、私たちの心意気に賛同する消費者グループが結びついて産直運動が発展して行った。

その結果、

①有機農法で農薬に汚染されない安全な食べ物を取り戻した。

②有機畜産複合経営によって、資源の循環系を取り戻し、健康な土づくりが出来た。

③自分の生産したものを消費する人の顔が見えるようになった。

④再生産が可能な農産物の値段・価値を取り戻した。

⑤自分の生活を問い直すことで、物と金から脱皮し、本物の価値が見えるようになった。

日本の食文化の「有機」

これらの運動を実践していくなかで、多くの生産者、消費者とかかわりを持ち、農業そのものだけに留まらず、教育の分野に、行政の分野へと連動性をもたせることになった。現代農業に自信を失った親は、後継者の就農を喜ばなくなった。毎月決まった収入を得て楽をしたいからだ。学校での家庭科の調理実習はサンドイッチ、サラダ、カレーというメニューだったそうだ。何故、日本人が食べならした伝統食品が出てこないのか。学校給食のメニューにしてもやっぱりそうだ。これら一つ一つのことが、子どもにどのような影響を与えてきたか。言うまでもない。

私たちは、いったいどの部分で間違えてしまったのか。どの部分を修正していかなければならないのか、を考えなければならない。

あわただしい生活の中で便利さ、簡単さ、外見、味を食品の中に追求していくうちに、とんでもない食文化を日本人は作りあげてしまったのではないか。そして今、その食品公害に肝心の健康を奪われ、農業の魂までも引き渡してしまった。『複合汚染』は身近な食文化のなかに、長い間変化をしながら、いまだに継承されているのである。

瀕死の日本農業はその食文化の誤りを背負って、唯一の味方であるべき農政からさえ見放されつつある。日本の工

刈り取ったイネは杭架けにして天日乾燥に。味わいが一段と深まる（撮影＝原剛）

業製品とひきかえに安い外国農産物をこれ以上輸入したらどうなるのか、誰にも分かることである。ＴＰＰへの参加を前に考えるべき、より大事なことは何か？　消費者も生産者たちも経験済みである。環境問題・公害の経験を自らの身体に記憶しているはずである。ここで顧るべきは、「地域」とりわけ、農村の姿がどうあるべきかである。

地域づくりと仲間

今、この瀕死の日本農業を蘇らせるには、農民ひとりひとり自分のできることから、農業で自立してゆける道を模索することである。

それには大枠の地域複合を考え、一農家あたりの自給率を押し上げ、地域の自給率を上げなければならない。それに基幹作物、畜産を組み合わせ、一戸でも多くの自立できる農家をつくり、近代農業を押し返す底力にしてゆくべきだ。そして、その連帯を支えるのは仲間だ。その仲間を支えるのは地域だ。この地域農民が自立していくためのささやかな力を、地域行政がどのようにバックアップできるか、でその地域農業は変わってくる。

私たちは一九八二年、農産物加工組合を作った。無農薬の有機栽培による野菜を使って、防腐剤も合成甘味料も着色料も使わない、本物の漬物づくりを開始した。小さい加工組合であるが、自ら作った野菜を台所の延長で加工することは、無駄なく生産物を利用できる利点もある。ただ農産物を生産するだけではなく、加工をしたり、流通を考えたりすることでも自立の道を切り開きたいという志で始まった。この加工組合の滑り出しには、消費者からの手ごたえが充分にあった。漬物のみならず、みそ、しょう油、ハム等の農産物加工品の拠点として地域の中で発展していった。

高畠はなんと言っても稲作主体の農村から成り立っている。一九六一年以来の農業基本構想による規模拡大の方針は結局進まなかった。兼業農家は確かに増えたが、先祖伝来の田畑を手放す農民はいなかったのである。それが百姓の魂だ。農家の田畑、一枚一枚が連なり、営農のしぐさが連なり、それはまとまりのある高畠の景観となっている。売り渡すことの出来ない魂をもって、それぞれの地域で中堅農家が自立できるならば、日本の農業を立て直せると思う。

高畠の農業行政は、農水省天下りから一歩踏み込んで、「高畠の農業をどうしてゆくか」を、日本の農業を守っていく農民の立場から見定めてほしい。私はこのことを以前、主張したことがある。日本農業の転換の拠点として高畠を考えてみてはどうか?と。

『複合汚染』から三八年、現在の高畠は、有機農業のもつ波及力を教育、福祉分野へと広げ、地域自治を農業から達成している。政府は「多面的機能」という言葉で表現しているが、高畠は有機農業の持つ力＝「やさしさ」と「ひろがり」を、子どもから要介護の高齢者にいたる住民の暮らし方により体現している。

「かたくりの会」

妻の佐藤敬子が代表となって九八年から「かたくりの会」という市民互助型在宅サービスを行うボランタリー・グループを発足し、地域福祉のすき間を埋めようと、自宅を改装し活動してきた。農山村部に暮らす高齢者には、サラリーマン層のような厚生年金はほとんどなく、月額にしてわずかな国民年金で暮らしを立てている一人暮らしの高齢者が少なからずいる。農村地域社会に暮らす高齢者は、だんだん介護が必要になってくる。身内などがいれば一緒に暮らしながら余生を送るのもよい。他方、なかには施設にどうしてもなじめない高齢者がおり、身内も介護をカバーしきれない部分を、「かたくりの会」が引き受けてきた。農村の山間部には公共交通が不便な所が多く、高齢者の通院を手助けしたり、出不精の高齢者を外に連れ出したり、いわば農村地域における高齢者の地域医療以外の、精神的ケアを重点に置くボランティア活動をしてきた。高齢者だけではなく、施設にいる障害者などのケアも行っている。

理念としては、制度や施設による隔離、排除ではなく、なるべく高齢者や障害者と一般の地域における生活の場で共に生きるという発想で取り組んでいる。言い換えれば、地域の高齢者が自分の持てる力を活用して自立して生活することを支援する「自立支援」を目指すものだが、その根底にあるのは「尊厳の保持」である。農家の自立が大事であると痛感した私たちは、高齢者介護においても、日常生活における身体的な自立の支援だけではなく、精神的な自立を維持し、高齢者自身が尊厳を保つことができるように支えあう地域づくりの必要性を感じていた。それがＮＰＯ法人「かたくりの会」へと発展した。今は人の心を耕すのに熱中している。

二〇〇八年には毎日介護賞（毎日新聞社主催、厚生労働省など後援）を受賞した。この賞は私たちと一緒に緩やかなネットワークを組んでいるみなさんへのものだ。消防署員やシルバー人材センターによる配食サービスを行うなど、助け合い活動を中心に活動している。地域住民が使用できる「ふれあい工房」を週二回開放しており、お年寄りの手作業によるさまざまな作品が作り出されている。また、障害者の人たちの協力を得てみそ作りをしている。これらは地元の文化の基礎となっている。ボランティアの気持のある仲間を一人ずつ増やしていきたいと思う。自然環境の豊かな山間部で土に触れながら生き物を育て、長年慣れ親しんだ熟練の手仕事を若い人に繋ぐことで、高齢者の精神的な充実とふれあいから得られる癒しの効果を地域へ波及していきたいと願っている。

農業から健康を考える食の将来ヴィジョン

菊地良一

きくち・りょういち／上和田有機米生産組合顧問、前・日本オリンピック委員会強化スタッフ、和法薬膳研究所主宰、農林水産省・「『食』に関する将来ビジョン対策本部」委員

私はオリンピックに出場するライフル銃の選手たちの食を指導しました。しかし、私の本業はこれまでも、これからも農業です。私の住んでいる山形県東置賜郡高畠町は一九七三年から始められた有機農業運動誕生の地であり、本物の農村づくりに勇気を持って、みんなと挑戦してきました。

(財)日本オリンピック委員会専任コーチ、ライフル射撃日本代表チーム監督藤井優氏と私が出会ったのは、一九九九年の一一月、山形県南陽市にあるライフル射撃場でした。全日本の代表選手が練習を行っていた折、ある選手が風邪を引いてしまいましたが、アジア選手権が目前に迫っていたため、風邪薬はドーピングの心配があったために使えず、高畠町公立病院の島津憲一薬局長(ゲンジ蛍とカジカ蛙愛護会会長)に相談し、「食で風邪を改善するように」と私に話が来たことがきっかけとなりました。

二〇〇三年一〇月「ゆうき米づくりの里から日本の食を考える〜スローフード・ワークショップ置賜」が開催され、全国から参加者した皆さんが高畠町にあるデジタルスポーツ射撃場を訪れ、デジタル射撃を藤井氏の指導で体験しました。藤井監督からは、オリンピックで勝つためには質の良い食べものが必要であり、オリンピックとは国と国との農業の「質」の競い合いだという問題提起がなされました。ふりかえって見ると、二〇〇〇年シドニーオリンピックでライフル射撃が良い結果を出しました。私はライフル射撃

を通して、農とは何かを考えました。弾の飛ばないデジタルシューティングで練習している選手達を見ていると、射撃は持続的な眼の集中力を要するスポーツだと思いました。集中力は食べ物の良し悪し、消化、吸収と排泄の良し悪しに大きく影響されます。一般的に集中力とはその人が持っている先天的な能力とコーチによる指導で決まると考えられていました。しかし食べ物で集中力が上下することを、私は目のあたりにしました。一〇メートル先の三〜四センチメートルの的の命中率で、そのことは歴然です。精白した食べ物、単品の栄養素を集めた健康強化食（サプリメント）などでは、集中力・持続力の効果がうすいことが分かりました。ましてや農薬、化学肥料、添加物などが使われたものは問題外です。食の人体への作用が、命中率というかたちで瞬時に現れました。

これまで私は有機農業と言っても、ずっと科学的に農業を考えてきました。機能性やさまざまな効果から、「食」を考えることは有機農業に科学性があることの証です。集中食、スポーツ強化食、またはオリンピック食と呼ばれた私の食の指導法による実践を通して、毒を食べて病気になった現代人を、病院で不健康な医者により薬や手術で治療するという「病気」の悪循環の根を断ち切る必要性を感じています。日本の財産である人間の能力を高め、予防・未病という点からこれからの日本の農と食をプランする必要があります。

アメリカのがんと日本のがん

昭和三三年当時、日本のがんによる死亡者は八万七八九五人でしたが、うなぎ登りの上昇で、一九九九（平成一一）年には二九万人を超えました（厚生省統計による）。毎年三〇万人以上ががんで死亡しています。反対にアメリカでは一九七九年から下がり始めて、一九九三年にアメリカと日本の数字が逆転しました。アメリカでは、一九七七年から胃がんが極端に減っています。日本人はこの胃がんが増えました。これはなぜかというと、魚の油が酸化したものを食べているからです。生の魚を干せば干すほど美味しく感じますが、それは発がん性物質です。日本人はハワイに移民していますが、三代目になると胃がんのこの原因がなくなるそうです。

米沢ＮＥＣはレーザー銃を開発しました。命中した後に全ての変化を計測することができます。ミリ単位での吸収の速度とタイミングをスポーツ選手によって実験したようなものです。私が食を担当し、選手の集中力を見極めていくなかで、一番よくないと分かったことは、血糖が上がっていくタイミングと試合時間が合わないという点でした。試合や本番は食後大体二時間後でした。これまでは食後はだるくなり、次第に血糖値が上がりきってしまい、肝心の二時間後には急速に落ちてしまっていました。これは選手の技術の問題ではなく、食べ物が悪い、その消化の管理が悪いのです。日本の選手は、前半はいい成績を残しますが、後半伸び悩んでいきます。この点、フランスは強く、後半まで持続しています。これは精白していない小麦で、特殊栽培をしたミネラルが多い小麦を使って食が考えられているからです。

アメリカは一九七七年の「マクガバン報告書」によって、未精白穀物を食べるべきだということが報告されました。アメリカでは心臓病の死亡率が一位、がんは二位でした。一九七七年には医療費が一一八〇億ドル――約二五兆円と増大し、心臓病だけでもアメリカの経済は立ち行かなくなるということで、医療改革が進められました。そして、その一環として上院に「国民栄養問題アメリカ上院特別委員会」を設置し、全世界から医学・栄養学者を委員として選出し、「食事（栄養）と健康・慢性疾患の関係」についての世界的規模の調査・研究が七年間の歳月と数千万ドルの国費を投入して行なわれました。委員長の名前をとり「マクガバンレポート」とも呼ばれています。

ここでは「心臓病をはじめとする諸々の慢性病は、肉食中心の誤った食生活がもたらした『食原病』であり、薬では治らない」、更に「われわれはこの事実を率直に認めて、すぐさま食事の内容を改善する必要がある」として、七項目の食事改善の指針を打ち出していました。高カロリー、高脂肪の食品つまり肉、乳製品、卵といった動物性食品を減らし、できるだけ精製しない穀物や野菜、果物を多く摂るようにと勧告しています。補足発表された「食物・栄養とがん」に関する特別委員会の報告では、「タンパク質（肉）の摂取量が増えると乳がん、子宮内膜がん、前立腺がん、結腸・直腸がん、膵がん、胃がんなどの発生率が高まる恐れがある」として「これまでの西洋ふうな食事では、脂肪とタンパク摂取量との相関関係は非常に高い」と述べられています。最も理想的な食事は元禄時代以前の、精白しな

食の科学講義 70 分、そば打ち・試食各 60 分の「南山形そば教室」での菊地良一さん

い殻類を主食とし、季節の野菜や海草や小さな魚介類を食べることと明記されています。

薬師如来の薬壺にある「生き方」とは

有機農業をして立派に出来たコメを白米にして食べるのも問題だと、私は地元にも提言しています。皆さんは国の宝です。食べ物でごまかすのは簡単です。小麦粉に砂糖と塩を入れて、うまみの元を入れて、卵と牛乳でかき混ぜて、なるべく古くなった油で揚げたテンプラを作れば美味しいといって、白米にのせて食べてしまいがちです。ミネラルのない状態で食用油を摂るとインスリンの効果が四分の一に落ちます。

実は、曹洞宗の永平寺、総持寺へ行った際に本山の料理の責任者に、「修行僧に白米を食べさせたら形だけでのコメはないですか？　コメの真髄が伝わってない」と言ってきました（人を導く人が「カス」を食って修行とは、修行とはいえないと思いました）。伽藍だけが大きくてはダメです。本山が治さないといけません。私も曹洞宗の役員をしていましたのでそう言いました。実際に「和尚殺し」という料理があります。和尚さんが相当の割合でがんになっています。法事の料理は本来、一年に一回ぐらい食べるのが限度です。檀家の人は一年に一回ですが、和尚さんは毎週食べていたらどうでしょう？　確率で和尚さんにはがんが多いです。薬師如来が持っている薬壷に入っている根本を教えるべきだと思います。健康であるという「生き方」は、道を問う人間の当然あるべき姿でしょう。

私は、農地には有機物（米ぬか、非遺伝子組み換えのなたね粕、魚粕等々）を発酵、熟成させた良質の有機質肥料と、卵の殻や岩石粉、海水ニガリ、木炭粉などの天然ミネラル成分を施す土作りをしています。豊かな土に息づき生気あふれる、ひとつひとつの細胞にビタミン・ミネラルを豊富に含んだ生命体（農産物）こそが、真に人の健康の糧、生命の糧と考えています。私は安全でおいしい農作物から、もう一歩進めた「食育」を通して、食からの健康を今後とも発信しつづけていきたいと思っています。

「食」に関する将来ヴィジョン

私は現在、農林水産省の「『食』に関する将来ヴィジョン検討本部」で、有機農業者（生産者）からの有識者として委員に入っています。「食」は国の成長の基盤ともいうべき最重要テーマの一つです。平成二一年一二月三〇日の閣議決定で、「新成長戦略（基本方針）」が採択され、「安全・安心・健康で豊かな食生活を守るための方策やそれを支える農山漁村のあり方について広く横断的に検討する場を設け、「食」に関する将来ビジョンを早急に策定する」ことが提言され、「食」と「地域」の再生に関する施策を充実させ、「食」の基盤強化に向けた推進体制を作ることになりました。私は自分の取組みをまとめ下記のように提言してきました。

> 「食」は人生の縮図であり、「食」をおろそかにすることは、生きることをないがしろにすることでもある。また、「食」という字は「人が良くなる」と書くように、「食」はまさに人間の原点である。さらに、幼少期における「食」を通じた教育は人格形成の基本となっている。「食」には無限の可能性がある。「食」の機能には未然に病気を予防する機能があると言われている。また、外国人観光客に対して行った「訪日前に期待す

ること」に関するアンケート調査では、トップは「日本の食事」という調査結果もある。「スローフード」のように「食」を通じたライフスタイルの提案も始まっている。「食」は地域における最大のビジネスチャンスである。また、「食」は農林水産業と一体不可分であり、「食」の可能性を最大限発揮させるためには、農林漁業者が単に農林水産物を生産するという意識に止まるのではなく、「食」に関する消費者ニーズに敏感に反応し、ビジネスに積極的に取り組むことが重要である。

しかし、我が国における「食」とその礎となる「農」や「地域」には、食料自給率の低迷や、人口減少・高齢化等による農山漁村の活力の低下など、多くの課題が山積し、その基盤が揺らぎつつある。こうした状況の中、私たちは、我が国の「食」が、将来にわたって国民の希望であり続けるよう、「食」を十分に活用した国民社会の将来像を明らかにする必要があると考えた。

これからは「食」を通じて、地域の活性化と日本経済の成長に繋げる道筋をつけるよう政府も動き始めました。TPPなどの問題が目前に迫っています。日本の農と食の安全保障は、我々の「食」に関するヴィジョンがあるかどうかで決まってきます。人間の生き方として、地域の再生として、農業の活性化、環境・景観の保持として、毒を食べてきた多くの現代人が、各国でしっかり将来を見定め、見据えて計画していく必要があるのです。

文化としての蛍の光、カジカ蛙の声

島津憲一

しまづ・けんいち／ゲンジ蛍とカジカ蛙愛護会会長、羽州街道交流会代表幹事

受け継いできたもの

ゲンジ蛍とカジカ蛙が生息する大滝川は、東北最大の分水嶺である奥羽の脊梁山脈の一角、仙王岳に源を発し、山間を二井宿峠に沿って高畠町二井宿地区内を流れ、最上川へと繋がっていく。嘉永五（一八五二）年、宮部鼎蔵とともに二井宿峠を通った吉田松陰は、その日の東北遊日記に「嶺以南水。皆入阿不熊川。以北皆入最上川。即注酒田港者」と峠からの山が分水嶺であることを記している。松陰たちが通っていった季節は五月中旬、カジカ蛙の美しい声を聞きながらの道行きであったろう。大滝川は私の大切な原風景の一つであり、慣れ親しんできた。夏の夜に魚のカジカ突きをしていると。いつの間にかカジカ蛙の合唱の中で、圧倒的な蛍の光に包まれていたことも度々あった。私の子供たちも大滝川で遊ばせた。家族でよくゲンジ蛍の光が天の川のように広がる光景を見ていたが、その光景を見ている地域の人はほとんどいなかった。蛍の文化が喪失していたのである。

愛護会の結成と鑑賞会の実施

平成九（一九九七）年、二井宿地区内の国・県道が改修整備されると、山形市や仙台市へのアクセスが格段に向上

した。当時、私は下宿部落の公民館長として地区の会議にも度々出る機会があった。そこで耳にしたのが、地区を代表する方達の会話だった。待望の道路改修を喜ぶ一方で、「地区内を素通りされるだけだ」、「二井宿には何もないからな」などと地区を見られていたのである。私はそれらを看過できなかった。そこには地域の誇りが感じられなかったからである。このことが契機となって、愛護会結成へと動き出す。この年、高畠町全体に大滝川のゲンジ蛍とカジカ蛙を周知したいとの思いで、星寛治さんが選者を努める『公報たかはた』文芸欄に、詩「ホタル夜」を投稿した。詩は入選し、その年の年間賞ともなり、二度に渡って大きく

国道113号線二井宿峠からの蛍の里・二井宿（提供＝筆者）

「ホタル夜」

キュルルー　キュルルー
河鹿蛙の声が川面を響き渡り
大滝川にやさしい光が戻ってきた
満天の星から生まれたという光の伝説
かっては銀河のように輝き
どこの川にもいた光たち
人は小さな光たちを消し
消えた光をいつか忘れていった
ほんの少し前のことだ
ほんの少し前
この川にだって遥か下方まで
光たちは飛んでいたのだ
その光たちの名はゲンジボタル
夏の夜の清流のシンボル
せせらぎに耳をすまして
しばらくこの光景を愛でていよう
キュルルー　キュルルー
川舞台では光たちが舞っている
見上げればニセアカシアにも
ケヤキにもやさしい光が宿っている
キュルルー　キュルルー
ああ　不思議な懐かしさが胸を打つ
ふと見ると川中でカジカ突きする
親子がいる
遠い日の父と私

世界に誇る二井宿のゲンジ蛍と環境（撮影＝小原令）

公報に収載されている。

平成一〇（一九九八）年六月、「ゲンジ蛍とカジカ蛙愛護会」を二〇人の同志とともに立ち上げ、七月の第一土日の二日間、大滝川界隈をメイン会場に「親子で楽しむゲンジ蛍とカジカ蛙鑑賞会」を開催したところ、二日間で二千人もの人々が訪れた。この時から大滝川は蛍の名所となり、ほとんど知られていなかったカジカ蛙も、鳥のさえずりのような声で一躍有名になった。

ゲンジ蛍の光とカジカ蛙の声を楽しむ文化の創造

かくして初年度から鑑賞会は大成功を収めた。蛍の光とカジカ蛙の声を楽しむ文化はこの時から始まったといえる。地区外から毎晩のように大滝川に多くの人たちが訪れ、地域の関心をいやが上にも高めてくれた。地域の人たちも、夜ともなれば連れ立って大滝川に見に来るようになった。文化がなければ創ればいい。まさに見て、聞いて楽しむ文化ができたのである。

文化としての蛍の光とカジカ蛙の声

日本人の感性は古くから花鳥風月を愛し、四季折々の風物を楽しみ、和歌などにより培われてきた。『古事記』には「蛍が夜身を輝かせて飛んでいた」とあり、紫式部の『源氏物語』には「声はせで身をのみこがす蛍こそ言うより勝る思いなるめら」と、清少納言の『枕草子』にも「夏は夜、月の頃はさらなり、やみもなほ蛍の多くとびちがひたる」とある。『万葉集』にも多くの蛍の和歌が収載されており、さらに、当町の亀岡文殊では、直江兼続が歌会を催しており、この時、兼続は「螢入簾　涼螢度竹影横斜　忽入疎簾夜色加応是客星侵帝座　丹良一点映窓紗」という蛍の歌を詠み、奉納している。蛍と同様、カジカ蛙も『古事記』にみられ、さらに『万葉集』、『古今和歌集』では和歌における夏の季語ともなっており、平安の貴族たちは庭の池で飼い、その美しい声を愛でていたという。私が二井宿地区の地域起こしを志して一三年が経過したが、いまや二井宿はゲンジ蛍とカジカ蛙の里として知られ、蛍の光とカジカ蛙の声の文化はすっかり定着している。当初のことを考えると、まさに隔世の感がある。

大滝川の環境と自然生態系保全への取り組み

愛護会結成以来、様々な取り組みを行ってきたが、それらを列挙してみよう。

一、毎年、鑑賞会を実施、継続していること。

二、蛍と環境の学習会を鑑賞会時に行っていること。

三、地域のご理解と協力のもと、街灯や家の灯りを減灯もしくは消灯としていること。

四、地域で行なう河川草刈の際、蛍の幼虫が上陸し、サナギとなる川から一メートルの部分を刈らない蛍保護を実施していること。

五、川の生態系保全のため、年四回実施されていた岩魚の成魚放流中止を提案し、関係部落で中止決定していただいたこと。

六、上流部の山砂採取業者に、地元とともに泥水流入防止策の沈殿槽設置と、その上水だけを流すという取り決めを行ない、監視を続けていること。

地区内外からの参加者が集う二井宿峠古道ハイク（提供＝筆者）

七、大滝川源流部奥の国と町の所有する森の伐採計画が浮上し、この中止を町に陳情、町は英断をもってこれに応え、源流部の森が水源涵養林として残ったこと。

八、地域の歴史

と自然資源の掘り起こしと併せ、上流監視と不法投棄防止対策も兼ねた二井宿峠古道ハイクの実施を続けていること。

九、三町蛍連携による蛍文化の広域化。

一〇、蛍鑑賞時は懐中電灯等は一切使わず、自然の灯りだけのナイトウォーキング等々がある。

人間による河川への環境汚染

全国的に、ゲンジ蛍が消失していった最大原因は、農薬と家庭排水中の中性洗剤にある。農薬の毒性には誰でも敏感だが、中性洗剤にはそうでもない。中性洗剤は化学的には界面活性剤であり、色々な面で有害である。その根深さは我々の生活、特に食生活に起因していることにある。油中心の欧米食の普及によって、食器の油を落とすために界面活性剤が必須となり、これに弱いゲンジ蛍の餌であるカワニナは消滅していき、ゲンジ蛍も消えていったのである。界面活性剤はただでさえ生物にとって有害であるのに、使用濃度が今もってまったくのでたらめなのは環境保全上大問題である。これらの洗剤容器に記載されている使い方は、一・五ミリリットルを水で一リットルに稀釈して使用するとある。しかし、実際は恐ろしい高濃度で使用されている。我々の体も自然であるのに、中性洗剤でしか落ちない油を、人は食事時に摂取している。

では、摂取した油による体の環境汚染をどうするのであろうか。油には動物性の飽和脂肪酸と植物の種や魚類中の不飽和脂肪酸があり、健康上は後者がよしとされている。しかし、不飽和脂肪酸はすぐに酸化し、過酸化脂質となり、これは発がん物質である。さらに、ＰＣＢ、ダイオキシン、農薬、食品添加物等々、人間が作り出した有機化合物は、例外なく脂溶性であり、油中心の料理では、これらの有害物質が吸収を助長している。蛍たちだけではなく、人間も滅びの道を並行していることを自覚すべきである。人間の体は自然そのものであり、内なる環境の改善なくして、河川等の外的環境の改善はありえないことは自明の理である。

自然であるだけに、これらのほかにも大きな障害として、洪水や大水などの自然災害がある。我々は堤防決壊や家屋への浸水等がなければ、特段被害を感じないが、川の様相が変るほどの水が出たときには、ゲンジ蛍等は壊滅的打撃を受け、四〜五年ほど蛍が見られない状態が続く。このような時でも、当会の方針として、自然の蛍であることに誇りをもって活動することを明言しており、数の多さで一喜一憂する愚は最初から眼中にない。我々が求めているものは本物の蛍であり、自然である。

大滝川にゲンジ蛍とカジカ蛙が生息する理由

全国の住宅環境を流れる川では、農薬や家庭排水中の界面活性剤によりカワニナが死滅し、ゲンジ蛍も同時に消失してしまっている。

大滝川のカジカ蛙（提供＝筆者）

しかし、同じ住宅環境にありながら、大滝川にはゲンジ蛍が生息している。この理由は二井宿の歴史にある。江戸時代、二井宿は宿場町であり、道路の両側に家屋がぎっしりと軒を連ねており、その町割りは、今も往時の宿場そのものである。この両側の家屋の中心を大滝川から引き込んだ用水が流れており、昔から生活用水として大切に使用されてきた。この大滝川の分水が、本流をゲンジ蛍の生息に適した川にしており、引き込まれた用水も、きれいな状態を保っている。いわば、大滝川のゲンジ蛍とカジカ蛙は宿場の歴史が残してくれた全国でも稀な存在なのである。このことは、二井宿小学校での学習会や鑑賞会時に行っている学習会でも説明している。

ヒメ蛍との出会い

二井宿に生息する光る蛍にはゲンジ、ヘイケ、クロマド、ヒメ蛍の四種がいる。このうち、ヒメ蛍は調査開始以来三年後に、集団発光する場所を突き止めた。そこは偶然にも、稀少種ヒメギフチョウの生息地であり、我々が草刈等を施し、保護管理している栗林であった。初めて集団発光を目にした時は、身震いするような感動を覚えたものである。ヒメ蛍はまだまだ未知の蛍であり、一〇〇〇メートル前後の山に最も多く生息しているとされている陸生の蛍である。我々が観察している山域だけでもゆうに百万匹以上は生息しているものと思われる。

地上の星・ヒメ蛍（撮影＝小原令）

現在公式にヒメ蛍が確認されている最高地点は鳥取県の大山山頂一七〇〇メートルの地点である。我々が発見したヒメ蛍のポイントは、三年前から安全を確保して公開している。蛍を見慣れてきた方たちでさえ、三六〇度、シャンデリアのように輝くヒメ蛍の光には、魂を奪われてしまうような圧倒的感動を受けるようだ。ヒメ蛍はこれまでの蛍の光の文化に、新たな驚きと感動を加えたといえよう。

本物の環境と蛍

本物の蛍の光は、本物の環境なくして存在しない。蛍はただ数多く光ればよいというものではない。我々は蛍の数には一切こだわらず、自然生態系に見合った本物の蛍を良しとしてきた。

グリーンランドの氷の衰退の撮影など、地球規模で環境を記録し、保全を訴えている動物写真家小原令氏は、蛍の撮影も全国で行っており、本物の環境に棲む蛍を取り続けている。その小原氏が、二井宿の蛍とその生息環境を日本最高クラスと太鼓判を押す。彼は撮影時、大滝川の土手やケヤキに、棚田では土の水路に感動し、今、日本にこのような環境はほとんどなく、自分が蛍だったらこういうところに棲みたいという。二井宿の蛍と環境は、日本屈指の世界に誇る宝であり、この誇りを訪れる多くの人々に伝え、文化として共有したいものである。

文化継承の願い

大滝川のゲンジ蛍とカジカ蛙は、宿場町の歴史と生活とともに共生してきたものであり、そこには普段の営みがあるだけである。これまで我々が取り組んできた一二年は、歴史的にみればほんの一瞬でしかない。もし、我々の取り組みが継承されていくとしたら、そこには身近な蛍の光とカジカ蛙の声に親しみ、愛しむ文化が存在するはずである。人は常に感動から行動を起こす。願わくば、蛍の光とカジカ蛙の声を文化として起こした我々の志が、未来に生き続けてほしいものである。

ゲンジ蛍とカジカ蛙愛護会の活動現場、二井宿の大滝川畔（撮影＝原剛）

（二〇一一年二月）

耕す教育現場からの発見

伊澤良治

いざわ・よしはる／前・山形県高畠町立二井宿小学校長

校庭に立つ百姓一揆への「酬恩碑」

今年の三月まで二井宿小学校の校長として勤務しました。二井宿小学校は創立一三七年、木造校舎で山のふもとに建てられた学校で、木の香りのする温かいいい学校です。学校の正面にある碑は「酬恩碑」といいます。二〇〇九年の大河ドラマに「天地人」がありました。その直江兼続の上杉藩の悪政に抵抗して、打ち首になった高梨利右衛門の碑です。あのテレビとは全く反対の、屋代郷の農民の抵抗の碑です。人々があまりにも厳しい年貢の取立てにあっていたのを、二井宿の肝煎り、高梨利右衛門が、庶民の生活を守らなければならないとして幕府に直訴しました。そのおかげで幕府直轄の天領として復活し、人々の生活は守られました。これは屋代郷の農民のシンボルとなるような石碑であります。二回ほど倒されましたが、そのたびに女の人の髪をロープにしてこの石を引っ張って立て直したという非常に歴史のある石碑であります。この石碑を見ながら子どもたちは、グランドで遊んで毎日生活しています。

この一揆の首謀者として首を切られるまでの高梨利右衛門の一生を、今から三〇年くらい前に二井宿の青年団が劇で上演したことがあります。子どもたちはそのときの脚本を起こして、学芸会で上演しました。地域のおじいさんとおばあさんが、打ち首のシーンになると手を合わせておら

「酬恩碑」の前に広がる二井宿小学校校庭（提供＝筆者）

れました。大変感動を引き起こしました。そういう歴史のあるところに建っています。

皆さんのふるさとでもそうだと思いますが、小学校はほとんど一番いいところに建てられます。二井宿のような中山間地域は命の次に大事な田んぼと畑という貴重な場所を削って、一番いい場所に建てられています。子どもたちの立身出世と豊かで平和な地域づくりに学校教育を期待されたのだと思います。どこに建てられているかということだけを取ってみても、教育への地域の人の願いや思いやりが伝わってきます。

二〇〇〇年前のコメ作りを子供たちと

私は一一年前、赴任してきた当時、五年生と四年生の社会科の授業を持っていました。五年生の社会科の最初の勉強は日本の農業です。コメ作りです。

私たちが使った教科書には、「庄内平野のコメ作り」という章がありました。教科書どおり勉強するか、実際にコメ作りをしながら勉強するか？　と子どもたちに聞いたら、子どもたちは断然、実際にイネ作りをして勉強してみたいということになりました。私は黒板に「コメ作りの段階は四つある」と書きました。「二〇〇〇年前、一〇〇〇年前、五〇年前、三〇年前の四つの段階のコメ作りがあり、二〇〇〇年前は機械を使わない、道具を使わないで、全て手作り、一〇〇〇年前は田んぼを作るときに牛や馬の力を使って深く耕す、五〇年前は耕運機を使って歩いて作る、三〇年前は田んぼに直接入らないで、トラクターに乗って田んぼを作る。どの段階のコメ作りを勉強するか？」と聞いたら、子どもたちは満場一致で二〇〇〇年前のコメ作りを勉強したいと言いました。

佐藤吉男さん（提供＝筆者）

　五〇年前くらいかな？と思っていたので、これは、どうするかなーと思いました。そこで、三アールの田んぼを三つにわけました。一アールは直播の田んぼ、一アールは耕さない（不耕起の）田んぼ、もう一アールは耕して普通の田んぼにしました。耕すといっても何で耕すか？　昔だったら鋤や鍬ですが、学校にあった鍬で一株一株耕していました。すると学校の近くに住んでいる佐藤吉男さんというお爺さんが、「何をやってるんだ？」と驚いて手伝ってくれました。放課後毎日、一株一株起こしていくのは大変な作業でした。担任の先生たちも手伝いに来てくれました。

その後、「しろ掻きはどうする？」、「田植えはどうやる？」、「田の草取りは？」……二〇〇〇年前のやり方をするということで次から次へと問題にぶつかりました。道具をほとんど使わないで、全部手作りでやりました。

そこで、ついに稲刈りの段階になりました。稲刈りどうするんだ？　鎌は二〇〇〇年前にはないので、石でやろうということになりました。二井宿小学校の脇には大滝川というきれいな川が流れています。子どもたちはそこに石をとりに行きました。とがった石がないということで、石と石をぶつけて割れた石を使おうとなりました。中川俊君という男の子は、農業をしているお父さんが割れてとがった石を研いでくれたのを持ってきました。しかし全然切れませんでした。イネは根元から切れません。真ん中のところもダメでした。そこで穂のところも持って切ろうとしたのですが、それでも難しいので、穂を二、三本に分けたら、かろうじて切れました。二〇〇〇年前は稲刈りではなくて、穂刈りだったんだということを、子どもたちは身をもって知りました。

稲刈りに手作業で取り組む児童（提供＝筆者）

出来たコメはおにぎりをつくって、みんなで食べました。それでも余ったコメをどうするか？ということで、職員室で話題になりました。ある先生は病気のお母さんに食べさせよう、乳幼児を抱えている若い先生は、自分の子どもに食べさせたいといいました。子どもたちは教科書で勉強するよりも実際に自分の身体で、体験を通して学んだコメ作りからたくさんのことを学びました。

その後、校長になれと言われて、和田小学校に行きました。和田地区というのは、有機農業で命に優しい農業の取組みを先駆的にしているところだ、ということを聞いて緊張していきました。「和田小学校の教育を考える委員会」を地域の人に呼びかけました。上和田有機米生産組合の組合長さんにも参加を呼びかけ、食と農の教育に取り組んでいきたいと呼びかけました。「和田の美味しいコメを是非、小学校の給食に出してください！」とお願いしたら、組合長さんは「自分で作れ！」と言いました。「あれ、なんだ、冷たいなー」と思いました。次に「手伝うからよ」と言われて、「これならやれる」と思いました。学校だけの力ではとても無理だと思いました。

取り組んだ田んぼは一反五畝（一五アール）ありましたが、安全で美味しいコメが一二俵とれました。指導してくれた地域の人たち、子どもたちも是非これを学校給食で「食べたい！」ということになり、週二回は給食でこの美味しいコメが食べられる量です。

準備を始めると教育委員会から「ダメ」だと言われました。「どうしてか？」と強く疑問に思いました。教育委員会は「ダメなものはダメだ」と言います。理由を追求すると「安全性」が問題だと言います。しかしこれだけ安全なコメはないです。上和田有機米は全国的にも社会的にも信頼のある米です。学校給食会の精米所で検査を通って、ハンコのないコメは安全ではないということでした。

もうひとつは「来年は保証できるか？」ということでした。これは大丈夫です。地域の人たちは応援し、支えるという気持でいると言いました。しかし、「ダメ」だと言われます。一番の理由はなにかというと、和田小学校は和田地区のコメを食べているが、他の地域はそうではない、それが問題になるということでした。私は、和田地区は一歩先を行っているが、三年後は別の小学校は別のやり方で追いつく、他の地区が横並びで同じことができなくてもいいと話しましたが、行政的には横ならびに一致したことを実施するということを崩しません。こういう考え方しかできない教育行政ではダメだと思います。

小泉内閣当時、規制緩和委員会があり、評論家の田中直毅さんが委員長でした。学習指導要領についての検討会に呼ばれました。学習指導要領には法的な義務があります。田中さんが質問しました。「学習指導要領がなかったらどの学校も独自に指導できるのか？」私は、「学習指導要領があってもいい。ただし、どの学校も必ず守らなくてはいけないというのでは、ものすごく画一的になる。学習指導要領を必ずしも全てやらなくても、半分は地域の実情や学校の実情にそってやるということがあってもいいと思う。特色のある学校づくりには選択の自由があることが大事だ。沖縄から北海道までどの学校も一年間、同じ内容で教育するという時代はもう終わったのではないか?」と言いました。

和田小学校で三年間、校長で勤務した後、二年間隣の米沢市の田沢町という地区の小学校に行きました。ここは一反七畝（一七アール）の学校田がありました。教頭さんが「学校の田んぼがありますが、今はやっていません。どうしますか?」と聞いてきました。「どうなっていますか?」と聞いたら、「学校の田は貸しています」ということでした。二週間くらい経ってから職員室の声を代表して教頭先生が言いに来ました。「学校の田んぼでは、コメ作りをしないでください」と。私は「する」とは言ってなかったのですが、もちろん「しない」とも言ってませんでした。この年、米沢の小学校の先生たちが学校を一日休みにし、本校に集まって研究会をすることになっていました。それに時間がないのに、田んぼやらされたら大変だ。それに田んぼづくりなどはしたくないのに……。

そしたら一〇月の土曜に収穫感謝祭というのがありました。この日、学校は休みでしたが、PTAが主催でした。ここの地域のPTAは素晴らしい、学校の単なる後援団体ではない、地域の子どもを育てる素晴らしい団体だと思いました。

地域の方から「頑張れ、頑張れ！ この地域の教育と歴史の原点はコメ作りだ！」という声があがりました。学校の教育目標にも「地域を愛する子どもを育てる」というのがありました。学校に田んぼはある、PTAはしっかりしている、地域の教育の原点は「コメ作りだ！」となったら、これはやるしかないなと思いました。

職員会議で校長が「やることにした！」と威張って言ったって絶対にダメです。やっぱり学校はみんなで力を合わせて、総動員してやらないとダメです。先生方が「やれる！」という心に変わり、見通しを持つことが大事です。地域に根ざしたしっかりした学校を作るために、いい子どもを育てるために理解と維持を作り出すことです。私は自分の考えを書いた文章を配って、自分なりに会議のたびに読んでもらい、職員に呼びかけました。職員の方の心も変わっていきました。そのうち、「なんぼ反対してもすんだべ?」という冗談が出るくらいに、先生方も次第に理解し、汗をかいて田の作業に取り組んでいきました。やりながら人間は変わっていくこともあるんだとつくづく思いました。

その後、高畠に戻ってきました。二つの小学校で校長先生が異動する時期でした。「どこの学校に行くか?」と教育長に言われて、「二井宿小学校に行きたいです」と言いました。「二井宿小学校は小さい学校だが……。」と言われました。その後も電話があり、「本当に二井宿小学校でいいのか?」と念をおされました。私は心の底から二井宿小学校に行きたいと思いました。そして、赴任したときに教頭先生と話し合いをしました。

まず、子どもの人間的な発達を保障する学校をつくりたい。子どもが悪い、親が悪い、地域が悪いというのではなくて、教職員・学校の責任で子どもの学力、体力をつけていく。

もうひとつは教職員と保護者と地域の方と三者で協力しながら学校を作ろうと、二つのことを言いました。誰も反対も疑問も言いません。私は七つ八つの学校を経験しましたが、校長さんが変わると、今度の校長はどんな学校を作ろうとするのかな?と先生方は思います。子どもたちも担任が代わると、こんどの先生は、どんな学級を作ろうとするだろう? どんな思いを持っているだろう?と期待と関心を強く持ちます。

しかし、学校というのは教育行事が一年前からだいたい決まっています。なかなか変えられません。変えていくには、ものすごいエネルギーが必要です。

命の教育として、食と農の教育に取り組んでいきたいと考えていました。その際、体験だけで終わらせるのではなく、自分たちの生活と結びつけて、そのなかでいろいろなことを子どもたちに学ばせようとしました。そこで具体的に学校給食の五割を自給しようということを提案しました。五割ということはなかなか実現できません。先生方はもちろん反対、疑問を持ちました。

田んぼで学ぶ食農教育

星寛治さんが第五次山形教育振興会を立てるときの委員長でいらっしゃいましたが、その際、一番に「いのちの教

まずは田んぼで遊ぶことから（左）。安心して田んぼに飛び込む（右）（提供＝筆者）

育」を提唱していらっしゃいました。

一、生きる力を育てる、二、いのちの教育、三、自然や社会の気づき、四、地域に学び、地域に愛着のある心を育てる、五、生活を自らの手で築く。

私は「食と農」の教育を実践しようと提言しました。山形県の教育の歴史のなかで、「教育は子どもたちの毎日の生活を高め、そして一生貫けるようなものの見方・考え方の土台を育てる」というのがあります。リアリズムというか、生活をしっかり見つめるということを大事にしてきた。そんな意味もこめて、具体的には毎日食べる給食の五割は自分たちで作ろうということを提案しました。

「自然や社会の気づき」というのは、社会科の勉強で、「現代の農村とは」ということのなかで学ぶことが大事ですが、大豆一粒から、今の日本の食料・農村が見えてくる、コメを育てることで、今日の農業農村が見えてくるということです。

「いのちの教育」は非常に難しいです。小学校の低学年、中学年の子どもたちの三分の一は「死んだ人間は生き返る」と思っているというデータがあります。ゲームでは人差し指一本でリセットされ生き返ります。こうしたなかで「命の重さ」、「命の大切さ」を現代で教えることは大変になっています。それに対して、自然は命にあふれているわけで、この自然にたっぷり浸らせ、いのちへの豊かな感受性を育ててゆきたい。

一、二年生は田んぼの作業の前に田んぼに入る、遊ぶことからはじめます。最初は気持悪い、冷たい……などと言っていますが、五分くらいすると、身体が温まり、泳ぎ始めます。先生方は下に水着を着て、この日はドロンコになる覚悟をします。子どもたちは本当に安心しきって、助走をつけて田んぼに飛び込んでいきます。田んぼというのは、石ころひとつない、ガラスの破片など危険なものは何もない、学校の砂場よりも安全だと分かるのです。安全で安心で豊かな場所であり、みんなの丈夫な体を作った、一番の大元は、田んぼだと言うのです。漢字の「気」を書くときに、中に「米」を書いて、元気の源はコメなんだ！　と語りはじめました。そしてコメの大切さ、田んぼに対する親しみ、抵抗感をなくしていきます。田んぼというのは、命の故郷だ、元気の大元だということを一、二年生にまず体験させます。

田植えをしますが、子どもたちは種から育てますので大変なのは連休中です。毎日学校に来て温度調節します。必ず一日二回、学校に来て水をかけ温度調節をします。これを毎年、子どもたちはきちっとやります。

毎日水をかけて苗を成長させ、田植えをします。その後あぜ道に上がり苗を見ながら、私は子どもたちに聞きます。「これから稲刈りまでどうする？　稲刈りまで田んぼに入らない方法がある。薬を使うことだ。ただし、弱点がある。田んぼには小さな生き物が七〇〇種類以上ある。それらの命は本当に小さい、人間よりも、か弱い命だ。その小さい命が奪われる。使わない場合は、命豊かな、七〇〇以上の小さな虫たち、生き物の田んぼになる。ただし、稲だけがスクスク育つのではなくて、雑草もノビノビ育つ。その雑草は手で抜かなくてはならない。どうする？」

前は二者択一だったのですが、三つの選択肢を出して手を上げてもらい、意思表示をしてもらいます。①使う、②使わない、③今はわからない。子どもたちに圧倒的に多いのは、②の使わない、です。使うというのは、一部です。③の今はわからないというのは、もっと一部です。勇気の

いろんな田んぼの虫たち（提供＝筆者）

ある知的な子どもだなと思います。①使うというのは、高学年の女の子です。三、四年で体験しているので、こんな辛いのはする必要がない、もっと簡単な方法でやってみたいと思うのです。大抵の男の子は、②の使わないです。元気がいいのです。ただ、長続きするかは別です（笑）。

いのちいっぱいの田んぼは、いい虫、わるい虫がいるということが分かります。ただ、もっとわかったことは、ほとんどの虫が、「ただの虫」なんだということです。

いのちいっぱいの田んぼ

- いい虫　100
- 悪い虫　100
- ただの虫　300

ほとんどの虫は死んで肥やしになってくれる。害虫というのは、カメムシとイネミズゾウムシくらいで、益虫もいますがほとんどただの虫なのです。

田の草取りは、体育着でやります。これは一五分も続きません。すぐおしゃべりになります。「こら！　頑張れ！　口じゃなくて手だ！」と四五分くらいの授業で、三回、四回くらい、掛け声をかけて頑張らせます。

主要野菜五割自給をめざして

田んぼの次に、今度は畑の話です。先生方は、絶対無理じゃないのか？　不可能な数字じゃないのか？と不安になります。そこで冷静に、「大丈夫です」と言って、具体的な話をしました。給食室から、前の年の人参、大根などの主要野菜のデータをもらって調べていました。大根を例にとって話しました。大根は去年一二〇キロ使いました。その五割は六〇キロです。重さというのは、なかなかピンとこないものです。大根の重さが一本二キロだとすると、三〇本です。三〇本とはどのくらいの面積が必要か？　三〇センチ間隔で植えれば、一〇メートル、三〇センチの幅で植えれば、職員室の縦の長さ程度で出来るんですよ！　と話しました。「はぁー、そんなもんか」ということになります。

数値は目標ですが、一番大事なのは、地域の自然環境、温度、気温、水、土などの違いを自然との取り組みを通して学ぶこと、また生産するときの技や知恵を地域の人から学ぶことが大事です。五割自給は目標であって、目的ではない。先生方はほっとしました。ましてや教育なのだから、過程が大事だと強調しました。

結果は、一二品目のうち九品目は五割自給を達成しました。一学年二品目です。一〇〇％自給を達成したのは三品目でした。一方、ネギ、大豆、ニンジンは五〇％未満でした。大豆は一〇〇％達成したのですが、収穫前にサルにやられました。サルはすごいです。若いナンバー2やナンバー3が偵察に来ます。おサルさんが好きなのは、カボチャです。齧ってポイしますので頭にきます。夏休みに向かいの公民館から電話がかかってきました。「校長、カボチャ畑にサルが来たぞ！」それで、私は自転車で慌てて、畑に出て行きます。するとサルも慌てて、食べ物を運びながら逃げていきます。そのときに、サルは前足でカボチャを抱えて二足歩行で逃げます。人類の二足歩行がいつから始まったのか？　何故始まったのか？　一目瞭然ですよ（笑）。現在でも学界でははっきり結論が出ていないようですが、完全に運搬ですよね。必要性から二足歩行になったのでしょう。仲間のところに美味しいものを運びたい、一度に沢山運びたい、これだと思います。サルは食べるときには、必ず安全確認をしてから食べます。サルのために作っているようなもので、なくなるまで毎日来ます。学校の畑は、「猿落君《えんらくくん》」というネットを使っています。登ると落ちるネットです。サルと人間の知恵比べで、沢山の工夫を凝らしています。ここ二年間はサルに入られなくなりました。

前年給食使用量を上回る生産量をあげたのはサツマイモ、カボチャ、サトイモ、ダイコン、キャベツ、餅米、ハクサイの七品目でした。五割自給どころか、上回るものがあります。五割自給に取り組んだ結果、作文に「二井宿小学校は偉い、日本はもっと頑張らなくてはならない」と書く子どももいました。

ジャガイモは、年間使用量が二七九キロで、ほぼ同量の二五二キロの生産がありました。ところが半分以上腐ってしまいました。それはどうしてか？　北海道のＪＡに手紙を書いたり、地域の篤農家やおばあちゃんに聞いたり、子どもたちなりに調べました。原因は簡単なことでした。やっぱり自然を知らなかったのです。

何故腐れたのか。ジャガイモは七月三〇日に掘りました。この日は全校一斉の登校日でした。夏野菜の収穫をしたり秋野菜の種まきや準備をしたり、毎年この登校日に取り組むことにしていました。この年は二日前まで雨が降って土が湿っていました。本来、ジャガイモは土が乾燥した時に収穫しなくてはなりません。じめじめしているとそこから傷ついて、腐敗しやすくなります。子どもたちも私たちも自然を認識するだけの体験と知識がなかったのです。あったのは七月三〇日の全校登校日は作業日という人間の都合でした。しかし、子どもたちも私たちもいい体験をしたと思います。農産物とは、自然が育てたものです。水と光と土で育てたものを人間はお手伝いするだけだということを理解しました。自然に学びながら、感謝しながら作業をしないと出来ないのだということがはっきりわかりました。

いのちを感じる——命への愛おしさ&命を奪う

「耕す教育」というのは、土を耕すだけではなかったのです。いろいろな体験や気づき、発見のなかでも、一番大きなことは、いのちへの感覚が育ったということでした。

田んぼや畑の中で、ヒルやタニシなどの小さな生き物と身近に触れるようになると、「かわいい」と言い出す子が出てきます。触って遊ぶことができるようになります。「気持ち悪いな」と思っている子はつられて、「私もさわってみようかな？」ということになります。

触れるようになると、次に「かわいいー」という声が出てきます。学校まで持ってきたりします。命に対する愛おしさと感情が芽生えると同時に大変な事態も起こります。

キャベツを苗から育てていきますと、モンシロチョウが出てきて、ネットをかけますが、卵が沢山ついていたのでしょう、後から青虫がウジャウジャと出てきます。最初、子どもたちは次々に出てくる青虫に、「うわー」とのけぞります。葉っぱも食べられてしまいます。そうなると、小さい虫がかわいいなーという段階から、葉っぱを育てるために、今度は次第に手際よく虫を手で潰していきます。完全に次第に生産者の目になっています。愛おしさと同時に命を奪う、命と命のかかわりの中でまさに生きていくんだなということを、真剣に学びます。

自然のめぐみ、自然の大いなる力

ハクサイは一株が七キロにもなりました。「あんなに小さな小さな一粒の種から七キロも獲れる、これは自然の力だ」と子どもたちは作文に書きます。苗を買ってきて、ぽんぽんと植えるのではなく、一粒の種から育てないとこうした感想は出ないと思います。

スズメは最初はかわいい小動物でした。「舌切りスズメ」のスズメという印象が強いのです。ところがスズメに稲をやられると、かわいいどころじゃなくなって、「あのスズメめ！」ということで、音を出すものを設置したり、反射するものを吊るしたり、工夫をします。授業中もスズメが飛んでくると、はっとして、そちらを見ています。自然を見る目が複眼になるのです。いろいろな目で見るようになります。民話の世界のスズメから、現実を見る目が育ってきているなと思います。

それから、食べることから学ぶことがあります。命が育っていくというのは楽しみで面白いことです。それを収穫し、みんなで分かち合って食べる、人に食べてもらうというのは大変な喜びです。全校で芋煮会というのを開催しますが、みんな全部食べます。

また、「生で食べる」ことをするようになりました。キャベツを生で齧ってみると甘い。子どもたちの苦手な野菜のナンバー1、ナンバー2はネギとピーマンです。二井宿小

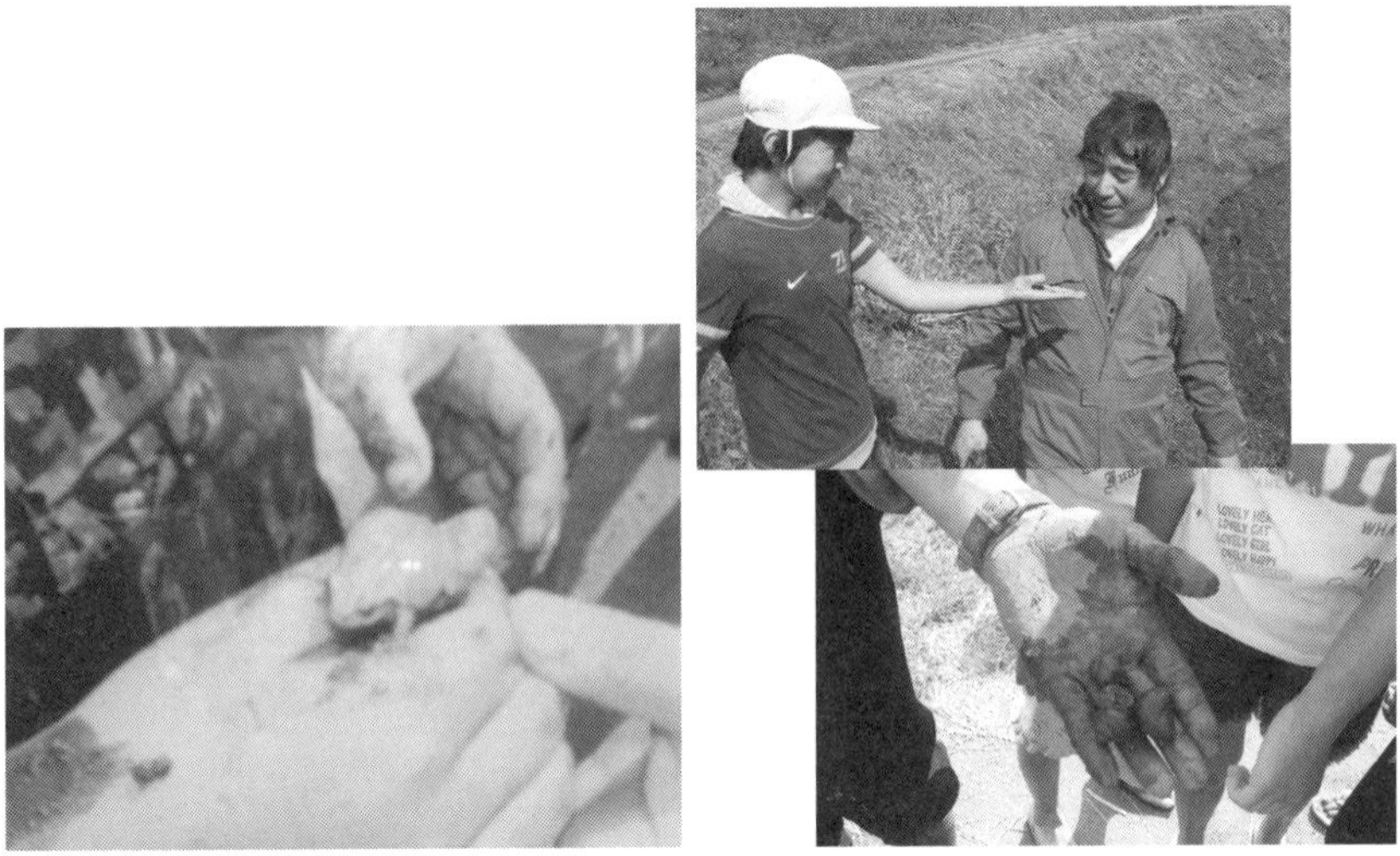

田んぼのなかのいのちに触れる（提供＝筆者）

学校の子たちも、苦手ではあっても、自分たちの作った野菜を生でかじってみることを一度すると、生で食べるのと調理して食べるのと、その違いを知るようになります。苦手な野菜も食べられるのだという実感を得ていきます。野菜の味わいに対する感性が育つのだと思います。

　収穫感謝祭では、地域の人が野菜を買いにきてくれます。宣伝もしますので、この日は皆さん自分の家で野菜は作っているのですが、大抵一時間ほど早めにきて並んで買ってくれます。一〇分くらいで完売します。このとき子どもたちは協議して値段を決めます。①スーパーと同じ値段で売る、②スーパーより高い値段で売る、③スーパーより安い値段で売る、この三つの選択肢のなかで、子どもたちは③スーパーより安い金額で分けたいといいます。何故かというと登下校の際に声をかけられて、応援してくれる、お世話になっているからだそうです。地域の人たちは、自給率五割を目指して頑張っていることを知っていますから、それをきっかけによく子どもたちを応援してくれます。地域の人との声の掛け合いやふれあいというものを、子供たちは深く受け止めているのだなと思いました。

食べることから学んだこと

この給食自給率五割のポイントは調理員さんたちです。調理員さんの理解と協力と献身的な取り組みがなければ出来ないと思います。お店からネギやニンジン、サトイモが来れば、ほとんど形が揃っていて調理しやすいです。子どもたちの育てた野菜は大きさもバラバラですし、サトイモなどは小さすぎて使うところがどこにあるのかと思うものもあります。しかし、調理員さんは子どもたちが育てた野菜だということで、大切に調理してくれています。この思いというのは非常にありがたいと思いました。

調理員さんではなく、学校の教職員だと私は思っています。用務員さん、事務員、調理員、教師、これらはみんな学校の教職員として、思いを一つにして頑張って子どもを育てようと強く願って取り組んでいます。当初は調理員さんが見る目は厳しかったです。勝手に給食の自給率を高めようだなんてことを言い始めて、大変なことをしてくれたな……と思っていたでしょう。余計な手間や時間がどれだけかかるかを思うと、当初は非常に腹立たしい気持ちになっただろうと思います。ここに調理員さんの感想文がありますので紹介します。

青野喜重子

二井宿小学校に勤務して二年目になります。新任披露式のとき、わずか七〇人足らずの児童が大きな声で校歌を歌ってくれたときの素晴らしい歌声に感動しました。大きな声で一人一人輝いて、七〇人で歌っているとは思えませんでした。そんな衝撃的な日から始まり、給食を通して子どもたちとの交流も深まってきました。そして子どもたちが日々頑張っている姿を見てきました。

給食室で調理をしているとき、窓の外を見ると子どもたちが毎日水遣りや草むしりのため、バケツや鍬を持って畑に行くのです。担任の先生と一緒にワイワイと楽しそうに出かけます。農作業が終わって帰ってくると、汗と泥まみれで、よく頑張ったなぁといつも見ていました。そのたび、ご苦労様と声をかけました。そうして育てた野菜を収穫時には子どもたちが給食室に届けてくれます。そのときの顔は自信に満ちた、い

食べることから学んだこと／おすそ分け（提供＝筆者）

きいきとした姿です。形が不揃いであったり、いびつな野菜もありますが、子どもたちが一生懸命作ってくれたんだと思うと、無駄に出来ず、すべて調理しています。手間はかかりますが、採りたての野菜は新鮮で栄養たっぷり、愛情たっぷりです。

　出来上がった給食を明るくて、きれいなランチルームで全校児童が一斉に会食します。子どもたちと先生が一緒に配膳をし、てきぱきと準備に取り掛かります。ランチルームの隣にある調理室から運搬するので、温かいうちに給食が食べられます。給食主任の先生が、「今日の給食は二年生が作ったネギが入っています。」と紹介してくれます。二年生はニコニコとうれしそうです。その顔を見て、手間をかけてつくってよかったなぁという日々が続き、とてもやりがいがあります。二井宿小学校の給食は子どもたちの力で成り立っています。これからも特色のある学校を子どもたちと一緒に作っていきたいと思っています。

　調理員さんも自分たちの仕事に誇りを持ってやってくれているなと思います。子どもたちもこのことを知っています。調理員さんが本当に苦労し、手間をかけながら、毎日の給食をつくってくださっていることを知っています。

六年生は卒業祝賀会のときに、先生方や調理員さんへの手紙を書きます。そのときの調理員さんへの手紙が非常に心を打ちます。

「調理員さん、私たちの育てたニンジンはヒゲが出ていたり、足が二つになっていたり、大変だったでしょう」と心を込めて、手紙に書きます。調理員さんたちの努力を子どもたちはちゃんと心から受け止めていることが分かります。調理員さんたちも汗と泥まみれになって子どもたちが育てた野菜をとおして、心から調理してくれています。そういう心と心の交流が人間を成長させてくれるんだなということが分かります。

どの子どもも育てた野菜を給食室に運びたがります。何故かというと、たとえば二年生は育てたネギを運ぶと、調理員さんが受け取るときに「美味しそうだね」「ご苦労さま」「ありがとう」と言ってくれます。そうすると子どもの心は喜びで胸がいっぱいになります。誰もがやりたがります。

子どもたちの想い

本来、「重さの学習」というのは、教科書では三年生でやります。しかし、二井宿小学校では二年生がネギを育てています。ネギの一週間分の注文が来ます。火曜日一キロ二〇〇グラム、金曜日八〇〇グラムといった具合です。すると前の日畑に行って、ネギを収穫して、枯れたところを取って、根っこを切って、洗って、一・二キロを測ります。教科書にあるから勉強するのではなくて、二年生は必要性から重さの勉強をしているのです。明日一・二キロ調理員さんのところに持っていかなければならないからです。人は必要性から勉強すると忘れません。三年生になり、重さのテストをすると、みんな一〇〇点です。テストする前から一〇〇点です。必要性から勉強する、学びの原点とは何なのかを我々は学ばされたとつくづく思っています。

食と農の取り組みで、作文を書く言葉のなかで一番多いのは「みんな」という言葉です。「みんなでやったら一時間で終わった」、「みんなでやったのですぐ終わった」など、みんなの力を実感するのだと思います。ジャガイモ畑は三

○○キロ以上の収穫を上げるくらいになると、結構な広さになります。かなりの量の土を寄せます。みんなで腰を入れて、鍬の使い方もうまくなってきます。

二年生の阿部ちひろちゃんという子はネギが大嫌いです。両親は農業学校の先生をしているのですが、ネギが大嫌いです。二年生になるとネギを育てるのですが、ちょうどその頃、山形放送テレビが番組制作のために取材に入っていました。テレビ局の方は声ではなくて、映像で分かるような取材をしたいということで、四月に体育館に子どもたちを集めて、野菜の名前を書いて張り出し、好きな野菜は「青」、嫌いな野菜は「赤」をつけるということをしました。ちひろちゃんは、大抵の野菜に「赤」をつけました。ディレクターは当然、この子どもに注目し、追っていきました。

食べることから学んだこと／子供たちの想い（提供＝筆者）

夏になり、ネギが出来て、カメラはちひろちゃんを狙っていました。ちひろちゃんはカメラどころではなくて、嫌いですから食べられないのです。しかし、みんなが「ご馳走様」をして食べ終わって出ていった後でも、少しずつ、一枚ずつ食べたのです。ディレクターは「ちひろちゃん、どうして食べられたの？」と聞きました。そのとき、じーっと黙っていました。私も離れていたところで、長い時間に感じられましたが、じっと見守っていました。すると「自分たちで育てたから」と言いました。「自分で」ではないのです。「自分たちで」の「たち」に私はちひろちゃんの人間的な成長を思いました。みんなで苦労して育てたネギを食べられた。誰が育てて、誰が調理したのか。ただ目の前に出てきた「無国籍」のネギではないのです。固有名詞ですよ。「二年生のネギ」というのは世界にたったひとつの、自分たちで育てたネギなのです。それが「食べられない」という自分を乗り越えたのだと思います。

また、萩原ゆみちゃんという子は四年生になっても、やはりネギが嫌いでした。でも、二年生の子があの小さい体

「いただきます」の心を育む（提供＝筆者）

で鍬を持って、小さな手で草むしりや土づくりをしていた。あの姿を思い出すと残せなくなったと作文に書きました。そういう風にして、克服していった子もいます。全校生徒で食べるので、実感もなおさらです。

いのちをいただく――「いただきます」

子どもたちは種から育てていくと、米も野菜も命だという捉え方をしていきます。だから心を込めて、「いのちをいただきます」と言わなければならないと気づいてきました。二年目、三年目になり、気づく子どもが増えてきました。六年生がニンジンを育てるといいましたが、ニンジンは間引きするのが大変です。雑草とニンジンを見分けて草むしりをすると同時に、せっかく芽を出したか弱いニンジンの芽を間引きをしなければなりません。このニンジンだって命があるのに、間引きをするのはかわいそうだなという気持ちが芽生えます。

置賜地方は「草木塔」の発祥地と言われています。三年前に置賜いのちプロジェクトという団体の方が、二井宿小学校に、「草木塔」を寄付したいといってきました。私は喜んで寄贈を受けました。そのときに、「一木、一草すべてに仏性があって、成仏する」という思いと、子どもたちの掴んだ「いのちをいただいて、私たちは生きているんだ」

という思いと相通じるものがあるんだと思いました。

家庭・地域のくらしと結びついて

「家では農業を爺ちゃん一人がやっている。爺ちゃんは偉いんだな」という思いを持つ子どもがたくさん出てきます。ＰＴＡはスローフードの取り組みを始めました。食と農に関して、どの家庭も一つの取り組みをしていこうということになり、一年間かけてご飯と味噌汁が自分で作れる子どもを育てていきたい、人間の自立の一番の根本である「食」を自分でつくれるような子どもを育てたい、家庭菜園で親子で野菜を育ててみようという取り組みも出ました。

　また地域の野菜を学校に出してほしいということで、ＰＴＡと一緒に「給食やさいの会」を設立しました。旬でおいしく、安全・安心で顔が見えるということで、地域の人から食文化とともに届けてもらっています。

　当初、私がこの取り組みを始めようとしたときに、若い教員の先生が「私は土が嫌いです」「私は花粉症です」と言われました。私はこの先生方に対してなんて言ったらよかったのかな？とずっと考えていました。

　二〇〇九年から山形県でエコキャンペーンをしています。企業がお金を出して、環境の番組を制作するために、テレビ局が二井宿小学校に取材に来ました。二年生が土を触っ

夏の手作業での田の草取り（提供＝筆者）

伊澤良治さん

ていました。「土を触るとどういう感じがする？」と聞かれて、二年生のあづみちゃんという女の子が「土を触ると何か植えたくなるんだよな」と言いました。この子のうちは農家です。この温かい感性を持った子はどうやって育つのかなと思いました。家庭でも学校でも地域でも農業に取り組んでいる。子どもたちは安心して、安定したなかで価値観を育てるのだなと思いました。

「土は嫌いです」という大学の理科系の先生も多いでしょう。その先生も今では、農の持つ力で変わっていきました。机の上での勉強だけではなく、地域に入って、直接話を聞いて、自然の力を学んでいくことに自信を持ったと思います。本来子どもたちは粘りもあるし、集中力もある。先生たちも子どもたちの本来持っている力に自信を持って、一緒にいのちを育てることの感動や喜びを感じてきました。

子どもたちが土と関わりながら育つなかで、「土を触ると何か植えたくなる」という感性が育つのだと思います。

3

星寛治の世界

野の復権

［はてしない気圏の夢］

吉川成美

よしかわ・なるみ／早稲田環境塾プログラムオフィサー、農業経済学・環境社会学。『中国の森林再生』（共著、御茶の水書房）

朝、ふとわたしは
白い荒野に立ってみる、
千年の昔もこんなに音もなく
雪はふりつづけたろうか

わたしは
懐中のりんごを一つ
はるか古代の空に投げてみる、
それは切ない弧を引いて
地平の村へ
ひらりと芳醇な着地をする

（星寛治「野の復権」『はてしない気圏の夢をはらみ』世織書房、一九九二年）

農民、そして詩人、星寛治。生産者と消費者をつなぐ「提携」を誇りとする日本の有機農業運動の推進者であり、山形県高畠町におけるその活動は、作家・故有吉佐和子の『複合汚染』そして『複合汚染その後』には、揺ぎない農民としての身振りが描かれている。田に賑わう金色の穂波や、艶やかに実をつけるリンゴの樹木は今も変わることなく、優しい里山の地平で星寛治と共にある。

一九六八年、世界第二位のＧＤＰ経済成長率を達成し、やがて公害問題が激化する日本列島に小さな「まほろば」の火が灯っていた。星寛治は一九三五年生まれ、米沢興譲館高校を卒業後、長男として農業に従事した。

山際に接する星さんの田んぼ。生きている土を手で実感することができる

往時、村に土着することは、あきらかに敗北を意味した。

（星寛治『滅びない土』地下水出版、一九七五年）

大学への進学を断念せざるを得なかった挫折感と闘病生活の日々が詩や、文化活動へと向かわせたのだろうか、村に残った青年たちとの読書会、機関誌の発刊、演劇活動……。自己と他者を繋ぐ知的欲求が星寛治を水源として水脈のように地域に広がった。二年ほど経過した頃、外の世界への扉が閉ざされ、がむしゃらだった青年はいつしか自分たちのエネルギーを足元に注いでいた。その時、「ここで生きる」と覚悟した。

一九六一年の農業基本法以降、出稼ぎ、減反、相次ぐグローバリズムの波に揺れる日本の農村社会。対して、高畠の各地区では個性的な学習組織の結成が目立った。和田地区の「文化研究会」、「社会研究会」（青少年）の発足など、その文化活動はみっちりとその根を張り、均質化を迫る農業近代化政策に正面から拮抗したのだ。封建社会、そして消費型の資本主義社会から決別し、「モノを言う農民」として、「新しき村」を創る青年団の活動へと全国へ波及していった。自らの運命を見定める勇気がそうさせたのである。青年活動のメッカ・高畠と言われる所以である。一九六九年青年各層（農業、商工）と町行政との三日にわたる対話討論集会「高畠町青年自治研集会」が実施された。青年たちは「自治研」と呼び、誇りをもって参画した。そこでの討論は行政や農協に大きく反映され、二〇回を超えても出席者が毎回一〇〇人を下ったことはないと高畠町の農業協同組合開発課長だった遠藤周次は書き残している。

出稼ぎ、兼業が雪崩のように覆い、農村が崩壊し始めた時代、一九七〇年に始まる米の生産調整政策は農業に情熱をもやしてきた農民に将来展望を喪失させるものであった。高畠の青年たちは学習、文化運動を通して、農薬公害問題の顕在化、出稼ぎ、兼業化、自給の喪失（生産と生活の両面から）など、近代化の矛盾に目覚めていった。「出稼ぎ拒否宣言」（一九七二年）を皮切りに、公害防止闘争、減反拒否闘争、カントリーエレベーター建設中止闘争へとハードな運動を矢継ぎ早に打ち出していく。出稼ぎ拒否の経済的空白を埋めるためにも、青年のみならず婦人たちも立ち上がり、農産物自給運動へ移っていった。

ふり向くと、地域に土着し、農にこだわりつづけ、しかも時代にほんろうされてきた足跡が続いている。村があまりに厳しく変動するとき、せめて開き直りの精神と、意図的なロマンへの飛翔がないと、すぐに潰されてしまいそうな予感があった。私にとって有機農業の実践と詩は同義語であった。土にいのちを吹き込む行為と、内面の土壌に創造の芽を育てる営みは一体のはずだった。農民文学誌『地下水』の同人として、真壁仁氏に師事し、仲間とみがき合った三〇余年の歳月がありながら、私の非力さはその願望の成就を拒んできた。

一方、鳥の目で視ると、地球破壊は想像を超え、もう取り返しのつかないところまで来てしまったようだ。人間の退化も目をおおうばかりである。

そういう状況への反動のように、私の深部で渇望がうずき、ひとしきり詩を産む陣痛に耐えようとする。

（星寛治「ふたたび詩に帰る」『はてしない気圏の夢をはらみ』）

日本中が豊かになることを何のためらいもなく望んでい

た昭和三〇年代、重労働からの解放、文明のある都市生活への願望が加速し、生産構造の近代化と同時に都市型の生活が農村部に浸透していたころである。

当時の農薬汚染は、被害を訴えることのできない弱者である農民（または生態系の末端にいる小さな生き物、植物たち）が自らの心と身体に被害を引き受ける形で静かに拡大した。長野県佐久総合病院（松島松翠名誉医院長）によると、一九六七年当時の農薬被害を記録した「農薬禍」で記録撮影されたように、患者は頭痛、めまい、吐き気、腹痛、下痢、痙攣、意識障害などを起こす。農薬の多くは皮膚かぶれ、水ぶくれなどの原因となるが、繰り返し散布することで慢性中毒を引き起こし、さらには免疫系統や神経に異変を起こすことが分かっていた。

折りしも、一九六二年レイチェル・カーソンが『沈黙の春』で農薬汚染の危険性を告発し、世界的な反響を呼んでいた。六〇年代はPCP除草剤が多くの水田で使用され、全国の水田の生きものの命が奪われた。DDTやBHCなどの有機塩素系殺虫剤・農薬が稲ワラに残留し、それを飼料とする家畜の体内に蓄積した。有機水銀系の農薬は川に流れこんで魚に蓄積した。自然界で分解されず、魚や肉や牛乳を摂取する人間に生物濃縮の過程を経て高い濃度に濃縮され、母乳からはDDTやBHC、髪の毛からは水銀が検出された。そして一度体内に入ったこれらの化学物質はその後何年にもわたって人体から検出されることになった。[1]

科学する女神の
その魅力のとりこになって
ぼくらの土色の肌が濡れるとき
むらは相貌をかえはじめた

（星寛治「焚火」『はてしない気圏の夢をはらみ』）

公害国会などと称され、環境問題への議論が渦巻く中で、DDT、BHCなどの農薬は一九七一年農薬取締法により全面禁止された。同年の環境庁の創設により農業環境政策の形成基盤が政府内部で形づくられた。この時期の国内動向で注目されるのは石牟礼道子『苦海浄土――わが水俣病』の出版と前述した有吉佐和子『複合汚染』の『朝日新聞』連載である。いずれも大きな反響を呼び、それまで特定の地域や専門領域にとどめられていた環境汚染、公害被害への関心、関連活動を国民的な規模に拡げていく。

有機農業38年で培ってきたなめらかな感触の水田の土を手にする星寛治さん

農薬禍に対して有機無農薬農業を擁護した有吉佐和子に対し、農林省は内部文書「近代農法における技術の役割について」（一九七五年）を作成し、「化学肥料、農薬を全く否定する農法は、一般的には成立しない」と反論する。この論争は国民的な関心を惹き、農業環境政策が始動せざるを得ない社会状況を象徴する出来事となった。農業環境政策は人々の暮らしの現場で機能するために備えるべき条件を示し、従来の国の施策の欠陥を露呈させた。

日本の農村では各地で農薬による事故や中毒は無くならず、健康被害を訴える農家は絶えなかった。作物の残留基準、農薬の規制が設けられ、危険な農薬の生産が打ち切られるようになったものの、農薬は消費者をはじめとする市民に対して長い間ブラックボックスだった。

また農家は目の前の作物が出荷できる「商品」となるよう、農薬が身体に悪いのは分かっていても使わざるを得ない。隣の畑が撒いた数がX回なら、それと同じX回を、またはそれ以上の回数をきちんと撒かなくてはならない。相互管理社会の農村に広がる農薬によって、全国的に農家は追い込まれていた。(2)

人間社会にとどまらない。農薬によって害虫の天敵となる虫までも殺し、害虫は農薬に対する耐性ができる。次第に農薬を撒けば撒くほど、害虫は減らないという結果になる。さらに、農薬の汚染は、田を棲みかとするゲンゴロウやミズスマシ、田畑を群舞するアキアカネなどの昆虫や鳥類、さらに菌類によるミクロの生態系を織り成す小さな生命の網目にまで及ぶ。

いわゆる、食物連鎖による人体への影響は星寛治の田や樹木にも及んだ。

かつての養蚕による祖母や母親の苦労を見て、転用したリンゴの木。近代農法に取り組んで一定の成果が上がったかのようにも見えていた。一方、急性中毒や慢性の肝臓病など、全国的に農薬による健康被害が相次ぎ、魚毒性をもつ除草剤が水の中に着実に残留していた。生物多様性の宝庫であるはずの田が一斉に沈黙したとき、リンゴの木も全滅した。このとき「何かが変わった」と思った。早く収穫したいという思いから堆肥と化学肥料を施し、窒素過多になっていた。近代農法に取り組んでいくうちに、徒長型の病気に弱い樹木に育っていったのである。農作業の帰り道、星寛治は意識を失い倒れた経験もした。

「私自身の欲望がりんごの幼果を全滅させる結果を招いたのです」

今までの苦労がようやく報われると思った矢先の出来事に、布団を被って二日間寝込んでしまった。

そこへ奮起させたのは農協系の「協同組合経営研究所」理事長、一楽照雄だった。有機農業の父と称される一楽照雄は、一九七一年に「日本有機農業研究会」と名づけた会を発足し、「有機農業」という言葉が生まれた(3)。

一楽照雄は、「日本有機農業研究会」発足当時、「農業に限らず今後の科学技術の研究目標は、労力を省くことから資源を省く方向に転換させなければならない」と断言していた。その後、町青年研修所主催の長野研修の帰路で協同組合経営研究所の築地文太郎の話を聞いたことも大きなきっかけとなった。他の地域の取り組みから学ぼう、立ち上がろうとしたのである。

築地は「かつての豊かな農村が失った荒廃要因、生活全般にわたってのの自給回復なしには日本農業の再生はありえない」と伝えた。自分や妻や子どものために、仲間たちや地域の生活のために、ミクロに至る生命の延命のために、

山形県高畠町、ヘイケホタルが舞う有機無農薬栽培38年の星寛治さんの水田

今ここで、もう一度、より農業に特化した有機農業を面的に広げる農業組織が必要だった。

かねてから農政批判の反骨精神をバネに自立農業を模索していた農業青年の地域集団「雄飛会」（初代会長、中川信行）も加わった。

同じとき、海外ではＷＨＯとＦＡＯを主体として抗生物質の食品残留に対する問題に警鐘を鳴らしていた。日本の厚生省もブロイラーをはじめ家畜の不自然な密飼いに対する警告を受けていた。一九七二年には「国際有機農業運動連盟」が発足し、農業と環境を統合した農業環境政策の策定を勧告した。同年の国連人間環境会議は「農業及び土壌」に関する「人間環境宣言」に付随する勧告を採択、会議参加国に対し、農業と環境の総合政策の必要性と科学的な体系を示して勧告した。

一九七三年、星を指導者に発足した「高畠町有機農業研究会」は、農業政策と環境政策の統合を世界に先駆けて体現しようと試みた歴史的な意味をもっていると言えよう。星寛治を中心とした「高畠町有機農業研究会」はこうして旗を揚げた。「子どもに自然を、老人に仕事を」という一楽照雄揮毫の石碑が、高畠の和田民俗資料館の庭に建立された。

一方で、都市において大気汚染や水質汚染といった環境問題が生活に密着してくると、都市の消費者や市民セクターは、減農薬や有機農業を営む生産者から直接、農産物を購入する流通経路を自ら構築しはじめた。生協や消費者団体は自らの残留農薬の基準を設け、自主規制した。

農協の組合長と参事の支援を得て、三八名で発足した「高畠町有機農業研究会」は、安全な食べ物を求める都市の消費者と連携する。一九七五年には生産者グループと果物、野菜の産直に加え、自主流通米という形で有機米の産直提携が始まった。九四年当時、高畠では「高畠町有機農業研究会」(四六名)と、初期除草剤を一回に限り使用した「上和田有機米生産組合」(一一〇名)が六〇〇〇俵を生産し、有機無農薬米は一俵(六〇キロ)三万三〇〇〇円で買い取られた。

「提携」によるコメやリンゴなどの農産物の価格形成は消費者との話し合いで決められるが、星寛治によるとこの価格は、現在に至るまでほぼ変わっていない。また、温暖化や異常気象による被害が心配される近年ではあるが、有機栽培をつづけた田や果樹は慣行栽培の地域に比して、多少の天候被害にも強く、収量はますます安定してくると言う。

提携運動は物理的、社会的距離を越えて、「食」や「環境意識」が結びつき、心理的なつながりを作り出していった。消費者グループによる農薬の空中散布の中止をはたらきかけるなど、意見を磨きあげ地域内、地域外で分裂しながら、緩やかな結びつきが形成された。しばらくして有機農業の団粒構造の細かな土のやわらかさが、人々の心へ繋がっていく。

いま、ひた寄せる濁流のなか
土を耕すわたしは
少数民族のようにかなしい、
土のうを背負い
都の城砦《じょうさい》を積んだ祖先たちの
怨念の涙を
きょうも骨ばった頬に
流しているぼくたち

しかし、脊椎《せきつい》の痛みの海で
わたしはひそかに決意する
水明の瑞穂《みづほ》の島を穢土《えど》に変え
飽食をおごる人のために
一粒の米もつくるまい、
一滴の汗も流すまい、と

(星寛治「野の復権」)

日本人の原風景を守るかのように都市住民は高畠を想い、交流の舞台を農村へ広げながら小さな共生社会が大きな喜びで支えられた。

有機農業運動とは、農薬の使用量と頻度を規制したり、施肥の頻度や質を設計する方法論によるものではなく、貨幣を介在させた交換価値から脱却したものなのである。

農業・芸術・贈与

「市場流通ではなく、心ある人に直接届ける」高畠町有機農業研究会の取り組みは、人類の経済システムにおいて、最も基本的で純粋な「贈与」という経済システムによるものだ。[4]

数万年のあいだ、人間は贈与によって経済活動を行い、純粋な経済活動が人のつながりを作りだしていた。ところが現在、人間の経済行為に人格の交流はなく、経済は得体の知れないものになってしまった。貨幣交換によって世界は全面的に支配されており、自然や人間の生命に至るまで貨幣がコントロールしている事態を足元から作り変えていこうとする試みとして、贈与原理というのは、大きな意味を持つことになってくるだろう。貧困格差の拡大、魂の孤立を解消する意味でもこの贈与原理というものをわたしたちの世界の中でもう一度立ち上がらせていくことによって、資本主義を別の形態に変えていくことができるかもしれない。その可能性を秘めた空間として、日本の農村に未来がある。経済成長期を経て残された田畑は、二二万ヘクタールの耕作放棄地を擁し、荒地になろうとしている。しかし、他方では条件不利地の里地里山こそ、日本の風土に培われた「農芸人類学」というべき根が縫いこまれているのではないか。高畠の原点に戻る。

神話において、例えば山羊と人間、熊と人間は対称性をもったものとして語られる。山羊や熊は人間の食料として狩られるが、それは単に犠牲になるというよりも、むしろ、次の生に向かって自らを差し出す行為として描かれる。人間、動物、妖精、妖怪、もののけ――カミが宿るいのちの賑わいのなかに、みな入れ替わるがごとく等しく、物語においてそれはよく表れている。

高畠の童話作家、浜田広介の『泣いた赤鬼』では鬼と人間が描かれている。社会に〝承認されたい〟欲を持つ「赤鬼」の行動と心理は、まるで人間の姿そのものである。

そして「青鬼」による自己犠牲や慈悲、弱いものに寄り添うコミュニケーションのあり方は、あらゆる生命を尊び、等しくあろうと祈り、他者に向けて行動するために「贈与」があることを教えてくれている。そしてまた贈りものは、

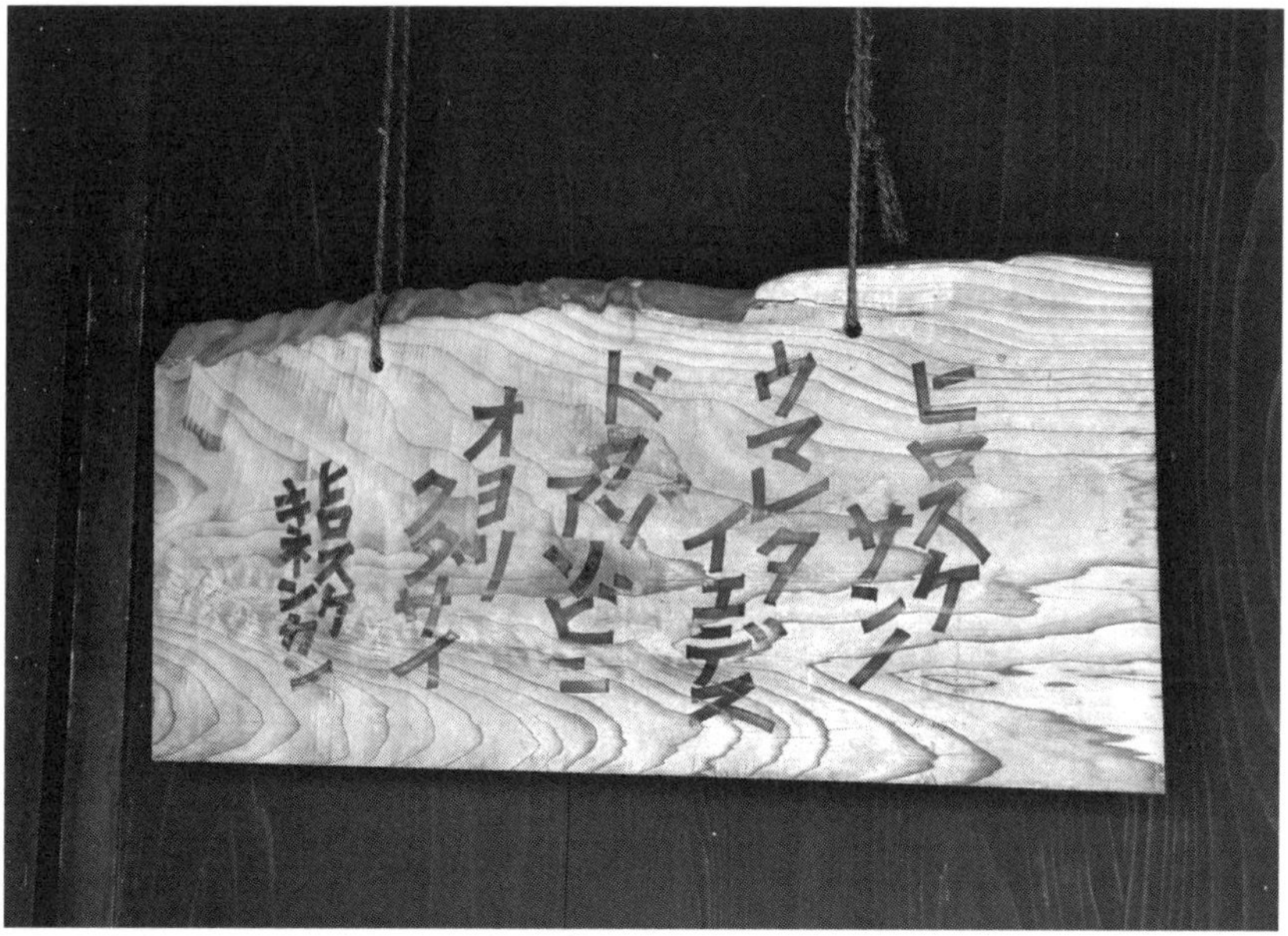

浜田広介の生家にかけられているメッセージ

別の形に変えて誰かに贈らなければならない。「青鬼」が差し出した贈与が一つところに留まり、その鎖が切れてしまうと、それは単なる交換可能な「モノ・コト」になり、かけがえの無い価値が死んでしまうということも教えてくれている。また一方で、無償の友愛を注ぐ贈与の実行者「青鬼」はどうかといえば、やはり「青鬼」も「赤鬼」なのであり、そしてまた人間でもあることが描かれている。取り返しがつかないことは悲しいけれど、だからこそ、いつも誠実であろう、やさしい存在であろうと気づかせてくれる童話なのである。

これに対して非対称性の思考の最たるものの一つが、貨幣を媒介にした交換システムである資本主義経済である。

農作業を舞踊と表現し、農の喜びを追求した宮沢賢治も、生命は自然《じねん》の中で成っていく存在なのであり、すべてを包み込む自然《しぜん》は慈愛《じあい》を本質とする精霊に満ちて豊穣《ほうじょう》を、贈与しつづけようとしていることを、誰よりも鋭く、また深く、認識していた。

おれたちはみな農民である。ずい分忙しく仕事もつらい。もっと生き生きと生活する道をみつけたい。

（…）

いまやわれらは新たに正しき道を行き／われらの美をば創らねばならぬ／芸術をもてあの灰色の労働を燃やせ／ここは不断の潔く楽しい創造がある

（宮沢賢治『農業芸術論概論』）

農業は「近代科学の実証と求道者たちの実験とわれらの直感の一致」において、科学と芸術の双方が行き来可能な（トランシブルな）役割を果たし、農業科学は天文、地形、土壌、鉱物、動植物、肥料、土俗、人文、音楽などに亘る広範な総合科学である。

しかし、花巻農学校の教諭を辞め、大正一五年に「羅須地人協会」を設立し、農業技術の普及に加えて演劇や音楽などの文化活動を広めていた当時もまた、全国的に農業は打撃を受けていた。出稼ぎ、青田売り、娘の身売り、小作争議など社会不安が渦巻き、全国の農村を襲う昭和恐慌の激しさは自己犠牲的な貢献を挫折に追いやるほどの窮状となっていた[5]。やがて動物たちが人間と言葉を交わしあう童話や架空の宇宙物語へと傾倒していく行為は後世への祈りともなり、贈与の精神に身を投じたともいえる。

地質学者でもあった宮沢賢治は、その地層から何億年も前の太古の昔も想起できたし、また未来を透視する科学者の目と詩人の直観力を持っていた。

（星寛治「『修羅の渚』――宮沢賢治拾遺を読む　共鳴する農の心を刻む記念碑」）

合理的な社会管理や経済システムが世界を覆い、地球環境が悲鳴を上げている今日、「雨ニモ負ケズ」という晩年の詩の示唆するライフスタイルを選択しなければならない時代が訪れた。

詩人という存在は、さまざまな形をとって世界にあらわれる。この「贈与の霊」の賛美者であり、自分にあたえられた贈与の豊かさに応えるために、自分も言葉の作品を、ひとつの贈与物として、つくりだそうとする。そして、宮沢賢治ほど、「書く」行為そのものが、一つの贈与の行為であることを、はっきりと理解していた人も、少ないのではないか。

（中沢新一『哲学の東北』青土社、一九九五年）

図　有機農業の未来性（共生によって繋がれた“田園文化社会”の新しい文明が始まる）

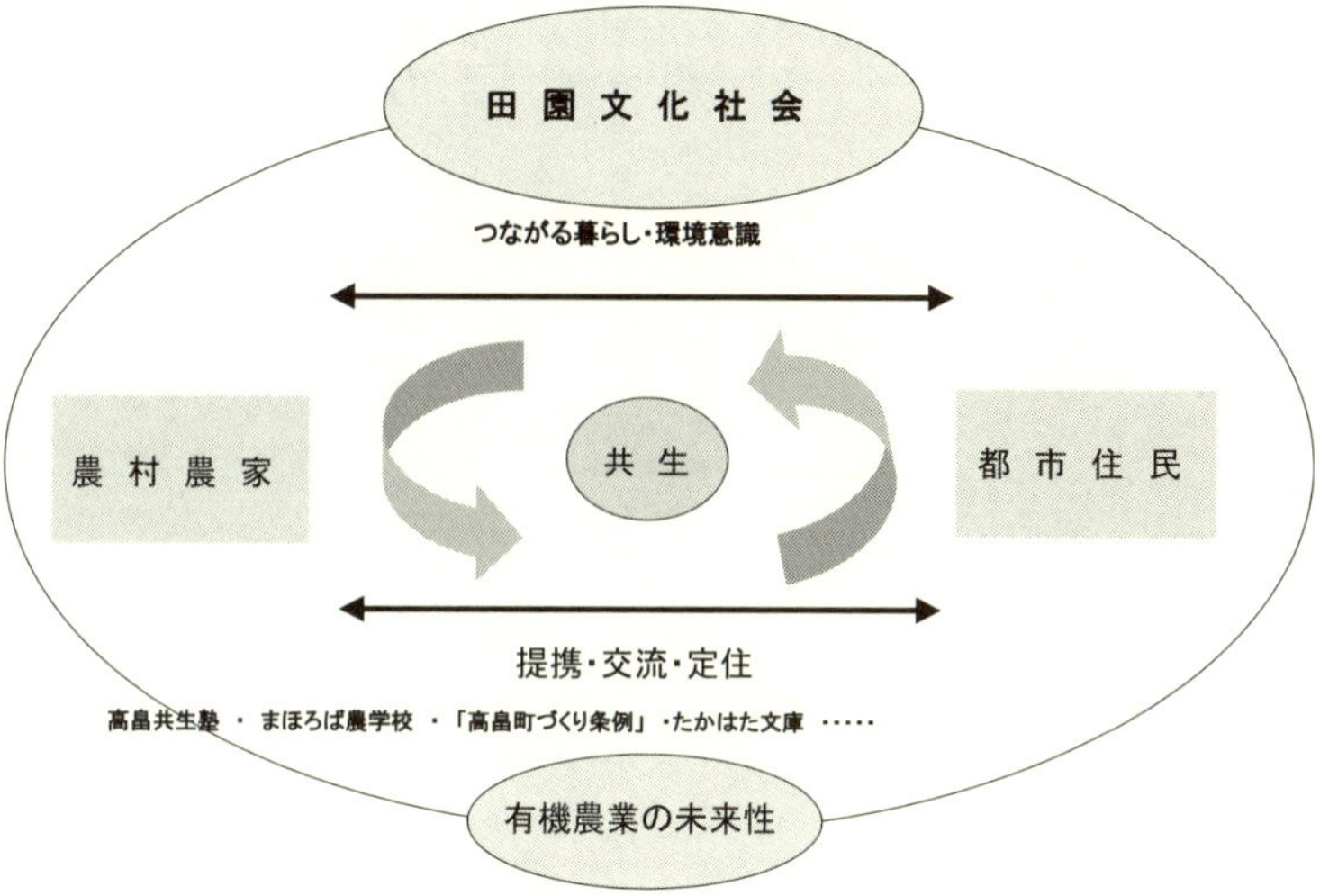

（出典）吉川成美「日中有機農業の形成と政策転換――自給体制からＷＴＯ体制へ」（2002年修士論文）51頁

宮沢賢治や星寛治による農の営みとは、自然からの贈与を頂きながら野に生き続ける芸術活動であろう。それは提携する生活者へ贈与され、提携する生活者はまた高畠へ多様な形でまた贈り返し続けている。

二〇〇九年一二月、科学技術振興機構社会技術研究開発センターの研究領域「地域に根ざした脱温暖化・環境共生社会」の採択研究団体が集う合宿で、星寛治は「有機農業の未来性――いのちと環境を守る力」と題して講演した。長年にわたり自らの原点である有機農業をめぐって、生きている土壌の腐植と熟土の生成と働きからその優位性を、また小中学校での「耕す教育」を、また支えあう都市住民との間で起きた農業の地殻変動というべきものを、未来へ向けて語った。市場経済で流通する商品として、貨幣で交換される合理的な農産物を生産するビジネスとしての農業から決別し、贈与を本質としている。

あたり一面の草木や
鳥や、虫たちや

風の音や、水の音、
いのちの饗宴《うたげ》に溶け込んで
ぼくは直ぐに
やさしひ生き物になる

もう、
幾何学もようの世界から
解き放たれて
耕やす土の豊穣や
あの山なみの曲線や円みをおびた水平線に
ぼくの複眼が吸い込まれて
かすかに地球の明日が
見えてくる。

（星寛治「願望」）

草木塔の土地から

古代日本は農耕の開始によりすべての精神がその土に立ち返り、あらゆる事物との結びつきの可能性を再獲得することができる豊饒性や秩序を生み出したといえるだろう。水田稲作は古代日本の文化に組み込まれていた混沌を介して生まれた。これを探るには、記紀神話よりも風土記が多くを語っている。原始的「混沌」は「草木言語ひし時」（常陸国風土記）に表現されている。

荒ぶる神等、又石根木立、草の片葉もこととひて、昼は狭蝿なすさやぎ、夜は火のかがやく国

古老の曰へらく、天地の権興（はじめ）、草木言語（ことど）ひし時、天より降り来し神の名を普都の大神といふ。葦原の中つ国を巡り行でまして、山河の荒梗（あらぶるかみ）の類を和平（ことむ）け給ひき[6]

肥後和男『風土記抄』は信田郡高来の条における普都大神についての記述で「秩序」が持ち込まれる以前の状態には、草木が喋るという表現が与えられていることを指摘している。「荒ぶる神」は「混沌」＝反秩序として対象化され、「文化」＝秩序が「田」という形で里山に立ちあわられた。

高畠には「草木塔」がある。全国で一六〇基以上あるとされているが、現在見つかっているもののうち、山形県内では一二〇基、特に江戸時代のものは三四基あり、このう

ち置賜には三二基が存在している。「草木供養塔」「草木国土悉皆成仏」などと刻まれた塔もあり、開墾や伐採により失われた草木の魂を供養し、その霊が人間に「タタル」ことのないよう弔い、感謝や祈りが込められている。身の回りで微かに息づいている原始混沌の闇の世界や森羅万象の霊性に畏敬を抱く私たちの精神構造の現れとも言える。草木が喋り、動物が人間と関わり合い、領域を侵すことのない自然と人間との贈与の環《サイクル》は人間の文化的な営みと「自立と互助」の協同の原理でなければ維持することができないと、この地域では遠い昔から理解されていたのだろう。

ある座談会で星寛治は「高度経済成長というのは、〝人間の家畜化〟をもたらした。」と発言した。都市文明は技術による「秩序」を形成し、権力闘争を拡大させた。叡智の技術は武器になり、経済のツールとなり、存在の薄いヴァーチャルな関係や、ネット社会を生み出した。その果てに制御不能の環境問題を引き起こしている。人間が技術に飼いならされた現在、水田稲作を基盤とした地域がこれほど異形化した時代はないだろう。土を維持する生態系の恵みは消えてしまったのだろうか。

自己破壊的な道具、技術、商品。これらは高度経済成長期の日本の農村に近代農業という形で敷衍した。四〇年前にイヴァン・イリイチは近代社会における共生的でない道具類は反生産的であるということを示すために「共生」（convivialité / conviviality）という概念を作り出した。

生態学の用語として一九七三年にドイツの植物学者アントン・ド＝バリが使った「共生」（Symbiosis）とは、「異なる名称を持つ生物が一緒に暮らすこと」と定義されたが、前者の「共生」（convivialité）は、社会文脈における人間同士の再建である。近代農法から立ち上がり、農業により「贈与」を継続しようとする星寛治には、貫かれている極意があるように思える。それは、自然から一方的に収奪することを辞め、人間の手によって「贈与」の往来を自然に還す「共生」（convivialité）のあり方ではないか。よりよく生きようとする幸せ＝“Well Being”は本来の意味での他者との共存、福祉へ繋がっている。星寛治の「農の喜び」は土の中から一つ、一つと花を咲かせ、新しい田園文化を築いている。

「たかはた食と農のまちづくり条例」によって、高畠という地域社会が形成した創造的な福祉社会のあり方が全国に証明されようとしている。二井宿小学校では「耕す教育」

により給食の自給率を五〇%に引き上げ、高畠町は東京の墨田区と防災協定を結んでいる。「たかはた共生塾」「まほろば農学校」など、農村はもはや閉鎖社会ではなく、外に向かって開かれた交流の舞台として機能しはじめている。また文学、社会問題、哲学、芸術などを含め、広く有機農業を学ぶことができる田園の図書館「たかはた文庫」の誕生はゆとりと安らぎを求める人々の行動と成熟社会の価値観に基づいたものである。

今、高畠で起きていることは、グローバリゼーションへのローカルからの応答である。それはグローバル（都市）にローカル（地域）が呑み込まれているのでも、アンチテーゼもない。グローバルからローカルへという方向でもなく、もはやローカルが世界に拓いているのかもしれない。経済成長神話へ対抗するものとして出てきた初期段階の内発的発展の議論との違いがここにある。

人間が再び大地にもどり、四季のめぐりも鮮やかな自然に身をゆだね、簡素で心豊かに生きる自然との共生空間をつくろうとする心、ブナであり、ナラであり、リンゴでありたいとする植物の心に寄り添う。野の復権は人の手でもたらされなければならない。

初冬《ふゆ》、
北を揺るがす地鳴りは
世紀をのし歩いた巨象の
崩れる音。
それは地軸が傾いて
永久凍土の溶けるように
白鳥の叫びを戻す響きだろうか、
それとも、
あらたな混沌の前ぶれなのか。

遠雷のつたう
ぼくの村は、
少し陽が高くなって
晴着をまとった樹々たちが
霧氷のイルミネーションを
点し始めた、
「ブナはブナでいたい。」
「ナラはナラでいたい。」
「りんごはりんごでいたい。」

（星寛治「遠雷」『はてしない気圏の夢をはらみ』）

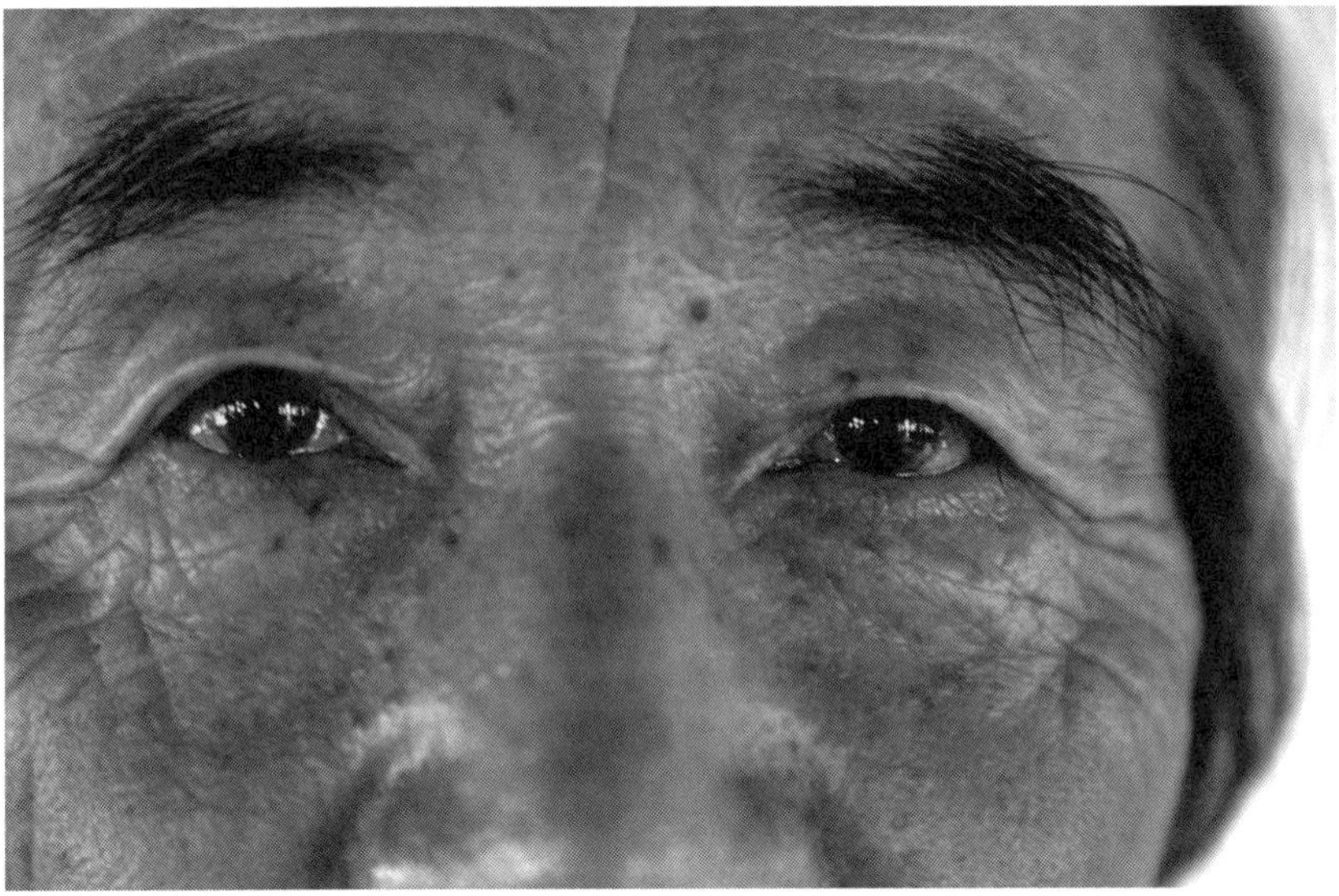

農民詩人、星寛治さん

注

（1）早稲田環境塾に参加している河合樹香監督による作品、「日本の公害経験　5——農薬その光と影」（グループ現代制作、地球環境基金、二〇〇七年）参照。

（2）「農薬は、初めから百姓の手に負えないところで作られ、使われてきたのです。パラチオン（昭和二七年から四六年まで使われ、この間に、多い年には約五〇〇人が中毒で死んだ）がその例です。必ず専門の農業指導員のもとで使うこと。自分たちの手で使いこなすことは禁じられていた。農薬には百姓の想像力を受けつけない冷たさがあるんです。何か虫がいるなと思えば、農薬をふるとイチコロでおしまいというわけです」「〝農業暦どおりにやったが、被害が出た〟という事態だけは絶対あってはならない、と作る側は考えるようになります。だから無難な防除モデルになってしまいます。〝昨年は少し被害がでるかもしれない〟というわけで防除回数を増やすこともあるし、水田の二〇％しか農薬をふる必要がない防除が全域のモデルになることも珍しくありません。いったん防除の回数を増やしてしまうと、怖くてなかなか減らせなくなる」（宇根豊、福岡県農業改良普及所員として昭和五五年から福岡市内を担当）（原剛、江波戸哲夫『田わけ』毎日新聞社、一九八八年、五〇—五二頁）。

（3）「科学技術の進歩と工業の発展において、わが国農業における伝統的農法はその姿を一変し、増産や省力の面において著しい成果を挙げた。このことは一般に農業の近代化と言われている。このいわゆる近代化は、主として経済合理主義の見地から促進されたものであるが、この見地からは、わが国農業の今後に明るい希望や期待を持つことは甚だしく困難である。

すなわち現在の農法は、農業者にはその作業によっての傷病を頻発させると共に、農産物消費者には残留毒素による深刻な脅威を与えている。また、農薬や化学肥料の連投と畜産廃棄物の投棄は、天敵を含めての各種の生物を続々と死滅させるとともに、河川や海洋を汚染する一因ともなり、環境破壊の結果を招いている。そして、農地には腐植が欠乏し、作物を生育させる地力の減退が促進されている。

この際、現在の農法において行われている技術はこれを総点検して、一面に効能や合理性があっても、他面に生産物の品質に医学的安全性や、食味の上での難点が免れなかったり、作業が農業者の健康を脅かしたり、施用する物や排泄物が地力の培養や環境の保全を妨げるものであれば、これを排除しなければならない。同時に、これに代わる技術を開発すべきである。これが間に合わない場合には、一応旧技術に立ち返るほかはない」(日本有機農業研究会設立趣旨書、一九七一年)。

(4) 中沢新一『純粋な自然の贈与』(せりか書房、一九九六年)には、危機にさらされる人間の霊性を根本において支え、擁護するものとしての「贈与の精神」が論じられている。筆者は高畠の提携運動を、ここで言う「贈与」が現実的に行われて継承されているものとして位置づけている。

(5) 星寛治「『修羅の渚』――宮沢賢治拾遺を読む　共鳴する農の心を刻む記念碑」『真壁仁研究』第1号、二〇〇〇年。

(6) 肥後和男『風土記抄』弘文堂、一九四二年。

第Ⅲ部　高畠から未来へ

［編・構成］原 剛

有機栽培作物の手作り朝食。NPO法人かたくりの里で

1 環境日本学への招待

実感を持つために、観念の世界から飛び出す

［経済合理性を超えた価値観の創造を］

加藤鐵夫

かとう・てつお／林野庁元長官

早稲田環境塾の区分けされた五つの講座は、思えば、「環境日本学」への思考を深める道筋として整理されたものだったようだ。それぞれの講座の内容は深く、幅広い問題提起をくみ取らなければならないものであり、道筋というのは簡略化しすぎになるが、あえて言えば次の通りとなる。

第一講座の山形県高畠における合宿で私が受け止めた問題は、本来の農業とは何かということだった。食料は、人の生命を育んでいる故に、安全であることはもちろん、より美味しく健康の向上につながることが必要だ。最近の汚染米事件では、食べても害はありませんというような言い訳がなされたが、それは本来の食料ではないということだ。人の生命にとってそれが好ましいものであるかが問題であり、そのような食料を生産していくには、生産の基盤である土壌や水が良好に維持されておらねばならず、それには、農地のみならず周囲の環境全体が良好な状態に保全されていくことが求められる。そのことから、土壌を保全し地力を増進していくためにできるだけ農薬等に頼らない有機農業が、手間を惜しむことなく進められている。

このことは、効率性の追求、低コスト化、労働軽減等を進める現在の経済社会の論理とはなじまないところがある。しかし、なぜ、このようなことが高畠でなされているか。そのことは考えなければならない重要な設問であるが、もう一つは、このような試みが社会的変化となって受け入れられていくためには、何が必要であるかということだ。

生産者からの問題提起が市民を変える、あるいは市民の変化が生産者を変える。この変化は、現在の経済社会の中でどのように実現しているのか。まず、生産者＝企業の環境問題への対応の変化について考えてみようというのが第二講座であった。ここでは、公害問題への対処をきっかけとして企業自体のあり方を転換した東京電力とトヨタ自動車がとりあげられ、そして、規制に対応して後追い的に環境問題に取り組もうとするのではなく、企業の社会的責任を認識し、自主的な対応を行うようになっているということが示された。

しかし、そのような行動を企業がとろうとしているのは、経営者等の真摯な思いがあるとしても、社会の変化の中でそのような行動が企業利益につながるという目論見があるからではないか。

企業の基本とは何か、そして社会との関係とは、第三講座の水俣病はそのことを考えさせる。

水俣病の軌跡は、企業防衛のためには結果として反社会的な行動と見えることさえ辞さないという企業論理のみでなく、市民や国、地方公共団体さえそれぞれの利害を中心として活動するという実態を明らかにしている。被害者の方々は、被害者としての正当な取り扱いを受けることなく住民からさえも差別化され、さらに住民でさえ水俣に住むということをもって外から差別された。このような企業、行政、住民、そして一般市民の実態の中で、地域社会は反目と対立を深めてきた。

その反目と対立を変化させてきたのは、事案の本質をみつめ人としての本来的姿勢をもって事案に係わろうとする人々と、何といっても被害者の人々の尊厳に満ちた生き方であったと思われる。「人様は変えられないから自分が変わる」と書いた水俣病認定患者の杉本栄子さん、雄さんの言葉の悲しみの深さと人生に対する態度に感動する。

しかし、企業が反社会的にさえ見える行動をとりえたのも、それぞれの関係者が自らの利害に基づき行動し、結果として企業を支えたからではないか。

だから、「人様」は変わっていかなければならない。「人様」はどのように変わっていくのか。それを自らの意志で新しい行動を始めている人たちとの関わりの中で考えてみようというのが、第四講座の環境ボランティアの思想と行動についてであったはずだ。はずだとしているのは、実は、あいにく私はこの講座をほとんど受講できていない。

そして、第五講座の京都合宿になる。社会が変化していくためには、先駆的な人びとのみでなく、市民の全体的な意識変化が必要とされる。その可能性を、日本文化の基層をなす宗教についてみてみようというのである。なぜなら、「自然を客観視し、人間と対峙したうえで自然と人間との共存を考える」西洋的自然観に対し、「自然と対峙せず、自然と融合し自然の循環に自らを組み込み生活し、自然の至るところに神を見る」日本的自然観に今後の可能性を見出すからである。

とはいえ、このような日本人の自然観はどこからきたのか、そこには二つのことがあると思われる。一つは、自然に対する恐れである。恐れは、深山幽谷に何ものが棲んでいるかわからないという恐れとともに、自然は恵みのもとであると同時に洪水等を引き起こす災いのもとであるという恐れがあったであろう。恐れを克服し恵みをより得ようとするならば、自然を敬い、自然に祈る以外になかったのであり、このことが自然を神として祭る所以となったといえる。そのことは、突き詰めていえば、より豊かな恵みという「利」を得たい心の現われであるだろう。

しかし、自然を神として祭った中には「利」だけではない、自然をいとおしむ気持ちが込められている。四季折々の自然の美しさ、そしてその自然から受けるさまざまな恵み、それはただ単に「利」ということではなく、人は自然の中で生かされている、人は自然とともにあるという思いを生んだのではないか。それ故に自分が生きていくためには自然の諸々も自分と同様にあらねばならないと慈しみを持って考えられた。その思いは、「利」によっているのではなく、存在そのものの実感、根源的な実感によっているといえるだろう。

しかし、日本人はこのような自然観を持っている故に自然と共生した生き方をしていると考えるのは間違いである。確かに日本人の基層にはそのような思いがあるとしても、現在の日本人の多くの行動は、より「利」によっている。特に、明治以降の近代化において「利」＝経済合理性の追求が第一義的に行われてきた。

例えば、森林には、木材生産等の経済的機能のほか、水源涵養、国土の保全、景観の維持、あるいは教育的、文化的な価値等多様な機能がある。しかし、水源涵養等の機能の重要性を国民に理解してもらうためには、それらの機能を貨幣価値に換算して説明すべきではないかといわれる。

そのため、代替法等により、年間七〇兆円にのぼる木材生産以外の外部経済効果があると試算されている。つまり、現在においては、外部経済効果は貨幣価値に置き換えなければ理解されない、実感されないようになっている。

もう一つ例示しよう。それは、様々な森林の写真を見せてその中で好ましいと感じる森林はどれですかと質問すると、その答えの多くは北山杉などの整然として管理された人工林となる。一方、写真と関わりなく、大事な森林は何ですかと問えば多くの人は天然林ですと答える。このことは、はたして森林の実態を承知して答えられているかとの疑念を抱かせる。日本人が森林を観念的に理解していることを表しているのではないか。現在の日本人は森林の中に入る機会は極めて限られており、森林を実感として語ることが困難になっている。

経済合理性とは、言い換えれば経済的な同一の尺度で「理」を語ることである。しかし、環境問題は、全てのことを経済的な尺度に置きなおすことが困難な問題である。このため、環境日本学の基本スキームは「経済合理性を唯一の価値基準とせず、これまでの知的財産、技術的成果を再評価し、自然、人間、文化環境の三方向からその価値の体系化を試みる」とされている。

とはいえ、既に述べてきたように人の営みを律していくうえで経済合理性は基本的な概念であり、経済合理性を抜きに語ることはできないであろう。最近、環境負荷の「見える化」ということがいわれているが、このことも、経済の中にいかに環境を組み込むか、外部経済の内部化を如何にするかということであり、経済合理性を脱していない。また、この見える化は、原則として見える化すべきものが計量化可能なものに限られる。例えば、炭酸ガスの排出量とかエネルギー使用量とかである。しかし、既に述べたように環境問題については、全てが計量化できるわけではない。よって、環境負荷の見える化は、外部経済をほとんど考慮することなく進められたこれまでの経済活動からすれば前進ではあるが、それだけで解決できるものではない。

経済合理性を唯一の価値基準としないという場合、経済合理性を否定することができないとしても、経済合理性の基準により省略されていること、あるいは失われていること、本来はどうあるべきかということ等に思いをはせることが重要である。そのことが、経済合理性以外の価値の重要性を提起する。とすれば、問題は、本来的なこと等に思いをはせるためには、何が必要であるかということだ。まず、あげられるのは、情報や知識である。確かに情報等により社会の変化が引き起こされることになるが、情報等は、客観的で移ろいやすい故に、変化が表層に留まる可能性がある。それが、基本的態度として定着していくためには、知識や情報のみでなく事柄についての実感が求められる。百聞は一見にしかずではないが、経済合理性以外の価値に思いをはせる態度を日常化していくためには、環境を育む自然や文化等について実感を持っていなければならないだろう。

現在は、社会全体が人工化し、大量な情報により観念的知識のみが先行し、既に述べたように実感を持つ機会が極めて限られている。実感を持つためには、観念の世界から飛び出すことが必要であり、その意味では、実感の持ちうる範囲において、行動し経験することが重要であろう。地域の自然、文化、人の営みの中で問題をとらえ活動する。その実践の実感を噛みしめ、それが事柄の判断基準に加味されるとき、経済合理性をこえた価値観が育まれることになる。また、このような活動と価値観の具体化をきっかけとして市民意識の変化が広がることになる。そして、そのような価値観が情報化し理論化されて社会に共有化されたとき、それは社会の新しい価値観となるとともに、企業、行政等社会自体の変化を促すことになる。高畠の実践や水俣地元学の試みが想起される。

環境日本学において内発的活動が重視されていることの意味はそこにある。

実感と情報や知識は相乗効果を持つ。また、社会化のためには、情報化のみでなく理論化されることも必要だ。理論による普遍化は社会化を一層促進する。

わが国には、歴史的積み重ねの中で培われてきた、人間は自然とともにあるという自然観が基層にあり、その中で育まれてきた文化がある故に、新しい価値の体系化が可能であるとして活動を開始した、環境日本学の壮途に期待する。

新たな内発的発展の起点を創ろう

[伝統的思想を結び直して]

吉原祥子

よしはら・しょうこ／東京財団研究員兼政策プロデューサー

かつて、スウェーデンのある小さな町を訪れたとき、人々の日常生活にある衣食住のバランスをとてもうらやましく感じたことがある。彼らの生活空間、身に付ける服、食すもの、その作法に、一〇〇年、二〇〇年前からの無理のない連続性を感じたのだ。

今回、高畠を訪れ、久しぶりにそのときの感覚を思い出した。高畠の美しい景色は、自らの風土の中で時間をかけて育まれてきた蓄積が生み出すものであり、それが訪れる旅人にも深い充足感を与えてくれるのだろう。高畠の豊かさは、蓄積の連続性の上にあり、それこそが「内発的発展」の証ではないかと思う。

振り返ると、一九世紀以降、日本は外発的発展を繰り返すことで、今日の経済的繁栄を築いてきた。明治維新では、欧米列強による植民地化の脅威から国を守るため、「文明開化」の道を選んだ。髷を切り、洋服を身につけ、靴をはくという生活習慣の変化は、日本人がそれまでの思想の連続性を断ち切り、外発的発展の道を歩み始めたことの象徴だったといえる。さらに二〇世紀半ばの敗戦とそれによる国家政策の根本的転換は、日本全国の老若男女の内発的発展への意志を打ち砕いて余りあるものだった。

列強の脅威や敗戦という外的要因によって、わずか一〇〇年ほどの間に日本人は二度も思想や暮らしの連続性を断ち切る経験をしたのだ。

その後半世紀を経て、日本は欧米と並ぶ世界の先進国となり、等しく地球環境問題に直面するに至った。しかし、内発的発展を重ねてきた欧米諸国と、大きな思想的断裂を経ている日本とでは、一見、現時点では先進国として経済的に同水準であっても、それだけで同じに位置づけ比較することはできない。

緑豊かな山形ですら、コメ以外の食料自給率はわずか二〇％であるという。古来、田を耕し、自然とともに生きることが〝宗教〟でもあった日本人にとって、農業の衰退は、精神面・文化面でも失うことが極めて大きかったに違いない。「失った八〇％は食べ物だけではない」――農業体験を通じて子どもや先生たちがどれだけ大事なことを身体で学んだかという、二井宿小学校の伊澤良治校長のお話を伺って、強くそう感じた。食料自給率の低下、すなわち、農業から遠ざかること、自分の食べるものをお金で人に依存することによって、私たちは食べ物だけでなく、もしかしたら、内発的発展のためのエネルギーそのものを見失ってしまったのかもしれない。

内発的発展とは時間が育む蓄積である。外発的発展が、「新しいもの」を「より速く」取り入れる、結果重視の行為だとしたら、内発的発展は物事を積み重ねていくことによる気付きや納得のプロセスといえる。

地球環境問題という新たな外的要因に直面した今こそ、我々は内発的発展への端緒を掴むときではないか。星寛治さんのお話が心に響くのは、星さんが持つ内発的発展へのエネルギーを、我々も持ちたいと思うからではないだろうか。

我々は一人ひとり、内発的発展のためのエネルギーを身体の奥底にきっと持っているはずだ。その記憶を呼び覚まし、形を与え、暮らしをよりよくするための具体的な行動へ繋げていきたい。そして、一人ひとりの活動が時とともに育まれ、蓄積され、次の世代へと繋がっていくという希望を持ちたい。

環境日本学の創成とは、そうした一人ひとりの思いをもって、一〇〇年の間に二度も断ち切られた日本の伝統的思想を現代人が結び直し、新たな内発的発展の起点を創っていく作業であると思う。

西欧思想への順化の過程と離反の前兆

［宗教的自然観の教えるところ］

加藤和正

かとう・かずまさ／システックエナジー研究所代表パートナー、前住友金属社員

環境問題の基本構造

環境問題は多面性を有し、かつその一つひとつが深い意味合いを持つ。解決のための議論は、大気汚染や水質汚染など限定的な領域にとどまってはならない。経済問題は勿論のこと、貧困問題や人権問題とも幅広く影響し合う広範囲な議論に至らなければならない。従って、環境問題に取り組むことは同時に「豊かさとは何か」という人類共通の問題を問い直すことにもなる。これを個人レベルで考えると、その人自身の人生テーマの追求に向かう。ここまで踏み込んで環境問題の基本構造を認識しないと、問題の解決にはならず、議論は皮相的なものになってしまう。

もともと、環境問題は人間社会の進展すなわち近代化によって発生した。近代化とは、封建制社会のあとを受けて市民が中心になって形成した資本主義の社会のことである。具体的には、西欧の市民社会が、蓄積した資本を元手にして達成した産業革命とその技術の活用による大量生産、大量消費の社会を意味する。この社会の理念のルーツはギリシャ哲学にある。基本はLogicとEthicである。Logicは合理性の追求に対して、一方Ethicはキリスト教的倫理観の普及に対して、それぞれ西欧社会の論理的な根拠になってきた。キリスト教社会は産業革命を契機とする科学技術の発展によって物質的な豊かさを獲得し、これを糧に宣教師

を通じて世界にキリスト教的道徳観を広めたのである。物質的な豊かさは西欧人以外の人々にとっても魅力的なことであったから、東洋においても同様に近代化は受け入れられた。

だが、西欧的近代化手法には多くの矛盾が内在し、年を経るに従って、地域的展開の途中でこれが問題として顕在化したと多くの人が感じ始めた。環境破壊と宗教紛争である。解決に向かう兆候さえ見えない。これまでのやり方、すなわち西欧的合理主義の押しつけがましさではこの状況を打破するのは困難だと思う。西欧文化の賞味期限はすでに切れてしまったようにも思う。すなわち西欧的近代文明に限界性が見えてきたと言う認識だ。

西欧思想への順化の過程と離反の前兆

大学で金属学を学び、鉄鋼会社で働いた。仕事の多くは技術的問題の解決である。解決のためには科学的知識の修得が必須で、その基礎となるのは、日本政府が明治以来学生に課してきた洋算や理学の理解である。日本にもかつて関孝和等の「和算」があった。また「からくりの技術」もあった。これらは大変高いレベルにあったと聞く。しかし、明治政府が教育として実際に採用したのは西欧の教育カリキュラムだった。すでに内容が体系立てられていたし、また日本が目指した富国強兵策としての鉄の製造を教育課程に有するということも採用される決め手になったのかも知れない。

洋算や西欧的理学のルーツはギリシャ哲学にある。学習の際には常に根本理念に即した合理的説明が求められる。それ自体に問題は無いのだが、しかし往々にしてこの合理が西欧文化から見た合理主義である場合が多い。例えば機械論がその代表例だと思う。時計をモデルとし、自然をその延長と見立て、外から与えられる力によって法則に従って動く部分の集合ととらえたデカルトの思想が典型で、以後の自然観、科学観を規定した。現代ではサイバネティクスや分子生物学がその代表例である。画一性を批判されることもあるが、蒙昧主義や神秘主義に対する有益な批判として評価されて来た。私自身も社会生活の数々の場面で曖昧さを残しながら相手に了解を求める日本流のやり方には一種の甘えの感覚が透けて見え、その都度西欧的合理主義思想の更なる徹底を願ったことを思い出す。

反面、西欧文化の中で科学を学んできた我々日本人は、特に技術者にその傾向が強いが、どうしても思考方法が合理主義一本槍に陥る危険がある。これは、思考のフレキシビリティーを低下させ、思考の多様性も弱める。西欧合理主義の好ましくない影響は科学以外の分野でも表れる。その代表は、ベンサムが主唱し、ミルが展開した功利主義である。幸福と快楽を同一視し、「最大多数の最大幸福」を目指す考え方だ。逆に苦は悪とする。この考えのもと、快楽の定量化を図り幸福計算の形でしあわせの評価も試みた。カネを具体的な評価関数とする功利主義はその判り易さから産業革命の哲学となり、この考え方は、以降古い秩序に対する一大改革運動の礎となった。すなわち現在の営利企業の経営理念のルーツとなったのである。特に米国社会でこの傾向が極端な形で現れ、カネでカネを生み出す産業(すなわち金融業)が幅を利かせる風潮となった。この様な拝金主義一方で突き進む近代化は社会的に大きな歪みを発生させ、自然環境に対しても甚大な悪影響を与える結果を招いた。資本主義という経済哲学をベースに発展した近代社会はいま機能マヒを起こしている状況と言えよう。

哲学者の内山節氏は「近代へのニヒリズム」というテーマで資本主義の歴史的な限界を述べている。すなわち、「今日さまざまな場面で危機という言葉が使われているが、それは人々がいまの仕組みが立ちゆかなくなっている、持続性を喪失してしまったのではないかという思いが発現されている」と主張する。たとえば経済混乱ならば一時的なもの、立ち直れば元に戻るものだが、いま人々が感じているのはそういうものとは違う。現在の経済が持続可能な能力を失っているのではないかという思いが、気持ちのどこかにある。資本主義の発展と一体になって展開してきた近代文明そのものが、歴史的な限界を示し始めたのではないか。根底に流れているのは、持続性を感じられなくなった近代のシステムに対する一種のニヒリズムである。そうだとすると、資本主義で発展してきた西欧文明国が合理主義を盾に提案して来た「生物多様性」や「持続可能な社会」とは何なのか、これらは単なるうわべだけのことではないのか、大いに疑問が残る。

私にとっての宗教

日本経済が右肩上がりだった時、頑張れば頑張っただけ収入が増した。これはこれで面白く、やりがいを感じていた。しかし仕事をしながら、ビジネスの伸展が同時に自然を段々と消耗させて行く現実を感じ、これがとても気になっていた。もちろん公害防止ルールを遵守して仕事を進めてゆく訳だから、人にうしろ指を指されることはない。しかし、それで良かったのだろうか。一方で、これでは自然に対する配慮が不十分であると感じていた。すなわち、水、空気、そして土を劣化させ、その結果人間以外の生物の生存を阻害しているのではないかという恐れである。自然を含む他者を破壊すれば、いずれ自己を破壊するという確信が徐々に形成された。これを改善するための倣うべきモデルは、合理主義一辺倒の西欧社会はもちろんのこと、世界全体を見渡してもどこにも見あたらない。成長神話に人が疲弊し切っている現況があり、だから次のグランドデザインが求められているのだと思う。これからは自力で考えて行かなければならない。だれも教えてはくれない。その意味から、共生を重要視する環境保全の新たなパラダイムとして、宗教の視点を採り入れる必要性があると感じている。

多くの日本人がそうであるように、私の場合も、神は正月の初詣に、また仏は法要にあるだけである。これ以外に神や仏と係わる事はなかった。日本で社会生活を営む限り、これでも特に問題は起こらない。しかし、還暦を過ぎ、来し方を思い、これからの人生を考えるたびに、宗教的自然観の重要性を感じるようになって来た。それは、西欧文明国が主唱し、合理性に終始する地球環境保全の議論に飽き飽きしたからである。いくら議論をしても具体的な解決に至らない現実に対し、これまでに無い新たな規範として宗教的自然観が必要であると考えるようになった。しかし、宗教的自然観と言っても、これまで宗教を学んだ経験は無い。つまり、宗教的知識は皆無の状態である。そこで、宗教書を読んでみることにした。

先ず、西欧社会の Ethic の根元である旧約聖書に目を通した。冒頭、創世記第一章に神の言葉として「生めよ、ふえよ、地に満ちよ、地を従わせよ。また海の魚と、空の鳥と、地に動くすべての生き物とを治めよ」とある。つまり、キリスト教では、生き物を人間とそれ以外に分け、その統治の権限を人間に与えている訳だ。この様な宗教心からは、「自然と共生」という意識は育ちにくい。それは、人間から見て自然は常に人間が持続的に存在するための管理対象であると考えているからだ。この思想からは食を得ることに対する感謝の念は生まれてこない。これが西洋的考え方の本音であり、同時に限界であるような気がする。だが、この認識も一部をとらえただけのもので全体を理解するには程遠い状態にあるのかも知れない。次に、般若心経を読んでみた。古来、未来を貫き永久に変わらぬ心理は「空」だと説く。難解な内容だ。理解するためには相当の時間を要する。だが、共生の理念を共有するためには宗教に関する理解を更に深める必要があると感じている。それは、宗教と文化には密接な相互関係があり、これが「自然」の持続性に大きな影響を与えることが確かだと考えているからだ。

改めて「ゆたかさとは何か」を考えてみる

「ゆたかさとは何か」を考える場合、「人間は自然の一部である」という基本的認識が先ず求められると思う。加えて、「人間は自然には勝てない」との認識も必要と考える。すなわち、自然を中心とする考え方だ。しかし、これらの認識は近代化の流れとは全く逆のベクトル上にある。確かに、宗教的自然観の中に環境保全問題解決のための新たな糸口があると感じるのだが、これはすでに物質的ゆたかさを享受してきた先進国の反省から生まれたものである。未だ近代化の恩恵に浴していない発展途上国に対してこの考え方を押しつけるのは可能だろうか。当然彼らは物質的ゆたかさを先に求めて来るだろう。これはかつて先進国が歩んできた道筋でもある。従って、先進国としては発展途上国が近代化の道をたどる過程で引き起こす種々の環境阻害要因を引き受ける努力をしなければならない。宗教的自然観の定着が阻害を緩和する方向に作用するのは確かだが、これだけで総てを補償するのは難しいのも事実だ。だから、近代化指向との整合が求められる。

　宗教アレルギーも気になる。例えば、かつて森喜朗元首相が語った「日本の国、まさに天皇を中心としている神の国であるぞということを国民の皆さんにしっかりと承知していただく」という「神の国」発言などに接すると、かつて日本軍が神の存在を悪用して来た過去がほうふつとされ、宗教アレルギーが煽られる。また、仏教が異常な形で利用されたオウム真理教の例からも同様に強烈な宗教アレルギーが惹起された。確かに宗教の持つ影響力が負の方向に働いた場合の被害の甚大さには恐れを感じる。だから、環境保全の議論に関連して宗教的自然観の必要性を説くと、往々にして相手に警戒心を持たれる場合が多いように思う。しかし、安易にこの状況を回避してはならないとも思う。

　環境保護の根幹を成す生態系・エコロジーの原点をカミ・ホトケの概念から考える「環境日本学」は他に例を見ない大変ユニークな内容である。「ゆたかさとは何なのか」、「地球はどこまで人間の諸活動を許容出来るのか」など、本質的で、かつスケールの大きな問いに答えられる思想体系に成り得ると考えている。しかし、一方で思想構築の過程では前述の様な高い障壁の問題が横たわっているのも事実だ。近代化との整合をはかりながら、その中で日本が位置するべき場所を探し出すための一つひとつの作業が必要だと思う。社会学としての「環境日本学」が、この高いレベルに到達するまで、これから更に内容を深めて行く必要があると感じている。非力ではあるが、これからも環境日本学の創設に参加できれば幸甚である。

2

塾生は高畠に何を見たか

いのちのマンダラ

嶋田文恵

はじめに

「高畠、有機農業、星寛治さん」この三つの言葉はかなり以前から私の脳裏にあり、いつかは訪ねてみたいと思っていた。それが早稲田環境塾のスタディツアーという形で実現し、きわめて幸運だった。そして多くの気づき、学び、癒し、そして希望をいただいた。

高畠に何を見たか。それは一言で言ってしまえば「パラダイムの転換」である。どのような思考の枠組みへと転換していくのか。その一つの形を見せてくれたように思う。

以下、私が高畠で学んだことを、星寛治さんを軸に有機農業と高畠の歴史をたどりながら、いくつかの項目を立てて述べてみたい。そして最後に、高畠を通して私が考えた「近代と農業」について述べてみたい。

近代農業の光と影

近代の経済効率優先、合理主義、大量生産／大量消費／大量廃棄システムの物質文明社会は、地球資源の無駄遣いと枯渇、深刻な環境汚染、さらには人間をモノとして扱い食といのちをおろそかにした結果による、人間の深刻な肉体的精神的病を引き起こした。人間が作った社会経済システムも、金融危機に見られるように立ち行かなくなった。地球も人類もこのままでは生き延びていけないことは、もはや誰の目にも明確になってきている。

農業も近代化の中で、効率化や重労働からの解放という光の一方、農薬や化学肥料の影響による深刻な人体や自然に対する影響という影の部分を引き起こしてきた。星さん自身、「近代農業の尖兵」のような役割を果たしていたというが、リンゴの幼果の全滅、健康被害にあい、農薬が命や環境に大きなダメージを与えることを身をもって体験する。さらに自分も被害者だが、消費者にとっては加害者にもなり得る。そうしたことが転機となって、有機農業を志すのである。

星寛治さんと仲間たち

星さんと対面するのは初めてであり、たった数時間のお話と二日間を一緒にすごしただけなのに、私は深い感銘を受けた。哲学者だと思った。まさにキーパーソンとはこういう人のことをいうのだと思った。それは実体験の中で積み上げてきた賜物なのだろう。

一九七三年に「高畠町有機農業研究会」を三八名の仲間と立ち上げ、リーダーとなった星さんは、①自分との闘い②地域社会との闘い③農政（国）との闘い（星さん）を続けながら、手探りの実践を重ねていった。有機農業は異常気象、旱魃に強い、そして市場相場と一切関係のない「提携」をすることによって、しだいのその価値が認知されるようになる。軌道に乗ったかと思われる頃、星さんは地元の人に、「おまえらずいぶんいい思いしているじゃないか」と言われ、ハッとしたという。地域社会を変えるには「点」から「面」にならなくてはだめだと思ったと言う。

一九八七年に「上和田有機米生産組合」を立ち上げ、有機農業を広げ始める。そしてここが難しいところだが、有機農業を広げるために一回だけ除草剤の使用を認めた。「妥協した」「今思えばこれが境目だったが、これで広がった」（星さん）と言う。さらに地場産業であった食品会社とも連携し、地域経済の活性化にも貢献する。

もちろんこうした実績は、星さん一人の力ではなく、そこには星さんたちが有機農業を学んだ先達たち、福岡正信さんや一楽照雄さんたちの協力があった。そして有機農業を始める前からの青年団運動の仲間たちがいた。星さんは突出して有能な人だが、共に支えあう仲間たちがいたからこその賜物なのだと思う。その仲間たちのリーダーとしてここまで有機農業を社会認知させてきた星さんは、やっぱり人並みはずれた人智、人徳を持つ人なのだと思う。それを言葉の端々、私たちとの個人的な会話からも十分感じさせてくれる人であった。

地域・行政を動かす力

「面」となった力は、さらに地域を動かす力となる。農業は単に食物を得るだけでなく、人間形成に果たす役割も大きいとの観点から、食農教育に取り組む。「耕す教育」と称して、高畠町の小中学校では三〇年前から学校所有の畑や田んぼを持ち、実際に土に触れる教育を取り入れる。二井宿小学校の伊澤良治校長が見せてくれたスライドでは、子供たちは本当にイキイキと見えた。さらに「いのちの教育」として、二〇年前から都会の子供たちの農業体験を受け入れている。それは、星さんたちが有機農業を地域の中で成功させてきた実績があり、星さんが高畠町の教育委員長としての任にあったことが、これらを導く大きな力だったといえるだろう。

地域の力＝教育と文化の力は、次に行政を動かす力へと強まっていく。

高畠町は「たかはた食と農のまちづくり条例」を二〇〇九年四月から施行している。この条例は画期的だ。大雑把なポイントは「自然環境に配慮した農業」「安全・安心な農産物の生産と地産地消」「食育の実践」「農業の多面的機能と交流の場」そして「遺伝子組み換え作物栽培の自主規制」である。すでに多くの遺伝子組み換え作物が輸入されている日本だが、自国での栽培はまだ試験段階にある。農水省はイノゲノムの実績のある稲からまず実用化したい考えのようだが、それを見越して水際で食い止めようという条例を作ったのは、他の地域のことは知らないのだが先駆的であると察する。しかし星さんたちは、「自主規制」からもう一歩踏み込んで「禁止」まで持っていきたかったようだ。有機栽培の農地が増えてきた昨今、他の地域がどのように対応しているのか興味のあるところである。

星さんは山形県教育振興計画審議会委員長も務めており、二〇〇四年、山形県教育委員会は審議会の答申を受け、一〇年間の第五次山形県教育振興計画を策定した。ホームページを開くと、「星寛治委員長から木村宰教育長へ答申書が手渡されました」とのキャプションが付いて、星さんの大きな写真が飛び込んでくる。星さんは「行政もようやくこういうレベルまで達した」と言う。それを動かしてきたのが星さんたちである。

星さんは言う。「農と教育は見えないところでつながっている」「パラダイムの転換には教育と文化の力が必要だ」。

風土と祈り

星さんは「祈りの心を失っていない人たちがいる地域では、大規模な自然破壊は行われない」と言う。

「祈り」とは何か。確かに高畠には、「いのちのマンダラ」を映し出す、目に見えない小さな生物が無数に生きている田んぼを大事にする人たちがいる。子供たちを愛し子供たちの未来のために、いのちと農の教育を実践している人たちがいる。きれいな川と山を維持し、蛍とカジカ蛙を愛護する人たちがいる。土地で取れた新鮮な野菜やコメをおいしく料理する知恵や技術を継承する人たちがいる。この土地の気候、作物、土、はたまた歴史など何でも知っている「人間国宝ともいうべき文化と知恵のかたまりの人（伊澤校長）」がいる。そして何より安心と幸福に満ちた笑顔を見せる子供たちがいる。先祖の人々は「草木塔」というモニュメントを刻み、人と草木のいのちのつながりに感謝してきた。高畠の人たちはその地に「共に生きる」ことに、愛情をたっぷり注いでいるように見える。

「祈り」とは、まさにこのことなのではなかろうか。すべてのいのちは、自然（宇宙、神、人間を超越したもの）によって生かされ、また自分もその一部であることを自覚（無意識にも）していること。万物は自然の調和によって生かしあっていること。それが「祈り」であり、その心が、高畠には連綿と継承されてきたように思う。

このように思うとき、まさに明治初期、まだ近代化が届かぬ東北の地を旅したイギリス人女性、イザベラ・バードが越後から小国峠を越えて置賜盆地に入ったときに記した風景が重なる。

バードは「米沢平野は、南に繁栄する米沢の町があり、北には湯治客の多い温泉場の赤湯があり、まったくエデンの園である。〝鍬で耕したというより鉛筆で描いたように〟美しい」「実り豊かに微笑する大地であり、アジアのアルカデヤ（桃源郷）である」「美しさ、勤勉、安楽さに満ちた魅惑的な地域である」「どこを見渡しても豊かで美しい農村である」などど、この地方を記している。

実際にはただ美しいだけでなく、そこには先祖たちの幾多の苦労があったことと思う。しかし今回初めて高畠を訪れた旅人である私は、バードがこの地域に対して抱いた感情と、ほぼ同じ感慨を持って高畠を体験したのである。これはこの地に「祈り」の心が連綿と引き継がれてきたことを意味していないだろうか。

近代の向こうにあるものと農業

星さんを中心に高畠の人たちがたどってきた軌跡をみてきた。農民として身をもって体験した農化学薬品の健康被害によって、星さんと仲間たちは有機農業を学び、先駆者としての多くの困難と闘いながらも、その「本物度」を証明し、有機農業の社会的認知を広げてきた。「点」が「面」になり地域社会に広がり、教育や文化に影響を与え、それが町や県という行政をも動かす力となった。

ここから何を学ぶか。一つは、「一人の人間の意識が社会を変えていく」ことである。それも「足元から」だ。一人の人間の本物の意識は、周りの人々の意識を変え、さらに地域社会の意識を変え、もっと大きな単位の人々の意識を変えていく。その意識の変革が社会の変革を促していく。そうした力が私たち一人一人にもあるのだ。そのことを星さんと高畠のみなさんは教えてくれたように思う。

私が学んだ二つ目は、「パラダイムの転換」「近代の向こうにある新しい社会の創造」としての、一つのモデルを高畠に見たことである。それは、農業・教育・福祉・産業が共に生きる「共生社会」としてのモデルである。それはその土地の資源、生活様式を活かした「内発的発展」でなければ難しいように思える。なぜなら近代化の要請は、伝統的な生活様式を持つ地域社会・地域文化をある意味「破壊」することだったからである。

近代の限界と矛盾が明らかになった現在、日本の産業構造の変革、とりわけ食糧自給の問題が急を要するが、それを実現するためには、国民の意識の変革が必要である。エコブームという時代の後押しは、エコビレッジ、農家民宿やレストランのブームに見られるように、若者や退職者の農指向、自然回帰を促している。「文化は都市にある」のではなく、「文化は農村にある」に人々の意識は変わってきた。それはまた人々が、地域社会での「共生」＝つながりの再構築を求めている現われのようにも思える。星さんはこのことを「生命文明への転換」と表現した。

私たちが大きな歴史の転換点に立っていることは、誰もが意識していることだろう。ではこれからどこに向かっていこうとしているのか。それは、単に近代を否定し逆行する道ではない。私たちには近代を通ることでしか見えなかったもの、わからなかったものがたくさんある。近代という時代を通過したからこそ向こうに見えてきた道。その一つの道をすでに歩いてくれる先達たちが、「タカハタ」にいたのであった。

（しまだ・ふみえ／農業）

主体的に「精神的辺境性」を生きる意志

〔〝ひと〟を育んだ風土〕

西村美紀子

バスを降り立った私の目に飛び込んできたのは、高畠の里山と田んぼ、小川に屋敷林であった。関西の田舎で育ち、長く米国で生活し、帰国後東京の住人となった私にとって、今回の山形訪問は、忘れかけていた「ふるさと」との再会になったのかもしれない。そんな旅での人・食べ物・自然との新たな出会いは、しまい込んでいた思い出とともにその土地のイメージを決定づけてしまうことがあるが、私の場合も、高畠行きの直前に甦った懐かしい記憶、高畠での経験、そしてその後の東京での経験という三つの出会いが、山形の風土が育んだ山形びとに対する強烈なイメージを形づくることとなった。

第一の出会いは、二〇余年前の、月山のふもとで農民によって見事に演じられる「黒川能」との出会いである。長年能を舞うことを趣味にしていた祖母の影響で、京都や大阪の舞台で演じられる能や狂言を観るようになっていた私は、芸能としての能の成立史に興味を持ち、また鑑賞の助けにと仕舞を習いだしたばかりだったが、たまたま黒川の能演者の家に生まれた知人に教えられた、五流の能とは違った黒川能の姿に、強く心惹かれた。近代以降の農村環境の激変に堪え、村人自らの意志によって、戦時中も中断することなく、四〇〇年以上守り継がれてきた農耕の神事能である黒川能と、それが自然暦の一部となっている黒川という場所自体に魅せられたのである。黒川能は月山の頂から神をお迎えして二月一日・二日に行われる迎春の祭り「大祇祭」、五月の黒川春日神社「例祭」、七月の出羽三山神社の豊作祈年魂しずめの儀式「花祭り」、一一月の「新穀感謝祭」と農耕暦の節目ごとに奉納される。とりわけ迎春の大祇祭は黒川の里の人々がひと月前から準備に入る一大行事で、全国各地から熱心な能楽ファンが詰めかけるそうである。

実は、すっかり忘れていたこの黒川能のことを思い出したのは、原剛先生が高畠行きの前に我々塾生に次のようにおっしゃった時だった。「高畠病に気をつけて下さい。高畠から戻った人は口々に高畠のことを周りの人に話したがり、再び高畠を訪れずにはいられなくなるのです」。この言葉は、ある著名な能楽研究者が自戒の意味を込めて発したという警告、「黒川へは行かぬ方がよい。行けば皆黒川に淫する」を即座に連想させたのである。

これは単なる偶然ではなかろう。第二の出会いとなる高畠という場所は、神の宿る里、日本の農村の原風景であるといわれる。そこでは村人が春に祖霊神を里宮に迎えて豊作を祈願し、秋の祭りで収穫を感謝し、薪や炭、山菜や何より農耕に欠かせぬ水という恵みを与えてくれる里山に感謝し手入れを絶やさない。神の息吹の感じられる自然を損ねることなく、作物を食する人を損ねることなく収穫を得るために、皆であれこれ試行錯誤し、土と対話しながら有機農業を行う。そこここに建てられた神社仏閣では飽き足らぬと見えて自らの手で石を切り出し、石仏を刻み、そのものに命が宿っているかのような形状の石に草木塔を刻んで、あらゆるものの生命に感謝し祈りを捧げるのである。

近代以降、生命や自然や伝統文化を蔑ろにして押し進められた開発の結果疲弊しきった都市の住民が高畠病にかかるのにはちゃんとした理由がある。そしてそれは都会人が農民祭事黒川能とその能を守り育てた黒川の里にのめり込む理由とも相通ずるのである。聞くところによると、黒川能が農民によって能という日本の伝統芸能を連綿と継承してきたことの意味を考察し、昭和三四（一九五九）年に『黒川能』という研究書によってその真価を最初に世に問うたのは、高畠町有機農業研究会のリーダーで農民詩人として知られる星寛治氏が人生の師と仰がれる、野の思想家、真壁仁氏であったという。

交流会で星さんが差入れて下さった高畠のお酒は、美味しかった。ワイン党の私が長年米国で暮らしている間に、日本酒は全く別物に生まれ変わっていた。華やかな芳香と雑味のないやわらかな味わいとさらりとした後味。「これは日本酒ではない！」と叫びそうになったのを、危ういところで「夢見心地でいただきました」と、こちらも本音で置き換えると、星さんは「今年もイギリスの鑑評会で入賞が期待されているんです」と、遠慮がちに、誇らしげに、そして本当に嬉しそうにおっしゃった。

第三の出会いは、最近聞き知った高畠からほど遠からぬ旧宿場町のある清酒蔵の話である。奥羽山脈を見上げる最上川沿いにある一六一五年創業の蔵元。当時まだ二〇代だったその跡継ぎが、酒蔵の総監督であり実際の製造・管理を指揮する杜氏なしに自分で酒造りをするという前代未聞のことをやってのけ、しかも「十四代」というその地酒はそれまでになかった類の旨さと質の高さゆえに全国で評判になり、今では入手困難になるほどの人気だという。東京で醸造学を学び、学生時代に友人と酒を酌み交わしながら「清酒で天下を取る」決意を語り、会社勤務後、故郷に帰ったその人は、熟練の蔵人達の信頼と協力を得て、その頃主流であった「淡麗辛口」ではなく「芳醇旨口」という新潮流を生み出し、それが全国を席巻したというのだ。

星さんにいただいた日本酒の味はその「芳醇旨口」を彷彿とさせるものだったが、地元とはいえ、その酒の蔵元と、酒造業界に革命を起こした高木顕統という上記の人物との直接の影響関係は分からない。ただ、その革命によって、引退する杜氏の後継者難で苦慮していた全国の中小蔵元の跡取り達が高木氏を目標に自ら酒造りを始め、各地で消えかかっていた清酒蔵の灯が再びともったそうである。

星さんと高木氏、この二人にいくつかの共通点があるように思えてならない。

固有の特性と歴史を持ち、住民の地縁的生活空間である「地域」に根を下ろし、効率的近代農業という時代の流れに逆行して、生命を育む有機農業という農業革命を断行した星さんと高畠町有機農業研究会の皆さん。書物や数知れぬ研究会により幅広い知識を身に付け、技術的経済的諸問題解決の可能性を模索し、中央の動向を批判的に掌握しつつ辺境から世界を透視する目を持ち続ける星さん達の三六年にわたる活動や「耕す教育」は、傍流・異端であったものがいつの間にか中央で尊重される、という逆転の現象を生んだ。

一方、高木氏は、東京での大学・社会人生活の中で実家の酒蔵を日本地図・世界地図上に位置付けることによって、日本酒という文化の継承と家業の存続・発展のために自分が成すべきことを見出し、その伝統文化の重みゆえに誰も考えつかなかった革命を酒造業界に起こした。「十四代」は全国にファンを持つ本流となり、日本酒文化のさらなる発展の契機ともなった。

世界を透視する目と、確固たる信念と、絶え間ない努力を超えてこの二人のキーパーソンに共通するのは、「中央／中心」を知識として取り込みながら、そこから一定の距離を置き、己の生きる地域の歴史風土に根を下ろして、自分とそれを含む共同体の未来に向けての決断と選択を行うことができる、主体的な「精神的辺境性」といったものではないかと思う。

今回の高畠への旅から得たものは、雑多で漠然とはしているが、以下のようなことになろうか。稲作農耕文化の国、日本に生まれた幸福と呪縛を受け入れ、中央の主流に呑み込まれることなく、精神的辺境性を保ちつつ、地縁的生活空間としての地域の伝統文化・風土に根を下ろし、生命に感謝しつつ自然と共生しつつ、常に新しい在り方のカタチを模索しながら生きていく意志の重要性。私の「環境日本学」創成参画の旅は始まったばかりである。

（にしむら・みきこ／地球環境戦略研究機関持続性センター環境人材育成コンソーシアム準備会事務局次長／左記を除き写真も筆者）

参考資料

馬場あき子、増田正造、大谷准『黒川能の世界』平凡社、一九八五年。
星寛治『耕す教育の時代』清流出版、二〇〇六年。
「銘酒誕生物語、東北の清酒蔵を訪ねて」ＷＯＷＯＷ、二〇〇九年。
黒川能「大祇祭」画像
www.pref.yamagata.jp/fresh/library/2008/ogisai.html
高木酒造「杉玉」画像
allabout.co.jp/gourmet/sake/closeup/CU20080319A/index2.htm
高木酒造「十四代」画像
www.yukinosake.com/juyondai.html

有機無農薬農業の成功要因と課題

妻夫木友也

はじめに

本レポートは、二〇〇八年一一月一二日〜一三日に行われた早稲田環境塾高畠合宿に参加し、私が感じた事をまとめたものである。また、感じ学んだことは、今後より深く考察した上で、実践していくために、高畠合宿および本レポート作成時に感じた疑問点および実務に生かすための検討の視点も記載する。

高畠で感じたこと

(一) 有機無農薬農業はなぜ成功したか

星寛治先生の講義からは、有機無農薬農業が成功・発展した経緯、そして、そのポイントについて考えることが出来た。そこで、有機無農薬農業を実践するための障壁および、高畠における成功のポイントを考察する。加えて、他地域へ波及させる際の視点を記す。その後、八つの成功のポイントを分類し、そのうち重要と考える地理的要因、人的要因および経済的要因について述べる。

①地理的要因　一点目に農地面積が挙げられる。高畠町では、一区画が広くなく、段差のある田畑が多く見受けられた。これは、山々に囲まれた起伏のある地形を整地してきたからであろう。このような場所においては、近代的な耕作機械を使用した大規模な農法は不向きであっただろうと考えられる。有機無農薬農法は手間がかかるために、農家一人が管理可能な農地面積は限られてくる。そのため、米国やオーストラリアにあるような大規模農場では、このような農法を採用することは困難であると考えられる。

二点目に交通インフラである。高畠町では、流通経路を確保することができたため、都市の消費者団体と直接取引を行うことが出来た。このためには、人的ネットワークも必要だが、その前提として、消費地と生産地を結ぶ交通インフラが必要である。高畠町には有力企業の生産拠点が多くあったが、これは流通経路を確保しやすい良質な交通インフラが整備されている証左であろう。

②人的要因　一点目に出稼ぎ拒否宣言によって、手間のか

障　　壁	高畠における成功のポイント	波及に向けた視点
慣行農業に比べ、草取り、虫の駆除などに要する多大な手間	(1) 土地　[地理] 一人当たりの農地面積が、手間のかかる農法でも管理可能なものであった	大規模農場など、一人当たり農地面積が広い地域では、有機無農薬農業の実践は困難である可能性がある
	(2) 専業農家という選択　[人] 出稼ぎ拒否宣言により専業農家が維持されており、農業に手間をかけることが出来た	
新たな取り組みであったため、有機無農薬農業の技術が未確立	(3) 技術を保有・共有　[技術、人] 地域に旧来の有機無農薬農業の技術を有している人々がいた。また、有機農業研究会が発足されており、その技術を実践・改善し、共有する仕組みがあった	技術移転は可能
生業としての有機無農薬農業の前例が無い	(4) 流通経路の確立　[地理] 国道や鉄道が存在するなど、流通経路を確保するために条件の良い地域であった。また、自主流通米制度の活用および消費者グループとのネットワークにより、流通経路を確保することができた	僻地においては、流通経路開発は困難である。生産量を多くしなければ、単位輸送コストを下げることが出来ない
	(5) 経済的高評価　[経済] 安全・安心や環境保全といった付加価値により、慣行農業に比べ、安定的に高い評価を得ることができた	近年の食の安全・安心を求める声や環境意識の高まりにより、有機無農薬農業への評価は高い
	(6) 資本　[経済] 収量が少なかった最初の2年間を耐えることの出来た経済的な資本があった	場合によっては、技術力および地力が付くまでのサポートが必要
有機無農薬に対する社会的理解・評価の不足	(7) 都市、行政との協働　[人] 都市との連携、行政との協働によって有機農業への理解を深めていった	理解は深まっていると考えられるが、都市や行政との協働は、重要な項目である
そのほか	(8) ビジョンを持ったキーパーソン　[人] 変革を推進するための、キーパーソンが存在していた	—

※成功のポイント［　］内に記載したのは、それぞれの項目の分類
地理：地理的要因、人：人的要因、技術：技術要因、経済：経済要因

かる有機無農薬農業を実践できる専業農家が維持されていたことが挙げられる。

二点目にビジョンを持ったキーパソンが求心力を発揮し、目的をともにする集団を組織化し、挑戦的な活動を推進していったことが挙げられる。さらに、地域内にとどまらず、都市との交流、行政との協働によって、有機農業拡大への大きなうねりを作り出していった。

③経済的要因　有機無農薬農業には、栄養価や味といった農作物の価値に加えて、食の安全や環境保全という時代のニーズに適合した付加価値がある。そのため、経済的にも高評価を受けることが出来た。ただし、高畠町においては、有機無農薬農業に取り組み始めて二年間については、極端に収量が低かったということであった。この時期を乗り越えて、地力がつくまでに耐えることの出来る経済力を有していたことも、波及の際の重要な視点になるだろう。

(二) 有機無農薬農業の意義

①経済合理性以外の価値観　前述のとおり、有機無農薬農業は、食の安全や環境保全といった観点から高い評価を受けている一方で、農家一人当たりの耕作可能面積は限られると考えられる。そのため、大規模な慣行農法と比べれば、農家一人当たりの生産性（生産量、利益ともに）は見劣りする可能性が高い。しかし、それでも現在は多くの農家が有機農業を選択し、消費者もそれを支持しているように感じる。その背景には、人々が経済合理性以外の何らかの価値観を支持しているように思える。もしくは、安全や環境に対して相応のコストを負担しなければならないことが広まってきたのかもしれない。

②自然との共生　地力という言葉は、自然環境と共生した人間の営みを表しているように感じた。漁業に当てはめればＡＢＣ（生物学的許容漁獲量：Allowable Biological Catch）の範囲内での漁獲、エネルギーでいえば再生可能エネルギーの範囲内で暮らすということであろう。慣行農業は多くの点で、再生不可能なエネルギーに頼っている。人間の活動と持続可能な物質循環を考える上で、地力は重要な概念であると思える。

(三) 地域社会の魅力

高畠町で出会った人々は、地域社会の自然や歴史文化を大切にしているように思えた。草木塔など、地域の歴史文化を感じさせるものも残され、評価されていた。特に興味深いのは、高畠町の培ってきたコミュニティや文化の魅力の評価が外の目、すなわち都市との交流により推進されたという点である。

終わりに

終わりに、高畠合宿および本レポート作成時に感じた疑問点および今後実務に生かすための検討の視点を記す。

(一) 疑問点

①農地の多面的機能の評価

・保水、国土保全機能などについては、果たして農地と「セメント」の比較が妥当か

・農地はもともと人間が開発した場所。原生林と農地で比較するとどうなのか

・グローバルな観点では、農地を集約しつつ原生林を保全する事とどちらがよいのか

②有機農業はどこまで波及させることが出来るのか、するべきか

・有機農業の生産性が低いとすれば、貧困問題とバランスを取ることが必要なのでは

・健康的というイメージは本当か(農薬はどの程度使ってよいのか)

③人々は、自然環境やコミュニティのどのような点に魅力を感じているのか

・心落ち着く風景とは

・自然、人間、文化の持つ魅力の根源はどこにあるのか

(二) 実務に生かすための視点

①多面的機能の評価

・企業の環境活動の効率性を測るため、その成果を多面的かつ定量的に評価できるか

②都市で出来ること、出来ないこと

・都市型貸菜園と農村の協働

・クラインガルデン、ダーチャ、二地域居住という考え方

③地域社会の魅力、また魅力ある地域社会づくり

・自然との共生や地域社会の歴史文化が持つ魅力を生かす

・都市と農村など、異なる文化の交流によって、それぞれ再評価される可能性がある

・なぜ、「地の物」は美味しく感じるのか

・キーパーソンを中心とした地域社会の内発的発展をサポートすることができるか

(つまぶき・ともや/私鉄会社員)

鎮守の森との出会い

岡市仁志

高畠の鎮守の森を訪ねて

初めて訪れた高畠の郷は、私がこれまで思い描いてきた数十年前の日本の原風景そのものだった。思い描くといっても、私が思い浮かべるのは子供の頃観た映画『となりのトトロ』の世界といった程度で、名作とはいえアニメでしか想像できない私の貧弱な想像力に恥じ入るばかりであるが、その原風景がいまだにこの場所に残っていたことに、素直に感動を覚えた。

私が思い描く日本の原風景には必ず神社が付随する。田畑の広がる郷に、ぽつりぽつりと鎮守の森があり、表には鳥居が見え、中に小さな社が鎮座する。ときにそれは山の麓にあったりもする。先に述べた『となりのトトロ』でも鎮守の森が重要な役割を果たしている。

私は、行きのバスでの自己紹介のなかで、「これから行く高畠で期待することは鎮守の森を見て回ること」と言ったが、今回の私にとっての目的は、まさに鎮守の森によって育まれた日本の原風景を肌身で感じることにあった。正直に申上げると、私はこれまで「環境」と名の付く学問をしたことがなく、また、昨今の環境問題についても特に専門的な知識をもって接してきたわけではなかったため、今回の高畠合宿でどれだけのことを吸収できるか未知数であった。ただ、「まほろば」とまで銘打つこの高畠の郷に、鎮守の森はどれくらい重要性を占めているかということは大変興味のある問題であった。

神社といっても、なかには明治神宮や京都、奈良などの有名な大社があるが、それは全国に約八万社ある神社の中では極僅かで、大多数の神社が神主一人で奉仕しているか、神主がおらず地域の氏子たちが守っている神社である。なかには小さな祠のような神社もある。しかし、それぞれが今もそこにあるということは、長い年月を通じてその地域の人々に親しまれ、守られてきたのであり、むしろそこに民間に息づく神道の本来の姿があるのである。

その意味で高畠の郷は、まさに期待通りであった。あたり一面田畑が広がる中に、ぽつりぽつり、こんもりとした森が独立してある風景がいくつも見られ、しかも、その神社の多くに、きちんと氏子によって管理されている形跡が見られた。特に「ゆうきの里・さんさん」の近くにあった神社（皇大神社）は、鳥居が新しく奉納されており、村の神社として、地域の人が神社に対し豊作を願い、感謝する、はるか昔からの姿がそこにありありと感じられた。

日程上、ほとんどがバスの中からしか確認することが出来なかったが、鎮守の森を見るたびに、カメラのシャッターを夢中で押していた。田舎の澄んだ空気の中にある田園風景は写真を撮るのには格好の被写体だが、やはりそこに鎮守の森がないと画竜点睛を欠いてしまう。日本の原風景に神社は欠かせないとつくづく思う。

教育について

今回の日程のなかで、私が最も感銘を受けたところは二日目に訪問した二井塾小学校での伊澤良治校長のお話だった。

小学校内給食の自給率五〇％を始めに聞かされたときも驚いたが、それにも増して、このような教育方針を打ち出した校長の熱意と、それに応えた現場の教員の方々の努力が、講演を通じて感じられた。農村地域である当地の特性を生かしてこそ可能な教育実践であるが、小学生の時にこのような経験をさせることによって養われる子供たちの感受性や生きる力など、プラスになることは計り知れない。さらに、年長者（ここでは農業のベテラン、人生の大先輩である高齢の方）と接することにより地域に古くから伝わる仕来りや風習、日本の伝統文化に触れることが出来るということは、大変意義のあることだと思う。

ちなみに、神社本庁においても、関係団体を通じて自然や伝統文化に触れ合うさまざまな活動を行っている。

例えば、地域の森を守る運動と青少年健全育成の観点から、神宮御用材の地である長野県木曽郡の赤沢自然休養林内に、森林保全施設を運営し、間伐、植栽、遊歩道整備などの林業体験を通じて、森の多面的機能や自然環境保護育成の理解を深める教室を開設している。また、日本の伝統文化啓発の観点から、日本の伝統精神、文化と切り離すことができない「米作り」を体験して学ぶ「田んぼ学校」を開催している。ここでは稲作体験はもとより、コメの歴史や宗教観などを通し、「日本人とコメ」を再発見する学習を子供を対象に行っている。

しかし、国の根幹である教育に関して、一宗教法人がどれだけ頑張ってみたところで限界がある。国、または地方自治体が積極的に二井塾小学校のような活動をサポートしてくれることを願うばかりである。校舎の外で見た二、三人の児童がリヤカーにたくさんのネギを積んで畑から帰ってくる姿がとても微笑ましく、私事ながら今夏生まれた私の娘もこのような小学校に入れたいと思った次第である。

日本の農業の今後、神社との係りについて

今回の日程のメインである星寛治氏の講演は大変示唆に富むものであった。まさに高畠町のみならず、日本の有機農業におけるキーパーソンといえる方だと思う。

「食」は国家にとって最大の安全保障といわれる中で、我が国の食料自給率の低さは危機的状況であることは今更いうまでもない。「農」に関して全くといってもいいほどの無知である私も、それだけは常々気に掛かっており、今回の講演でそれに対する展望をいくらか聞くことが出来た。

なるほど高畠町においては優れた方々の長年の努力によって有機農業が根付き、初等教育も素晴らしいものがある。しかし、これを高畠町の単なる町興しのひとつにしてしまうだけではなく、高畠の人たちが実践する農業の素晴らしさを全国に伝え広めてゆくことが何よりも大切である。同じことは二井宿小学校での教育についても言えることで、全国から農業を営む人たちや学校関係者が高畠に学びに訪れているようであるが、どのようにすれば全国規模で高畠のような取り組みが広がっていくかは、我々も考えてゆくべき課題ではないかと思う。

高畠蛭沢溜池の高畠石（凝灰石）切り出し現場
（撮影＝原剛）

我が国は「豊葦原瑞穂国」というように、まさに稲作によって成り立っている国である。神道でも、一年を通して行われるコメ作りにおいて時に豊かな実りをもたらし、また、時に災いをもたらす大自然に対する感謝と畏怖の気持が基にあり、豊作を祈り、感謝する「祈年祭」や「新嘗祭」といった祭が最も重要な位置を占めている。『古事記』・『日本書紀』

では、天照大御神が天孫邇邇芸命（ニニギノミコト）に稲穂を託してコメ作りをお命じになったことで、我が国で稲作が始まったとされていることからも、日本人にとって稲作は切っても切り離せない生業のはずである。

そうでありながら、我が国では市場経済最優先、食文化の変化によって、食料自給率の低下という現在の状況を招来している。かくいう私も神社関係者でありながら、都会育ちであるが故に最も大切である稲作を中心とする日本の「農」というものにあまりにも無関心であったと言わざるを得ない。

星野氏が仰っていたフランスの事例は、今の私たちにとってまさに目標とすべきものであり、今後、我が国は高畠のような農村の復権を全国規模に拡大してゆかなくてはならないと強く感じた。たしかに、現在、我が国が置かれている世界経済体制の中にあっては難しいことだが、食料自給率の問題、その根本にある「農」の問題はもはや看過することはできないだろう。全国規模で日本の原風景を取り戻すことは鎮守の森を再び蘇らせることにも繋がる。そのために自分にできることは何であろうかと、今回の山形の研修で感じた次第である。

（おかいち・ひとし／神社本庁広報センター広報部）

『もののけ姫』の世界で

関谷 智

一日目の夜、星寛治さんの軽トラックの荷台で、私は興奮して喋り、歌い、ライトに照らされては漆黒の暗闇に消えゆく農道をちらちら眺めやっていた。高畠についたのはその日の午前中であった。雨が心配されていたが晴れ男原剛先生のおかげでからりと晴れた青空に迎えられた。最初にお会いした星先生の物腰穏やかで、それでいて透き通った瞳に芯の強さを感じさせる姿は、講演の内容もさることながら、高畠の入り口は星さんであると感じさせるものがあった。高畠に入った私たちは、清流に棲む生き物がもつ川の息づかいのようなカジカ蛙の鳴き声に耳をそばだて、森のいのちが美しく漂い舞う光を、驚きをもって見守った。手にとった小さないのちの光はほんのり暖かく、くすぐったかった。昼間に見たぽつねんとした草木塔の姿が、姫と呼ばれる森の小さなホタルのいのちに重なった。小さいけれどその力のもつ抗いがたい力と魅力は、人々の心をつかんで離さないという点で。

高畠に到着してからの出来事は、私の日常では経験し得ないことばかりであり、私は一種異様な興奮に包まれていたのである。それは一方では高畠の人々の、よそ者を迎え入れる暖かな態度や、今時の若者のコミュニケーションには切っても切り離せないファーストフードとは全く違う野菜主役の料理によるものであった。食べ物には機械の切なさではなく、人間の手の感触があった。人間の繋がりとでも言ったものだろうか。しかし他方では、私の興奮の要因として、何か自分の座っている和田民俗資料館の畳の部屋を越えて、その外に広がる田んぼの稲の風にこすれる音や、その中に棲む蛙や水蟷螂、そして森の木々の間をうごめく動物たちの息づかいがあった。大きな大きな生き物たちの命の渦の中に自分の存在を溶け込ませていた。都会で生まれ育った私にとって、子どものころに一番記憶に残っているものは、空が黄金色になるまで夢中になって蝉を追いかけたことや、家族でキャンプに行ったときに見た、夜の森で樹液に群がる虫たち、地面を這う蟻を捕まえて観察した経験である。想い出は土や草の匂いと常に一緒にある。決してコンクリートのビルやゲームソフトから生まれるものではない。そしてこの子ども時代の記憶がふと、高畠でよみがえってきた。私の興奮は、そして高畠病と呼ばれる愉快な興奮症状は心の中にしまわれていた大切な思い出のひもがほどけてゆくことにあるのかもしれない。これは言い換えるならば、大地の霊性を感じることであるといえよう。

大地の霊性などというといささか神秘めくが、それは古代アミニズムの中にあり、またそれ以上のものでもある。山川草木、地上におけるものはなんでも神々のよりどころであるというのが日本の神道に見られるアミニズムであるが、それが今日地球全体が有機的な生命体であるという認識に再生されつつあり、環境問題を考えるうえで大前提として思想的な形成をなしつつある。そこでは人間は大地の霊性に敵対するものと位置づけられてきた。これを日本人の感性に刻み込むように訴えかけたのが、宮崎駿監督の映画『もののけ姫』である。私は高畠から帰ってきて、取り憑かれたようにこの映画を観た。映画の冒頭で流れるテロップには「昔、この国は深い森におおわれ、そこには太古からの神々が住んでいた」とある。そして生と死をつかさどる「シシ神」や人間に恨みを晴らそうとする動物の怨念がなす、「タタリ神」、モロや乙事主といった動物種を代表する神がみがいる。豊かな森にしか生息しない木霊も、重要な位置で描かれる。森は人の手の届かぬところで驚くほど豊かな生命の循環を持っている。ところがこの世界に神をも恐れぬ人間が踏み込み、森を焼き、動物を殺し、森にいのちをもたらすシシ神の首さえもぎ取った。宮崎氏は映画の中で「怖いのはもののけよりも人である」と人間の女頭に言わせている。神すら睥睨した人間にとってもはやしめ縄や鳥居などは畏怖の対象ではなくなったのであり、むしろ人間の都合のいいように形を変えていった。

高畠において、しかし、私が感じたのは人間と森との共生関係である。農薬を使わず合鴨を使う農法や、ほじくって手に取ると柔らかく暖かな畑の土を作るミミズや微生物を大切にする、化学肥料を使わない野菜栽培。草や木の中でさえ神を認め、観音岩を大切に保存する信仰心の強さ。それが高畠の大きな魅力の一つである。

映画『もののけ姫』はもうひとつ示唆を含んでいる。それは水の清らかさの意義である。映画の中ではタタリ神に呪いをかけられたアシタカの右腕の傷を癒すときに、水をかけている。さらには銃で瀕死の傷を負ったアシタカをサンが運んだ先も、原始の森の湿原である。シシ神の首が飛んだ時に森を破壊したのはシシ神の体内から溢れ出た液体であった。このように水はいのちと切り離せない関係にある。澄んだ水が綺麗ないのちを育むのである。高畠の水の綺麗さは、言うまでも無い。蛙が鳴き、蛍が飛ぶ景観を作り出し、星さんや井澤校長のもとで食農教育を受けてすくすく育つ小学生の命を育ててきたのも、山から湧き出る水である。水が綺麗であるからこそ、人の心も綺麗に透き通っているのではないか。

澄んだ水と厚い信仰心が併存し、町全体が自然の鼓動を打つ高畠から帰った今も、私は夜になるとそわそわし始める。蛍が飛んでいないか草むらに目を凝らし、生き物の息使いを確かめようとする。だが、高層ビルのひしめく新宿や渋谷では、もちろん聞こえるはずもない。ネオンがきらめき、夜さえも眠らない町は人の影がひしめいている。高畠と対極にあるような街、新宿で我々は何が出来るのか。

大都市は非常に便利である。農村と比べて人口やサービス、自然環境の極度の偏りが生まれており、生きていくのに必要なものはすべてと言ってよいほど簡単に手に入る。言い換えれば、大都市の中だけで生きていけるのだ。さらに大都市には非常に大きな憧れを抱かせる力がある。ライフスタイルやファッション、高性能機器からアイドルに至るまで、「フロム東京」（関西方面は知りませんが）は絶対的な力を持つ。その結果、私は、この「大都市東京」に住んでいる人たちの多くは、東京の中に住んで居さえすれば、快適な生活も享受出来、時代の流れに取り残されることはないという安心感を得ているのだと思う。そしてこの安心感は、潜在的に日本各地への視野を狭める事になっているのではないだろうか。全国紙を見て、各地の出来事を理解したと満足し、物産展で美味しいものを食べて、そこの味を味わいきったと喜ぶ。苦い味には蓋をして、美味しいと感じた味を、四七個のポケットにしまい込む。しかし、これでは本当に地方の魅力を理解したとは言えない。私は高畠に行って、高畠の土に触れ、風の音を、水の流れを聴き、おばちゃん達の笑顔と美味しい料理に満足し、こぼれんばかりの星空を見た。しかし同時に、高齢化の現実や、農村の気苦労もかいま見させていただいた。私は高畠に、今の高畠を作ってきた人々のすさまじい努力の跡を見た。そして私は、そういうもの全てを含めて、高畠が大好きになった。「フロム高畠」は私にとって、特別な価値を持っている。

第４期早稲田環境塾高畠合宿

私は今、大学生である。将来の仕事は未定であるが、やりたいことがある。それは、「東京」という圧倒的に濃いブランドに対して、地方の魅力がぎゅうぎゅうに詰まった濃いミルクを注ぎ込むことだ。もっともっと東京の人間に、地方の魅力を知ってもらう。実際にその場に行って、考えるのではなく感じてもらう。そんな体験が、一人ひとりの中にブランドをつくり、気づいたらいつのまにか東京中でブレンドコーヒーが出来ている。そんなことをしてみたい。東京の人々が、自分のなかにブランドを持って、もっと地方に目を向けることが、地方の自然や文化伝統を破壊する関わり方ではなく、実は地方に支えられて生きて居るのだという感謝の気持ちをもって関わっていけることにつながるのではないか。

地方からの魅力発信は、人口、環境問題、福祉の問題への一つの有効なアプローチの方法であると思う。私は高畠に行って、こんなことを感じ、また高畠に帰りたいと願っている。今度はどんな魅力を東京にしょっていけるか、わくわくしながら。

（せきや・さとし／早稲田大学政治経済学部二年）

止まったままの時計

名嘉芙美子

初めて訪れた高畠は、二一世紀の日本に実在する桃源郷であった。

東京で生まれ育った私には圧倒的に感じられる豊かさが、そこにはあった。見渡す限りに囲み連なる山々、優しい田園風景。そこで呼吸をする度に、癒しという流行の言葉では表しきることのできない、何か失ったものを取り戻していくような思いがした。

表面的には豊かに見えても心は貧しく、何かが違う、不自然なことをしていると感じながら過ごす日々だった。街へ出れば、誰かと微笑みを交わすこともなく、熱く魂をぶつけ合うこともなかった。思わず頭を垂れる、深く神聖な気持ちになることも忘れていた。少し飛躍するが、このように不安とストレスが蔓延する社会に生きていては、いくらエコが叫ばれてはいても、環境問題の改善が難航していることも無理はないとまで思ってしまう。他人や、他の生物を思いやる余裕が持てないからだ。息苦しさを、感じていた。

高畠では、自然と人とが、優しく向き合い、共に生きていた。多くのキーパーソンを生み出し、持続可能な共生型地域社会・内発的発展の成功例を示してきた高畠の場所性には、どのような仕組みがあるのか。

そこに存在するのは、五感に冴え渡る自然の豊かさから発展し、人の豊かさと文化の豊かさとで回る三角ループの構造なのではないかと考えた。

人間の五感に訴える大自然のエネルギーは人々を祈らせ、心身の健康をもたらす、そこに高畠に生きる人々の根本的な豊かさが生まれる。このような人たちが生きる社会に、豊かな文化が形成されていく。

それは有機農業の発達や、命を耕す学校教育、浜田広介の遺した作品の数々、星寛治先生の強く心に染み入る言葉の感性、今回の合宿でお話を伺った人たちに代表される多くのキーパーソンがこの土地から輩出されていること等に、如実に表れている。高畠で作られる栄養豊富な有機野菜は、学習能力や文化感性を上げる効果もあるという。

草木塔にも、自然と人間の関係性が視える。自然へ「頂きます」と感謝し、崇拝する心を見て、その説明を聞いた後、周りの田園風景は明らかに違って見えるようになった。より感動的に、神秘的に、魅力的に心に訴えかけてきたのである。そう思っていたら、バスに戻った途端、原剛先生にずばりそれを言われてしまった。

「自然へ祈る心は、人間を豊かにする」

これらの豊かさは、高畠の人達の確固たるアイデンティティを形成し、そこで更に強い人間が作られる。

この人間文化の豊かさが、有機農業などの共生社会を通じて再び自然へと還元されていく。そしてその自然の豊かさが、また人々の心身を豊かにする。それがまた、豊かな共生社会文化を形成する。その繰り返しの輪こそが、高畠をまほろばの里と成しえた構造なのではないか。

これは早稲田環境塾の理念とも合致する考え方である。

早稲田環境塾は、「環境」を自然、人間、文化の三要素の統合体として認識し、環境と調和した社会発展の原型を地域社会から探求する。

（第一講座テキスト三頁より引用）

高畠から帰ってきた後に、この環境認識の理念を読み返してみたら、この塾の第一講座に設定された土地が高畠であったことが、すんなり納得できた。

では私がこの三角構造の始まりだと考えた、五感に冴え渡る自然の豊かさとは具体的にどのようなものか。

まず視覚から感じるものは圧倒的である。町を囲む緑は荘厳で、同時にとても優しかった。共生農業の田畑や果樹園からも、自然と生物に対する慈しみがにじみ出ていた。暗がりの中、三六〇度どこを向いても瞬いていた、蛍の灯り。澄んだ夜空に差し込む星明り。これらの風景は、まっすぐに人々の心と体に響く。

まだある。呼吸をするたびに感じた、高畠という土地の空気の甘さ、やわらかさ。二井宿小学校に入った途端、爽やかに香った、校舎の樹のにおい。頂いたお水、米、山菜、そば、さくらんぼ、りんごジュース、お酒などは感動してしまう程の美味しさで、味覚からも高畠の豊かさを強く感じた。

そして真夜中に響く、ウシガエルの合唱の心地よさ。月明かりの下、裸足で踏みしめた草地の、やわらかい夜露の感覚。石のごつごつ。ヒメボタルを捕まえて、手の平にそれがいる、ささやかな命の感触。

地元の方々はもっともっと土と農業と高畠と触れ合って生きているのだろうと思えば、この豊かな自然を全身で受け止めることから回りだす「高畠＝まほろばの里サイクル」は極めて自然で正直であることのように感じられた。

ただ、私が見たのは現在の高畠であり、高畠とそこに生きる人々が苦難の歴史を乗り越えて今に至ることは、星さんの詩集を拝見しても明らかである。しかしこの高畠の豊かさの構造が、困難にも打ち勝つ人々と社会を作っていったことは間違いないのではないだろうか。

菊地良一さんの「南山形そば教室」でそばを打つ、早稲田環境塾生たち

話が止まらないそば打ちの先生は、深い教養があり、主張があり、確かなアイデンティティとユーモアがあった。口と一緒に動く手はキビキビと気持ちのいい働きぶりで、そばがみるみる変化していく様はまるで芸術の様であった。「このそば打ちは今まで誰一人も失敗したことがない。誰にでもできます。皆さんも、もうプロです。先生です」と惜しげなく言う明るさと優しさに、頭が下がった。

そば教室にかけてあった大きな時計は、止まっていた。私達が泊まった資料館にかかっていた時計も、二つのうち一つは動いていなかった。

高畠の人達は皆とても親切で、生き生きとしていた。

最後に私事で恐縮だが、私は高畠で初めて十割そばというものを知り、その美味しさに感動した。しかし周りの方々や、帰ってから母親から聞いたところによると、一般的な十割そばとはボソボソとしたものであるらしい。

高畠のホンモノの十割そばを最初に食べることで贅沢な舌を身につけたことを誇りに思い、これからはことあるごとにそれを自慢していこうと思っている。これも、タカハタ病の症例の一つかもしれない。

（なか・ふみこ／早稲田大学政治経済学部二年）

グリーン・ニューディール農業を培え

［協同経済の王国］

水口 哲

有機農業の誕生

一九七二年の暮れ、山形県高畠町農協の営農指導員だった遠藤周次さん（当時三二歳）は、職場に置いてあった「協同組合研究月報」に衝撃を受ける。「農薬は、死の農業への道である。これからは、農薬に頼らない農業、儲からないが損もしない農業を目指せ」と書いてあった。「眼から鱗がおちた」。農家に病人が増え、土が変わってきた理由が分かった。

遠藤さんは六〇年代に町の農協に入って以来、近代化農業の先兵として、効き目の高い農薬や化学肥料を農家に普及していた。「農薬使用に公害意識は無く、近代化だと思っていた」と言う。

「月報」発行人の一楽照雄氏に教えを請うべく、星寛治さんらと東京に向かった。一楽氏は、全国農協中央会の常務理事を経て（財）協同組合経営研究所理事長に就任し、七一年に日本有機農業研究会（農林中金ビル内）を設立していた。若い農民には雲の上の存在だった。が、若さと切迫感から突き進んでいった。

七三年の六月に彼を町に呼ぶと、九月には、高畠町有機農業研究会を四一名で発足させた。伝統的に青年団活動の盛んな地域でもあったので、その仲間たちが集まった。

土づくりの力

「彼らの存在が特異なのは、平均年齢二七歳というのが示すように、ものごころついてから、彼らは化学肥料と農薬を使った近代農業しか知らない人たちだということである。未知の農業、新しい農業を文字通り開始したのだった」（有吉佐和子『複合汚染』）。

「初めは変わり者集団といわれ、モデルなしの手探りの実践を積んできた」（星寛治）。「化学肥料、農薬、除草剤などを使わずに、有機質肥料だけを施し、土づくりを基本とした」（同）。「三年目、空前の冷夏が襲ってきた。東北地方の冷害は決定的で、地域の作況は半作以下であった。そんな中で、ふしぎなことに有機農業に取組む会員の田んぼだけが、黄金色の稔りを見せた」（同）。

八〇年から八四年まで五年続きの冷害でも、有機の田んぼは平年作を確保した。これらの経験は有機農業で育てた作物が、異常気象に強い抵抗力を持つことを実証した。

しかし、理由が分からないままだった。そこで小林達治・京都大学教授（土壌生物学）に質問した。「良く肥えた土の一握りには、ミミズとか目に見える生物だちだけでなしに、微生物が数億から十数億の単位で生息している。その生命活動のエネルギーが、温かい土の体温を生成する」との答えを得た。試行錯誤の実践が、科学的合理性をもっていたことを確信できた。一〇年の歳月が経っていた。

協同経済を生む自給経済

農村社会が本来持っていた「豊かな自給の回復をめざしての出発だったので、その産物――虫食いや不揃いの――を消費者に供給するという発想はまったくなかった」と星さんは言う。

しかし、冷害を乗り越えた三年目の夏、首都圏で消費者運動を熱心に続けている若い主婦のリーダーの訪問を受けた。『複合汚染』以来、安全な食べものを求めて、本物の野菜や有機栽培米の共同購入を目差していた消費者たちだった。彼らとの「提携」という市場外流通が、七〇年代半ばから始まった。

顔の見える〝小さな食管制〟

食管制度の時代だったが、自主流通米の制度が打ち出されたばかりでもあった。その合法的なルートを経由して、都市と農村が「〝提携〟というわば〝小さな食管制〟を通して、結びついた」（同）。後に、フランスや米国の有機農家にも「Teikei」は広がった。

「提携」は、「畑と食卓を結ぶ顔の見える関係づくり」でもあった。七〇年代は世界的に、顔の見えない単一品種・大量栽培のモノカルチャー化が進んだ時代でもあった。そのなかで、「多品種少量生産でも自立できる」（星）農業経営は一見、時代に逆行するものでもあった。

有機米の「提携」はやがて、消費者が除草など生産活動に参加する形態を生んだ。自給経済が、協同経済を作り出し始めたともいえる。

八〇年代に入ると、地域に根を張る活動に力を入れた。八六年には、農家組合員を倍増させる。また首都圏の消費者グループとの交流の拡大をきっかけに、スーパーや生協、米穀会社、造り酒屋、味噌醤油の醸造元などに販路が多様に広がっていった。

さらに若手中堅の農民が機関車となって地域ぐるみの活動が活発になるにつれ、首都圏の大学のゼミが訪れるようになる。九二年に「まほろばの里農学校」が開校すると、様々な夢や目標を抱いて町にやってくる人が全国から増えた。これがきっかけで高畠町に移住する人は八〇名を超えた。

法制度の力

有機農業研究会の設立から三四年目の二〇〇七年夏、遠藤さんに話を聞いた。「年をとるとよ、もう体力任せに除草や除虫はできない。手で草を取る、虫を潰すのが有機農業だから。木陰一つないカンカン照りの田んぼに、四つん這いになっての作業はつらい。体力の衰えをカバーする有機農業用の道具や栽培方法が必要なんだが。ところが、日本の役所も企業も、研究開発に目もくれない」。

〇七年は、有機農業推進法ができた年だった。「これで少しは変わるかな」との遠藤さんのつぶやきを胸に、翌年、創立会員の一人渡部務さんの田んぼを訪ねた。もともとやっていた「合鴨農法」の隣の田んぼでは、「二回代掻き法」が始っていた。最初の代掻きで、土中に残る雑草の種子を発芽させる。それを二回目の代掻きで土中に埋めた後に、田植えを行なう。「合鴨より除草効率がいい」と、渡部務さんが言う。

法律が出来てから、「農業試験場の〝変わり者〟がちょくちょく来て、種々の農法を教えてくれるようになった。二回代掻き法もその一つ」と言う。

星さんも、法制度の役割に言及する。「草の根だけでは、普及に限界がある。山形県でも、今年度（〇八年）から有機農業基本計画が制定された。公的推進力で、普及が促進される」。

計算して自然をつくる農業へ

「次の目標は？」との問いに、渡辺格・慶大名誉教授（生命科学）の発言を紹介してくれた。渡辺氏は、二〇年ほど前、「農業技術を、生命世界を豊かにすることに使うべきだ。産業とは別に、生物そのものをつくることを仕事として、それを社会が認めるようにならなくては」と言っていたそうだ。

有機農業の世界で、「東の星寛治、西の宇根豊」と言われることがある。その宇根さんには正に、『「百姓仕事」が自然をつくる』という著書がある。また、「田んぼの恵み調査」を全国で展開する中で、次のような数字を明らかにした。「田んぼ一〇アールが〝つくる〟生物は、オタマジャクシ二三万匹。ミジンコ三三九五万匹。ユスリ蚊一一二万匹。タイコウチ二二匹。平家ボタル三二匹。タニシ二八七〇匹。トビ虫二一万匹。薄羽黄トンボ一一五〇匹。秋アカネ二一一〇匹。ヤマカガシ一・九匹」。

グリーン・ニューディールの農業

温暖化対策と経済対策の一石二鳥策として、昨年秋に発表された「緑の仕事」（国連環境計画、ＩＬＯなど）は、「自然をつくる農業」を、有望分野として挙げている。具体的には、土作り、節水農業、減農薬栽培、水を回して使う水管理事業、小規模土木、自然再生の仕事などである。それぞれの、投資額と雇用効果も数字で出している。

日本には、星さんや宇根さん、水俣の吉本さんなど、素晴らしい実践家がいる。彼らは詩人でもあり、感性に訴える能力も高い。国際会議で彼らの活動を紹介すると、膝を乗り出して「英語で送ってくれ」と言われることが多い。つまり、世界に通用する〝コンテンツ〟はある。

しかし、彼らの活動を計量化し、全国や世界レベルでの政策にくみ上げたうえで、税金や市場メカニズムを使ってダイナミックに展開するところが、国として弱いのではないだろうか。

緑の〝アポロ〟計画

国連・気候変動枠組み条約の締約国会議のバリ会合（ＣＯＰ13、〇七年）で、温暖化の現状把握、将来予測、緩和策、適応策、資金案は、すべて「測定可能、報告可能、検証可能」でなければならない、という決議がされた。

これを踏まえ欧米では、様々な指標づくり、スキーム作りが猛烈な勢いで行なわれている。気候科学、生態学、工学などの科学者から計量経済学者、人間行動学者、政策担当者までが動員されていて、気候変動の〝アポロ計画〟を思わせる。そうした土台の上に、排出権取引の欧米統一市場やＷＴＯ（世界貿易機関）でのCO_2関税が、始まろうとしている。

かつて大航海時代から近代に入る過程で、欧州は、株式会社制度や国有銀行制度を案出し、大規模にお金と人を回す仕組みを作った。それをテコに、豊かな先進地アジア・アフリカを抜き去った。同時期、幕府は倹約令という精神運動を繰り返していた。

それから数百年たった現代、〝炭素本位制〟、〝生物多様性本位制〟という〝異空間〟がつくられつつある。歴史は繰返すのだろうか。

自由貿易ルールのより一層の貫徹と同時に、炭素や生物多様性のバンキング、ボローイング、オフセット、バジェットなどの経済的仕組みが、欧米主導でつくられ、市場経済にビルトインされつつある。

環境日本学への道

そうしたなかで、地域の自然・人間関係・文化を守るには、ベースにある地域の自給経済、共同経済の正統性を世界の市場経済のなかに、理論的・実証的に位置づけ、認めさせる作業が必要だと思う。そこでは、欧米と対等に議論できる環境計量経済学が欠かせない。日本の「感じる文化」、東洋の「統合する文化」に加え、欧米の「数える文化」も磨く。それが、自然・人間・文化の三つの環境を育む環境日本学への道ではないだろうか。

（みずぐち・さとる／博報堂ディレクター）

環境保護には〝公共知的エリート〟が必要

馮永鋒

私たちが山形県高畠町に行き有機農業を視察したのは、一人の詩人がいたからである。

高度経済成長の時代にこの土地の農民たちは気がついた。日本の急速な工業化は農業と農村を席巻し、農業は一種の工業へと化す――という問題である。土地は商・工業資本にコントロールされ、農民は農業労働者と化す――彼らは自分たちの地元で〝農業労働者〟となるか、或いは都会に出稼ぎに行くかである。土地は尊厳を失い始め、農民も尊厳を失い始める。

詩人・星寛治氏は敏感な心でこの問題を捉えた。彼は自分の地元の三八人の若者を招集し、「高畠町有機農業研究協会」を立ち上げた。彼らは伝統農業の尊厳を回復させたい、古くからの農村文化を継承していきたい、と考えた。そして田畑を健康で活力のある状態に保ち、村の自然、村人たちの率直さ、臨機応変さ、調和、お互いに親しいこの社会の特徴を保護していきたいと考えた。

有機農業は難しい農業である。農薬と化学肥料を使わず、土地が本来持つ生産力に依存する。作物自身の被害に対抗する力は確かに低い。化学肥料はやはり農業を便利で容易なものにしてくれ、重い労働を軽くし、利益を大きくする。一方、有機農業は農民たちを重い労働のなかに再び戻した。当時の農林水産省は高畠での試みと粘り強さをとても煙たがった。当時の政府は農業の工業化を一心に考えていたからである。

星寛治氏の詩人という肩書きは彼自身を大きく助けた。彼の書いた詩は東京の文化界でも知名度があり、このことから彼らの村で生産された作物は、都会の消費者との消費提携の形態を獲得した。これらの人々には環境保全グループの人や文化界の先進的思考の持ち主たちを含んでいた。これらの消費提携は彼ら農業従事者を大きく助け、彼らの再生産を保証する利益をもたらすものとなった。

一九七四年、著名な作家、有吉佐和子が『複合汚染』という本を書いた。著書では星寛治氏の故郷がモデルとなっており、彼らの粘り強い有機農業への取り組みと社会のなかで遭遇した苦悩が描かれている。この本の内容は、当初、新聞紙面での連載から始まったもので、当時の日本社会に与えた影響は非常に大きかった。新聞に掲載されて以来、原剛教授のような鋭い環境問題を追う記者は、日本の有機農業の発展経緯を追跡取材し始め、日本の有機農業がすでに全国化している現在も一途に追跡し研究を行っている。

一九七四年、日本のある代表団が中国を訪問し、団員のなかの一人に中村という人物がいた。彼は、〝三八人の若者〟のなかの一人である。星寛治氏は中国を訪問したことがあり、当時の彼の肩書きは〝農民詩人〟であった。日本の有機農業の代表的村となった高畠が〝メッセージの強い発信能力〟があるのは全て星寛治氏の存在と強い関係がある。一九七九年、星寛治氏の故郷高畠町では「町民憲章」が作られ、星寛治氏もこの憲章の製作者の一員として、この憲章の第一条に自然保護と伝統文化の保護を強調した。

三十数年かかって、日本の有機農業は現在の規模にまで発展した。一人の人間が行動を起こすことだけで社会全体にもかなり重要な作用を及ぼす。星寛治氏は有機農業を始めるために、〝柔軟な土地〟から〝健康な食糧〟を育て、その生命力と文化力を回復させ、田畑が経済を支えると同時にこの土地の伝統文化を継承し、農業に質の高い文学性をもたらした。その頃、一人の人物が冷静にその様子を見つめていた。菊地良一氏である。化学の方面の専門家である彼は、三八人の若者を心配そうに見ていた。有機農業は老人、女性に対し、たくさんの重労働を課しているからである。彼にはフェミニズムの思想があり、女性はあらゆる虐待を受けるべきではないと考えていた。そこで彼は一種の毒性の低い農薬を発明し、それは、ただ一度その農薬を撒けば田んぼの雑草を除去し、作物自身の抵抗力も強化するといった長所を持っていた。このことから、高畠の有機農業は二種類のタイプに分けられた。タイプ一として純粋に有機無農薬栽培されてできた米は六〇キログラム三六〇〇〇円で売れる。菊地良一氏の発明した農薬を一度使用したタイプだと、六〇キログラムの米を二六〇〇〇円で売ることができる。ちなみに、有機農業米ではない場合は一六〇〇〇円程度である。彼の発明は多くの人々を有機農業に参加させやすくした。

中国には多くの知的エリートがいるが、そのほとんどが現実主義の精神に乏しく、田畑の調査、時代に参与する精神、公共のために問題を解決する精神が欠如し、農村であろうと都会であろうと、一時的居住であろうと定住であろうと、常に、自分自身と時代・地域・事柄を切り離し、小さな影響でもそれを受けることを恐れ、時代の渦に巻き込まれることを恐れ、あらゆる事柄の当事者・参与者となることを恐れる。自分に関係のあることに関わりたがらず、自分に関係のないことには更に関わろうとしない。すばらしい現象を見ても関わらず、不公平なことを見ても首を突っ込みたがらない。総じて言うと、自分の手を汚さず、時代から遠く離れ、自然と隔絶するということが、私たち知的エリートの除き去ることのできない遺伝子である。

時に、とてもおかしいと考えることがある。大学は公共のものであり、研究所も図書館も学術的刊行物も公共のものであるというように、社会はこれほど多くの資金を使って公共事業を行っているのだから、知識と知恵を十分に集結させる権利があり、その能力を活用してそれらの公共資源を人間の身に投入することで〝公共知識エリート〟をつくり出すべきである。残念ながら今日の中国では、実際の知的エリートは知識を身に着けた後、かえって利己的に、そして萎縮し閉鎖的になり、他者に背を向けてしまっているのである。

著名な環境保護作家・徐剛が書いた『梁啓超伝』の中で、彼のひとつの思想に、「なぜ彼と同じ時代の海外留学から国に帰ってきた人たちは、中華民族の運命が強烈に表現されることに注目しないのか？　なぜ勇敢に革命の宣伝者や指導者になろうとしないのだろうか？　〝梁啓超〟のように〝地元のために尽くす〟という、国家や民族の運命のために奔走し、力の限りを尽くすことがあるのだろうか？」というものである。梁啓超は当時、〝海外で学び国に戻ったエリート〟として金を稼ぐことに忙しかった。近年の〝海外で学び国に戻ったエリート〟もほぼこのような特徴があり、当然ながら彼らは以前と比較し非常に満ち足りている。普遍的にこのような考えが全ての知的エリートに広がった。破壊された環境を代弁するような知的エリートは少なく、困っている民衆のために奔走するような知的エリートも少ない。自分の身や利益を省みず、自然のための公共事業や社会のための公共事業に力を注ぐ知的エリートがどれだけいるだろうか。全く参与しないというのは不可能なことであり、知識の道義であろうと、個人の良心からであろうと実際関わらざるを得ない。しかし、参与が多くなることでの面倒を嫌い、更に多く参与することで消耗することを懸念する。また、あたりにはこれほど多くの休養をとれる温室があり、リラックスして眠ることのできる温床があり、多くの賞賛の言葉を受け、甘い蜜を吸うことができ、平穏な故郷で空想をめぐらすことができる。このように、自然を対岸の火として眺め、一山離れたところに牛を放ち、すだれを隔ててお見合いをし、靴の上から足を掻く、こうして自分の身の安全を守るのである。

知的エリートの〝公共性〟の欠如は、恐らく中国の環境保全事業の促進を難しくする重要な原因の一つである。彼らの発言が必要な時、彼らは発言せず、或いは悪人の手先になって悪事を働き、悪人を手助け、悪事を働く。一方で専門家の看板を掲げ、人としての良心に背いて自らの身を立てる。

水杉（メタセコイア）——星寛治先生及び日本の友人へ

二つ、三つ、四つ人類の村落の間に
空が大地と情感を交わす処に
硬い岩が海へ流される前に
貴方の六〇年間で醸し出した汁液を人々が撒き散らした
そして、この大地に存在するあらゆる柔らかい成長と繋がった

一緒に繋げば遥かに我々を超えてゆく
雀に庇護を与え、蛍の幽かな光を揺らして
神の翼下にかれらの棲家を造り
鳥たちは戦を止めた
この世に常にこのような樹があり
他所の樹と一緒に立ち並びたい
この世に常にこのような樹があり
人類が誕生する前を奔走し、人類が絶滅した後に枯れて
ゆく
この世に常にこのような樹があり
割れ裂けた大地をしっかりと縫い合う
この世に常にこのような樹があり
化石のように強き信念を抱きぬく
この世に常にこのような樹があり
命で家を支え、また傍で守り続ける
この世に常にこのような樹があり
行き先にその根を留めておく

二〇〇八年六月二八日　日本東京にて　馮永鋒

（ふう・えいほう／中国共産党機関誌『光明日報』科学部記者）

真冬の高畠は深い雪の下に。奥羽山脈を雪雲が去来する（撮影＝原剛）

あとがき

早稲田環境塾叢書の第一冊『高畠学』を、〈文化としての「環境日本学」〉の創成をめざす早稲田環境塾の研究報告書としてまとめた。原塾長の論考、吉川成美プログラムオフィサーの「星寛治論」に加え、塾生たちのレポート、高畠のキーパーソン八氏による論考により構成されている。冒頭の論『「環境日本学」を創る』により、早稲田環境塾とは何か、塾創設の目的、塾の理念と構成を記した。

早稲田環境塾は塾生延べ二五〇名のうち、二〇〇八年一一月、二〇〇九年六月に一、二期生、二〇一〇年一一月に四期生の中から延べ約一二〇人が高畠に合宿し、「たかはた共生塾」に集う農民たちと交流してきた。そのきっかけを「なぜ高畠へ向かうのか」に記した。

塾の合宿以前に、早稲田大学大学院アジア太平洋研究科のプロジェクト研究「環境と持続可能な発展」（原剛教授）が、一九九九年から二〇〇七年まで毎年、高畠でゼミ合宿を行い修士、博士論文の事例研究を試みてきた。

この間原塾長らが組織して二〇〇七年九月には、世界農業ジャーナリスト集会に参加した欧米のジャーナリストのうち約七〇名が「たかはた共生塾」に止宿して農民と交流した。二〇〇九年には「日中環境ＮＧＯ・ジャーナリスト交流シンポジウム」（日本環境ジャーナリストの会主催）に参加した中国のジャーナリスト、ＮＧＯの指導者たちが高畠に滞在、星寛治さんらたかはた共生塾の農民たちと親しく交流し、まほろばの里と人々の営みの現場を訪ねている。早稲田環境塾の高畠合宿は、このような試みの延長上で行われている。

論考「有機無農薬農法がもたらしたもの——農政との関連で」を、事実として現場で認識し、実践者に確認することが高畠訪問の目的である。

本書は高畠町有機農業研究会に加わったキーパーソンたちへのインタビュー、院生たちの論文情報で集積された農業、文化、社会発展論などさまざまな観点から「環境とは何か」を論じた。高畠合宿に備えた塾の教材の一部分でもある。

本書に記された小論は、この間の研究成果に基づいている。従って関連して作成されてきた論文が直接、間接に引用されている。

注目すべきは、社会の一線で活動している塾生たちが、高畠合宿の課題である「環境とは何か、地域社会から実証する」を、現場でどのようにとらえ、実感しているかである。一一篇のレポートには、合宿に参加した塾生のほとんど全員が共通して指摘した事項が記されている。それらはまた高畠に合宿した延べ一二〇名の、日本とアジアからの大学院生たちのレポートに通底する内容を伴っている。

その共通項とは、端的に言えば「自然、人間、文化の各環境要素を分断せずに統合してとらえる」ことが地域の、国、世界の「環境とは何か」、その実体を構造的にとらえ、認識し、環境の保護と創造とを実践する道である、との気づきである。

有機無農薬農法が地域社会にもたらした自然・人間・文化環境へのめざましい変革の影響力は、計量化し、市場での貨幣による交換価値で計ろうとする行政と経済学が定義する「農の多面的機能」の域をはるかに凌駕している。その広がり、つながりを一覧表「高畠町に見る農業農村の多様な役割と多面的機能」(本書四三頁)に列挙した。

「有機無農薬農法がもたらしたもの」は、三七年間に及ぶ地域社会からの問題提起の歴史的な意味を、それら営みの経緯をたどりつつ社会動態と関連づけて分析している。

一九七三年以降、「高畠町有機農業研究会」を率いてきた農民詩人星寛治氏の人間像について、「野の復権——はてしない気圏の夢」を配した。

「時代潮流から『高畠』を読む」は、一九七二年から二〇一〇年の間に及ぶ〈環境〉と〈持続可能な発展〉へのありうべき道筋の探索努力の過程で、高畠での試みが時代潮流を反映した普遍的な方向を指向するものであり、〈環境〉と〈持続可能な発展〉の原型形成の手がかりになるのでは、との問題意識から記した。キーパーソン八人の論は、その裏付けとなる当事者たちの「証言」である。

巻末の「農業・環境史年表」は、有機無(減)農薬農法への歴史的な裏付けとして、「農業・環境政策」「高畠」「日本・世界の動向」の三項目間の関連と対照を意識して編集した。

高畠における〈文化としての「環境日本学」〉の可能性を示唆している要素の一端を風土、景観、風景との関連で概観するならば、それは星寛治さんがインタビューで答えている「自然に対するおそれから発した尊敬と崇拝の中で、ヤオヨロズの神々が共存しているやわらかさ、相手を認め合う包容力」によるものではないだろうか。星が二〇一〇年の年賀状に記した詩「草木塔のこころ」には、このような理念が草木塔に託して鮮烈に表現されている。少なからぬ塾生が、高畠に集中している草木塔と星の思想に、本覚思想に由来する「山川草木悉有仏性論」の流れを見ている。しかし神仏への意識が、星たちの行動の当初から自覚されていた訳ではない。

このような感性、理念は星たちが実践してきた有機無農薬農法によって培われた体験知、直観ともいうべきものである。生活者による地域での実践経験から遊離した、国家神道や人神崇拝の理念の対極にある想念といえる。揺るぎない宇宙観に根差した自然科学、人文科学、社会科学に基づく「共生」の思想である。それは星が詩神と仰ぐ宮沢賢治の宇宙観にも通じているように思える（賢治は法華経の信徒であった）。

しかし、客観的な分析だけでは、困難を克服して有機無農薬農法を点から面へと拡げていった高畠の農民群像、それを支えた地域社会の内面的な継続する力がよってくるところ、すなわち地域社会の全体像はつかめない。するりとなにかが掌中から抜け落ちてしまう、のが現場を知る者の実感である。何が抜けおちるのか。

論考「高畠の場所性」中の「風土としての『自然の奥の神々』」は、有機農法に結集した農民の「行動」・「決断」・「覚悟」、持続する意思を支えてきた農民の主体性とそれを培ったこの地域の生活文化の基層（エートス）と場所性（トポス）への一考察である。

星との対話を経て、内山節氏の近著『自然の奥の神々』（宝島社、二〇一〇年）から多くの示唆を得た。同書からの引用が多量に及んでいることを特記し、感謝する。

高畠の風土性に言及するときの「風土」とは何か、また風土に根差す文化とは何か。

文化地理学者で日仏会館館長をつとめたオギュスタン・ベルクは風土、景観、風景の相関について、風土（milieu）とはある社会の、空間と自然に対する関係であり、景観（environment）は風土の物理的あるいは事実的次元、風景（passages）は風土の感覚的かつ象徴的次元で、風土性の表現である、と定義している。景観は客観的な存在であり、景観に対するときに誰もが客観的に理解することが出来る。風土の科学的な解釈だといえる。風景は景観と見る人とを結びつけたもので、「風土のすぐれた啓示者である」とオギュベスタン・ベルクは述べている(1)。

風景とは景観に自分の意識や記憶を介在させ、独自に景観像から読みとる、景観を統合化し、文化化した像であるといえよう。早稲田環境塾の高畠合宿は冒頭に集落の風景を訪ね歩くことから始める。〈文化としての「環境日本学」〉の創造を塾の目的とする早稲田環境塾塾生の必修コースである。

「農村地域が担う役割」として「伝統文化の保存の場」が挙げられている。(2)

文化とは、「自然」-「人間」-「社会」の象徴化形態のことである。それは、「自然」-「人間」の連関と「人間」-「人間」の連関とを、その二重性において象徴化した諸形態である。したがって、例えば「物質的文明」は前者の連関を基盤として成立し、「精神的文化」は主要には後者の連関のうちから生成してくる、と言うこともできよう。

(『社会学事典』弘文堂、一九九六年、七八〇頁)

日本学術会議は農林大臣からの諮問「地球環境・人間生活に関わる農業及び森林の多面的な機能の評価について」に対し、以下のように答申している。

里山を背景とした「日本的な原風景の保全」は国民に歴史、文化の重みと誇りを喚起する意味でも重要である。それは(二次的な・新たな自然)景観形成機能とはまた異なった、日本の心、魂の保全ともいえるものである。棚田・段々畑に刻まれた先祖の築いた歴史・文化は、観るものに感動を与えずにはおかないものである。「新しい自然景観の形成」は保全と同時に新しい文化の創造という意味においてまた重要な機能である(3)

点から面に拡がり、「たかはた食と農のまちづくり条例」の制定(二〇〇八年)に到る展開を遂げてきた有機無(減)農薬農法により復活し、生みだされた自然生態系(自然環境)、人間の営み(人間環境)が、生命に満ちた「新しい自然景観の形成」(新しい文化の創造)に到ったといえよう。

早稲田環境塾が高畠町の、とり分け和田地区に「日本文化としての環境」の原型(prototype)を認識するゆえんである。

すなわち高畠とはあまねく「日本」の地域社会たりうるし、逆もまた真なり、といえるのではないだろうか。自然環境、社会的インフラストラクチャー、制度資本から成る社会的共通資本が最高の水準で整っている日本ならではの可能性である(4)。ミクロからマクロを構想する手掛りといえよう。その関連性、可能性を引き続き現場から実証していきたい。関連して既に二つのプロジェクトを早稲田環境塾は首都圏の水源地群馬県みなかみ町藤原と北海道標茶町の西別川で開始している。

二〇一一年四月現在、奥羽山脈・栗子峠を越えてやってきた東日本大震災の被災者と福島原発からの避難者とで高畠もまた緊張している。高畠の農民たちも支援に出動している。豊かな米、暖かな人情、避難所にも湧く温泉が、異郷に在る人々を慰め、励ましていることであろう。

阪神淡路大震災の後、高畠町は学校給食米を送っている東京墨田区と協定を結び、震災時に避難区民を引き受ける構えである。しかし一歩先んじて、地元からそのことが現実のものとなった。

一九七一年、近郊への原発建設に反対した南独フライブルグの市民たちは、市のゴミ捨て場二二ヘクタールに堆積した家庭ゴミから発生するメタンを集め、三基のタービンを回して電気と熱湯を生産し、市の電力需要の四%を賄い、約一万人、三〇〇〇世帯を集中暖房、給湯している。太陽光発電も盛んである。市の電気・水供給公社は、全家庭に電力消費量が五分の一の省エネ電灯（二一〇〇円）を一個ずつ無料配布した。省エネが得をする社会への誘導である。

交通面では都心への車の乗り入れを規制し、持続可能な社会発展を望む市民たちの活動は、パーク・アンド・ライドシステムから自転車専用道の拡大、環境研究所の創設、広汎な環境教育から無農薬ワインづくりと本来の農村景観の復活運動などへと広がった。

標高三〇〇メートルのトウニベルクの丘では、ブドウ畑と石積みの茂みがバウムクーヘンのようにシマ模様を描く。農薬は使わず、フェロモン（性ホルモン）と茂みに住む天敵の昆虫とで害虫を駆除する。乾燥した岩山の生態系をブドウ畑と共に復活し、伝統的な南ドイツの景観と質の高いワインを産する。野バラの咲く道にカタツムリが這い、ハチが舞う。石垣とヤブが好適な住み家になっている。費用は市と州が分担している。エネルギー政策転換の多面的機能と言うべきか。それを支えるドイツ市民社会伝統の地域自治の精神が脈々と現在も息づいている。

青年農民たちが高畠町有機農業研究会に結集した一九七三年に二年先行する、ドイツ社会のオルタナティブ活動の成果である。フライブルグ市は一九九二年、ドイツの環境首都に選ばれた。有機無（減）農薬稲作が環境、教育、福祉など高畠の地域社会に広くもたらした多面的な成果と比肩されよう。

東日本大震災と原発爆発の危機の最中に、日独地域社会の自治の精神をおもわざるを得ない。

早稲田環境塾による研究叢書シリーズ第一冊『高畠学』の出版に基づく情報発信の試みは、早稲田大学とブリヂストン社に拠るW－BRIDGEの第四研究領域「地域と世界を生き生きとつなぐ環境情報の架け橋」（環境情報の世界発信を通じた日本及び各地域の共時的精神空間の形成）プロジェクトの一環である。W－BRIDGEによる本書出版への支援に感謝している。

日本環境ジャーナリストの会と協働し、英語及び中国語訳をEnvironmental Media Alliance Worldwide（E－MEDIA。一五〇ヵ国の環境ジャーナリスト四〇二八名が加盟）により発信し、「環境日本学」情報のネットワークを確立した。

『高畠学』の概要の一部は、早稲田環境塾のホームページにより日本語、英語、中国語で紹介する。この試みが「地域と世界を生き生きとつなぐ「環境情報の架け橋」になることを期待している。

一九九九年に始まる早稲田大学大学院アジア太平洋研究科のプロジェクト研究「環境と持続可能な発展」と、二〇〇八年以来早稲田環境塾の高畠合宿で胸を借り、鍛えていただいた星寛治さんをはじめ、たかはた共生塾の方々に心底から感謝と敬意を表します。

神と仏教の記述について、国際仏教婦人会理事、早稲田環境塾講師丸山弘子さんが原典に照合し、正確を期した。出版界の困難な状況にもかかわらず、早稲田環境塾叢書の刊行を決断された藤原書店の藤原良雄社長と編集部の刈屋琢さんの尽力に感謝している。

早稲田環境塾塾長　原　剛

事務局長　四方　洋

注

（1）オギュスタン・ベルク『風土としての地球』三宅京子訳、筑摩書房、一九九四年、五三―五九頁。
（2）農林水産省資料「農村地位が担う役割」。
（3）日本学術会議『地球環境・人間生活に関わる農業及び森林の多面的な機能の評価について』二〇〇一年、四九頁。
（4）社会的共通資本とは、一つの国ないし特定の地域に住むすべての人々が、豊かな経済生活を営み、優れた文化を展開し、人間的に魅力ある社会を持続的、安定的に維持することを可能にするような社会的装置を意味する。社会的共通資本は自然破壊、社会的インフラストラクチャー、制度資本の三つの大きな範疇に分けて考えることができる。大気、森林、河川、水、土壌などの自然環境、道路、交通機関、上下水道、電力、ガスなどの社会的インフラストラクチャーそして教育、医療、司法、金融制度などの制度資本が社会的共通資本の重要な構成要素である（宇沢弘文『社会的共通資本』岩波書店、二〇〇〇年）。

謝辞
早稲田環境塾はJR東日本、電源開発、佐川急便各社と上廣倫理財団の後援、ライオン協賛により運営されています。ご協力に感謝します。

農業・環境史年表（1948-2010）

西暦（元号）	農業、環境政策の動向	高畠の動向	環境・農業の国際動向
一九四八（昭和23）	ＤＤＴ農薬登録		
一九四九（昭和24）	ＢＨＣ農薬登録		
一九五四（昭和29）	ＰＣＢ生産開始		
一九六〇（昭和35）	国民所得倍増計画 生産費・所得補償方式に基く生産者米価決定方式を導入・米収穫量一二八五万トン、史上最高の豊作 パラチオン、テップなど農薬事故一三八〇件発生 集団就職のピーク（農村の人口流出）	和田地区地域振興会 星寛治、高畠町青年団長に。六〇年安保に取り組む	ケネディ大統領、農薬問題の検討を指示 世界人口三〇億人
一九六一（昭和36）	農業基本法制定 農業ＮＧＯのＯＩＳＣＡ設立	青年団、農業基本法の学習会 ジークライト社誘致 高畠で水田への農薬散布始まる	世界野生生物基金（現・世界自然保護基金）設立（スイス）
一九六二（昭和37）	第一次全国総合開発計画策定 四日市塩浜コンビナートで公害検診開始	星寛治、「東北米の会」会員に、多収穫米技術を学ぶ	ベトナム戦争で米軍が枯葉剤の散布開始。七一年まで レイチェル・カーソン『沈黙の春』を出版し農薬汚染を告発。

一九六三（昭和38）	長野県の水田の九〇%で農薬を空中散布 東京都ばい煙防止条例	星寛治、農地集団化事業推進委員に。 農協青年部に参加	WHOとFAOが農薬公害対策に残留農薬の基準を設定
一九六四（昭和39）	東京オリンピック 出稼ぎ農民一〇〇万人を超える 新潟阿賀野川流域で水銀中毒発生（第二水俣病）	和田小学校自給野菜組合発足 青年による雄飛会（農業研究サークル）発足 高畠町、NEC誘致 高畠町で大型トラクター導入・共同利用始まる。果樹園での共同防除始まる 出稼ぎ急増 農業青壮年研修所開設	日本OECDに加盟
一九六五（昭和40）	山村振興法 農業就業者一〇〇〇万人を割る	ぶどう団地を造成 稲作近代化推進	
一九六六（昭和41）	農林省、水銀系農薬の非水銀系への切り替えを通達 全中が農薬中毒対策協議会設立	星寛治、米価要求運動で上京	
一九六七（昭和42）	公害対策基本法 米の生産量ピーク（一四四五万トン）	ジークライト社周辺汚染発生	
一九六八（昭和43）	消費者保護法 米が生産過剰に。古米の在庫五五〇万トン 日本GNP世界第二位に カネミ油症事件 大気汚染防止法	重量機械を用いての開田ブーム 米の集団栽培で山形県六〇万トン目標達成 第二期山村振興事業で水田基盤整備事業開始、ブルドーザーによる水田の区画割整理が進む	
一九六九（昭和44）	石牟礼道子『苦海浄土――わが水俣病』刊 稲作転換対策開始	第一回青年自治研修会 星寛治、米、果樹、酪農の複合経営に切換 青年団自治研修会行政との対話集会を始める 和田地域開発青年協議会結成	

一九七〇（昭和45）	過疎地域対策緊急措置法　七七六市町村を指定 水質汚濁防止法制定 農用地土壌汚染防止法制定 光化学スモッグ被害深刻化 減反（米の生産調整）政策始まる	青年団、公害調査に乗り出す 住民とジークライト社による公害対策協議会	全米で約二〇〇〇万人が参加し第一回アースデー（地球の日、公害追放市民大会）開催 OECD環境委員会設立
一九七一（昭和46）	水質汚濁に関わる環境基準 環境庁設立 農水省が有機塩素系農薬の野菜、飼料作物への使用禁止 BHC・DDT販売禁止 PCB環境汚染問題化	ジークライト社見舞金覚書に調印 青年研修所開設	水鳥の生息湿地を保護する「ラムサール条約」採択 アメリカの反公害活動家ラルフ・ネーダー来日
一九七二（昭和47）	通産省PCBの生産、使用禁止 農薬登録の国家試験を義務化 田中角栄首相が『日本列島改造論』を出版。地価高騰 自治省が初の過疎白書を発表 自然環境保全法	星寛治のリンゴ園病害で全滅	国連人間環境会議　ストックホルム宣言採択 「国際有機農業運動連盟」（IFOAM）発足、農業環境政策の統合を勧告 国連環境計画（UNEP）設立 ローマクラブ「成長の限界」 地球観測衛星ランドサット一号打ち上げ
一九七三（昭和48）	市街化区域の農地に宅地並み課税 公害健康被害補償法施行	高畠町有機農業研究会発足 高畠町青年研修所主催による長野県研修の際、協同組合経営研究所、築地文太郎研究員を囲む会を催す。さらに一楽照雄理事を高畠に迎え、「一億人の経済・よみがえる土」取材、放映 総合農業学会、日本有機農業研東日本研修会開催	穀物ショック（アメリカ大豆の輸出を禁止）

一九七四（昭和49）	有吉佐和子が朝日新聞に「複合汚染」を連載 自然保護憲章を国民会議で採択 熊本県・有機農業研究協議会設立 第一次石油ショック 環境庁国立公害研究所設置 生産緑地法	有吉佐和子、高畠町有機農業研究会員の畑を取材。 NHK「一億人の経済・よみがえる土」高畠有機農業研究会を取材、放映 総合農業学会、日本有機農研東日本研修会を高畠で開催	米国のローランド博士がフロンによるオゾン層破壊が生態系の異常をもたらすと報告 ILOが「発がん物質規制条約」を採択 世界人口会議・世界食糧会議 国連砂漠化防止会議 世界人口四〇億人
一九七五（昭和50）	有機農業運動が起き始める。国民食料会議で自然健康食品ブーム 母乳から残留農薬検出（PCB・水銀等汚染問題深刻化）	高畠小学校で校有田耕作始まる。 首都圏消費者グループ（所沢・杉並）と有機研提携始まる 星寛治、町教育委員に。「耕す教育」提唱	EUが条件不利地農業に直接支払い制度設定 ラムサール条約発効
一九七六（昭和51）	厚生省調査で母乳のすべてからBHCなど検出	大冷害、有機田は山吹色に実る。 星寛治、第五回県詩賞受賞 有機米の首都圏消費者グループへの産直開始 たまごの会と有機研提携始まる。	WMO（世界気象機関）オゾン層の減少と地球温暖化の進行を警告 セベソダイオキシン汚染事件
一九七七（昭和52）	三全総（定住構想）閣議了承 播磨灘に赤潮大発生、ハマチ一六〇万尾死ぬ	山村地域特別事業として和田民俗資料館建設、有機農研の活動拠点に 町は農工一体を前面に工場誘致 星寛治、エッセイ集『鍬の詩』出版	OECDが「化学物質のアセスメント」実施を勧告 砂漠化防止行動計画
一九七八（昭和53）	第二次過剰米処理─水田利用再編対策 農林省が農林水産省に改称 「琵琶湖を守る石けん使用推進県民会議」発足 福岡県農業改良普及員、宇根豊が「減農薬稲作」に着手	産直活動展開 消費者の援農（田の草取り）始まる 町民憲章で有機農業の町宣言 海外留学生の受け入れ（ラオス女性一名）開始	日米環境協力協定を締結

一九七九（昭和54）	滋賀県で「琵琶湖富栄養化防止条例」成立 リンを含む洗剤の使用、販売中止 第二次オイルショック 古米六五〇万トン処理 科学技術庁が組み換えＤＮＡ実験指針	墨田区と高畠交流始まる 稲作の請負耕作・兼業広がる	ＥＣ委員会「日本人はウサギ小屋に住む働き中毒」と報告 スリーマイル島原発事件 世界気象会議（ＷＭＯ）温室効果による温暖化警告
一九八〇（昭和55）	過疎地域振興特別法 過疎地域市町村一、一一九 戦後最悪の凶作 ワシントン条約、ラムサール条約加入	第二次減反開始 牛乳の生産調整 豪雪、果樹に大被害 冷害（四年続きの幕開け）	米国が対ソ穀物禁輸 米政府調査報告「西暦二〇〇〇年の地球」（地球温暖化・種の消滅を警告）
一九八一（昭和56）	ＤＤＴ、ディルドリン、エンドリンが全面使用禁止	和田地区村づくり、農林大臣賞受賞	日中渡り鳥保護条約に調印
一九八二（昭和57）	経団連「農業・農政のあり方」を提言、保護農政を批判 緑資源の維持・培養と環境保全の論議	日本有機農研、第八回総会を高畠で開催 上和田農産物加工組合設立、加工施設完成	ＮＧＯ国際消費者機構の「国際農薬監視行動ネットワーク」発足 ＵＮＥＰ特別会議ナイロビ宣言 南極でオゾンホール発見 遺伝子組み換え植物の出現
一九八三（昭和58）	農水省に農業環境技術研究所発足 農産物輸入自由化阻止運動	高畠町有機農研、和田、糠野目、高畠の三ブロックに別れる。 星寛治、高畠町教育委員長に	
一九八四（昭和59）	農水省「消費者の部屋」を開設		ＷＴＯが飲料水の水質基準四四項目を示す

一九八五（昭和60）	大地を守る会が有機無（減）農薬の野菜、果実の宅配開始 自然農法国際研究開発センター設立	高畠と墨田区の小学生の夏休み体験教室始まる	ＥＵが「農業構造の効率に関する規則」で環境保全型農業への助成を制度化 アメリカ農業法（一九八五年）、低投入持続型農業（ＬＩＳＡ）助成 国際農薬監視行動ネットワークがＤＤＴなど一二の農薬追放キャンペーンを開始 ＦＡＯ、熱帯林行動計画 オゾン層保護条約
一九八六（昭和61）	国際協調のための経済構造調査研究会が前川レポート提出・農産物の市場開放を提唱		ＧＡＴＴウルグアイラウンド農業交渉開始 英国で牛海綿状脳症（ＢＳＥ）を初めて確認 チェルノブイリ原発事故
一九八七（昭和62）	第四全総（交流ネットワーク構想） 特別栽培米制度による有機米の公認 総合保養地域整備法 全国新規就農ガイドセンター発足 自民党に有機農業研究議員連盟設立	減農薬農法による上和田有機米生産組合発足（菊地良一組合長）、農薬空中散布に反対する七六戸が参加 星寛治、ＮＨＫふるさと賞受賞	環境と開発に関する世界委員会が持続可能な発展を基本概念とする報告書「Our Common Future」を公表 オゾン層保護条約モントリオール議定書 世界人口五〇億人
一九八八（昭和63）	林野庁「緑と水の森林基金」 オゾン層保護法 社会党有機農業研究会設立 生態農業連絡協議会発足 岡山県「有機無農薬農業推進要綱」 宮崎県綾町自然生態系農業推進条例		日米農産物交渉決着。牛肉オレンジの自由化 日ソ渡り鳥条約発効（二八七種が対象） 全米精米業者協会、日本のコメ市場解放をＵＳＴＲに提訴 環境と農業ＥＣ委員会 ＩＰＣＣ（気象変動政府間パネル）設置 米低投入型農業（ＬＩＳＡ）研究プロジェクト開始

一九八九（昭和64）（平成元）	農水省有機農業対策室設置 供給熱量の自給率五〇%を下回る	上和田有機米生産組合員一三〇戸に	アルシュサミット、経済宣言のほとんどを環境、生態系の保全にあてる 中国農業部が八次五カ年計画で「無公害食品」を農業振興の方向として規定 CGIAR「持続可能な農業生産」 有害廃棄物規制バーゼル条約 北極にオゾンホール 特定フロン全廃へヘルシンキ宣言
一九九〇（平成2）	過疎地域活性化特別措置法 自主流通米価格機構による米の入札取引開始	たかはた共生塾発足（鈴木久蔵塾長　星寛治副塾長）	四極通商会議で中尾通産相が環境保護を理由とする貿易制限を認めるよう主張 中国農業部緑色食品の推進のため「緑色食品弁公室」を設置 IPCC、第一次評価報告書
一九九一（平成3）	農水省有機栽培ガイドライン設定 農水省が農業の有する多面的機能の評価開始 バブル経済崩壊 土壌の汚染にかかわる環境基準	映画『おもひでぽろぽろ』先行上映会　高畠の農業青年がモデルに擬せられる（高畑勲監督）	EU一五カ国有機農業の認証基準制定 米国有機農産物の連邦基準策定
一九九二（平成4）	厚生省三四農薬に残留基準制定 「新しい食料・農業・農村政策の方向」（新政策）策定、環境保全型農業を強調 農水省「有機農業対策室」を「環境保全型農業対策室」に改組	自然と人間、都市と農村の共生を願い、まほろばの里農学校が開校 山形新幹線開通　高畠駅停車実現 星寛治、第二詩集『はてしない気圏の夢をはらみ』出版	リオデジャネイロ国連環境開発会議、「行動計画・アジェンダ21」で持続可能な農業と農村開発の条件を提示。気候変動枠組条約、生物多様性保全条約などを採択 EUが環境目的の農地転換、森林計画を策定

一九九三（平成5）	農水省・自治体「中山間ふるさと・水と土の環境保全基金」創設 特定農山村法 特別栽培有機農産物表示ガイドライン施行 政府がコメ市場の部分開放を認める。 冷害による戦後最悪の凶作。米二〇〇万トン緊急輸入 有機農産物表示制度	和田民俗資料館新管理組合発足（高橋善美組合長） NHKスペシャル『それでも大地に生きる』山下惣一・星寛治往復書簡、取材（六カ月）、放送 稲作、空前の冷害に 築地文太郎を偲ぶ会（一楽照雄出席） 星寛治、県総合開発審議会委員	EUが共通農業政策（CAP）を改革。欧州全域に環境支払いを拡大 米国農業・総合病虫害防除（IPM）により七五％の農地で環境負荷軽減計画 OECD「農業と環境」合同作業部会設置、農業環境指標検討開始 ウルグアイラウンド農業合意
一九九四（平成6）	環境基本計画策定 冷害による緊急輸入米二五五万トン	星寛治『農業新時代』（ダイヤモンド社） 星寛治、全国環境保全型農業推進会議委員に	気候変動枠組み条約発効 砂漠化対処条約
一九九五（平成7）	全国環境保全型農業推進会議設置 新食糧法制定 食管制度廃止 生物多様性国家戦略策定 製造物責任法（PL法） レストラン、ファーストフード店が有機農産物をあいつぎ使用 自然の権利訴訟（アマミノクロウサギ）奄美大島で	阪神淡路大震災発生、被災地（提携市民）に救援物資を届ける 中国青海省副省長（他五名）高畠視察 高畠町制四〇周年記念シンポジュウム、NHK衛星放送で放映 星寛治、有機田で鯉除草を実施（県農試と連携して） 星寛治『農業新時代』真壁仁野の花文化賞受賞	先進国のフロン、臭化メチル全廃 IPCC第二次評価報告 世界貿易機構（WTO）発足 環境分野に初のノーベル賞
一九九六（平成8）	大豆、ジャガイモなど遺伝子組み換え食品七種の輸入許可	墨田区高畠町防災協定締結 星寛治、山形県教育功労者表彰 星寛治、県産業構造審議会委員に	コルボーンら『奪われし未来』 世界食料サミット 遺伝子組み換え作物の商業生産開始

一九九七（平成9）	環境保全型農業推進憲章策定 山形県長井市で「台所と農業をつなぐ地域内循環システムながい計画」スタート	高畠町有機農研は発展的に解散。有機農業に取り組む八団体八〇〇人が参加。高畠町有機農業推進協議会が発足 ゲンジボタルとカジカガエル愛護会発足（二井宿）	温暖化防止京都会議（COP3）が京都議定書採択 OECD農業環境指標の枠組みを決める
一九九八（平成10）	米の生産調整面積が九〇万ヘクタールに 農水省調査で全農協の五四%が環境保全型農業に取り組む 食糧・農業農村基本法 地球温暖化対策推進法 地球温暖化対策推進大綱	国立公害研究所が高畠の水田でヌカエビの生存率テスト。農薬空中散布の田では一〇分間で全滅。星寛治の田では七日間で死亡ゼロ 水俣展を考える会発足（水俣フォーラム、栗原彬、加藤登紀子ら）、水俣、高畠展実行委員会結成	WTO、ダイオキシンTDI見直し COP4、ブエノスアイレス行動計画
一九九九（平成11）	JAS法改正、生鮮食料品原産地表示の義務化 食料・農業・農村基本法、農業の持続的発展と多面的機能の発揮を規定 棚田学会設立 新規就農者一〇〇〇〇人台回復 農業環境三法（持続農業法、家畜排泄物法、肥料取締法改正） ダイオキシン類対策特別措置法成立	NHK、BS放送一〇周年記念、高畠―墨田区二元中継 星寛治、東京農業大学特別講義 高畠町―ISO14001認証取得	EU共通農業政策で農業の多面的機能の維持を堅持 FAO国際会議で持続可能な農業と農村開発に向けて多面的機能の重要性を確認 CODEXオーガニック農業基準合意 OECDが農業の多面的機能の検討作業開始

二〇〇〇（平成12）	農地法改正、株式会社の農業参入に道を開く 中山間地域直接支払い制度実施 JAが地産地消強化を提唱 供給熱量の自給率四〇％を割る 島根県中海干拓農地化事業中止	星寛治、『有機農業の力』出版 星寛治、県教育問題懇談会委員に 早大大学院アジア太平洋研究科、原剛ゼミ、高畠調査開始	気候変動に関する政府間パネル（IPCC）が地球温暖化の進行で一〇〇年後に生態系破局を予測 バイオセーフティに関するカルタヘナ議定書採択（一月） WTO農業交渉で農業の多面的機能の論議
二〇〇一（平成13）	BSE感染牛を初めて確認 食品リサイクル法施行 中央省庁再編　環境省発足	町環境基本法条例制定―環境の町づくり指導 星寛治、東京農大客員教授就任 星寛治、『農から明日を読む』出版	残留性有機汚染物質（POPs）に関するストックホルム条約 IPCC、地球温暖化第三次評価報告書
二〇〇一（平成13）		一楽照雄記念碑建立（和田民俗資料館前） 高畠町、和田ゆうきの里づくり着工（和田民俗資料館大改修）	
二〇〇二（平成14）	バイオテクノロジー戦略大綱 農薬取り締まり法改正・米政策改革大綱 中央環境審議会　遺伝子改変生物の生物多様性影響防止に関する中間答申 国内無登録農薬の輸入使用が問題化 京都議定書批准	ゆうきの里づくり事業（コテージ三棟新築） たかはた共生塾、鈴木久蔵塾長逝去、星寛治塾長就任 環境事業団自然保護講座「農業と環境」 第一回一楽忌（偲ぶ会）	持続可能な開発（ヨハネスブルグ）世界サミット
二〇〇三（平成15）	内閣府に食品安全委員会設置 農水省に消費・安全局設置 自然再生推進法施行 遺伝子組み換え生物等の使用等の規制による生物多様性の確保に関する法律成立	星寛治、農水省職員研修講座 星寛治、第五次山形県教育振興計画審議委員会委員長に就任	バイオセーフティに関するカルタヘナ議定書が発効 第三回世界水フォーラム

二〇〇四（平成16）	高病原性鳥インフルエンザの発生	第五次山形県教育振興計画、「いのちの教育」を主体に ＮＨＫラジオ深夜便『心の時代』星寛治「土のぬくもり」放送 星寛治、フランス旅行「ミレーのバルビゾン村、南フランス・オーバーニュ市公害の農村で提携運動（ＡＭＡＰ〝家族農業を守る会〟）を担うダニエル・ヴィロン夫妻と交流 星寛治、山形大学講義『自然と人間の共生』	ＣＯＰ10（ブエノスアイレス） ＩＳＯ１４００１／２００４発効
二〇〇五（平成17）	アスベストによる健康被害が社会問題化 景観緑三法全面施行	有機農業研究会結成三〇周年記念現地交流会 映画「いのち耕す人々」製作上映支援会発足	京都議定書発効 ＣＯＰ11・ＣＯＰ／ＭＯＰ１（モントリオール） ＥＵ、全アスベスト禁止を施行
二〇〇六（平成18）	アスベスト新法施行	星寛治、『耕す教育の時代』出版 星寛治、旭日双光章受章 日本有機農業研究会シンポジウム	ＣＯＰ12・ＣＯＰ／ＭＯＰ２（ナイロビ）
二〇〇七（平成19）	第三次生物多様性国家戦略閣議決定 環境省「国内排出量取引制度」検討 経済産業省「地球温暖化対応のための経済的手法研究会」発足	たかはた共生塾連続講座「遺伝子組み換えの不安」安田節子・星寛治 ＮＨＫ『ホタルの舞う日本』取材 世界農業ジャーナリスト大会に参加した欧米のジャーナリスト約七〇名が高畠合宿 山形県小中学校ＰＴＡ研修大会、星寛治講演	ＣＯＰ13（パリ） ＩＰＣＣ第四次評価報告書

二〇〇八（平成20）	生物多様性基本法施行 エコツーリズム推進法施行 低炭素社会づくり行動計画（閣議決定）	星寛治、リンゴ栽培面積縮小（三〇aの伐採） NHK「こころの時代――いのち育み、心を耕す」、星寛治出演 中国環境NGO・ジャーナリスト交流会（日本環境ジャーナリストの会） 「たかはた食と農のまちづくり条例」制定 第五次高畠町総合計画策定「いのち輝く未来宣言」 第一期早稲田環境塾、高畠合宿	京都議定書第一約束期間開始（〜二〇一七） COP14／MOP4（ポーランド） オバマ米大統領の登場 神戸・生物多様性のための行動の呼びかけ（G8環境大臣合意）
二〇〇九（平成21）	新たな太陽光発電買取制度開始 農家戸別所得補償制度が民主党の公約になる	たかはた文庫建設委員会・協賛会立ち上げ 米沢興譲高校で星寛治「いのちの講座」講演 星寛治、高畠町功績賞受賞 星寛治、第三詩集『種を播く人』出版 立教大学フォーラム「環境と生命」—栗原彬・星寛治対談 第二期早稲田環境塾高畠合宿	国際自然エネルギー機関（IRENA）設立 COP15（コペンハーゲン）
二〇一〇（平成22）	宮崎県　口蹄疫発生 農家戸別所得補償制度、水田作を対象として総額五六一八億円の予算概算要求、米価水準にかかわらず、全国一律の定額補償が一〇a当り一・五万円が支払われる・対象農家は約一八〇万戸	有機農業研究会、「地域が支える食と農」神戸大会にて日本の提携「TEIKEI」運動の海外での推進者（カナダ・アメリカ・フランス）と交流 たかはた文庫、完成 「上和田有機米生産組合」農林水産大臣賞受賞 台湾行政院三〇名が高畠研修 中川信行、大日本農会緑白有功賞受賞 星寛治、齋藤茂吉文化賞受賞 第三期早稲田環境塾高畠合宿	生物多様性条約締約国会議COP10（名古屋市） 愛知ターゲット、里山イニシアティブ採択

（組織、委員及び任期）

第32条　委員会は、委員10人以内で組織する。

2　委員は、学識経験者、消費者、生産者及び町長が必要と認める者のうちから、町長が任命する。

3　委員の任期は、2年とする。ただし、委員が欠けた場合の補欠委員の任期は、前任者の残任期間とする。

（会長）

第33条　委員会に会長を置く。

2　会長は、委員会を代表し、会務を総理する。

3　会長に事故あるときは、あらかじめ会長が指定した委員が、その職務を代理する。

（会議）

第34条　委員会の会議は、会長が招集し、会長が議長となる。

2　委員会は、委員の過半数が出席しなければ、会議を開くことができない。

（部会）

第35条　委員会は、必要に応じ、部会を置くことができる。

第7章　雑則

（委任）

第36条　この条例の施行に関し必要な事項は、規則で定める。

附　則

この条例は、平成21年4月1日から施行する。

農業生産方式によって生産される農産物の生産の振興及び消費の拡大を図るために必要な措置を講ずるものとする。

（食のブランド化）

第27条　町は、地域の特性を活かした農産物の生産振興、販売、流通等の促進及びたかはたブランド（たかはたブランド認証要綱（平成19年10月9日制定）により認証された農産物をいう。以下同じ。）の確立を図るため、次に掲げる施策の実施に努めるものとする。

（1）消費者等の需要に応じた収益性の高い農産物に係る情報の的確な把握及び当該情報を活かした農産物の生産の拡大に関する施策

（2）たかはたブランドに係る生産者及び生産組織の育成に関する施策

（3）町内産農産物の信頼を高め、需要及びその販路拡大に関する施策

（4）観光産業及び食品関連事業者等との提携による町内産農産物の利用促進に関する施策

（都市と農村との交流の推進）

第28条　町は、活力ある農業経営の自立を図るため、農業者等の主体的な活動への支援及び都市と農村との交流を促進するものとする。

2　町は、都市部からの情報収集及び本町の情報発信に努め、生産者と消費者とが互いに信頼関係を高められる農産物の販売体制整備に努めるものとする。

（担い手の育成及び農業従事者の確保）

第29条　町は、意欲ある農業の担い手の確保及び効率的な組織経営の促進を図るため、誇りを持って農業に従事し、かつ、安定した収入が確保できるよう必要な施策を講じるものとする。

2　町は、新規就農者、高齢農業者、女性農業者、小規模農家等が多様な農業経営に取り組むために必要な施策を講じるものとする。

3　町は、集落単位を基礎とした農業者の組織、農業生産活動を共同で行う農業者の組織、委託を受けて農作業を行う組織等の活動の促進に必要な施策を講じるものとする。

第6章　たかはた食と農のまちづくり委員会

（設置）

第30条　食と農のまちづくり施策に関する事項を審議するため、たかはた食と農のまちづくり委員会（以下「委員会」という。）を設置する。

（所掌事項等）

第31条　委員会の所掌事項は、次のとおりとする。

（1）町長の諮問に応じ、食の安全、安心及び農業振興に関する事項の調査及び審議

（2）農業施策の検証及び評価

（3）前2号に掲げるもののほか、この条例の規定によりその権限に属された事項

2　委員会は、食と農のまちづくりに関し必要と認める事項を町長に建議することができる。

(3) 偽りその他不正な手段により、許可を受けたとき。

(手数料)

第21条　第13条第1項又は第16条の許可を受けようとするものは、申請時に申請手数料を納めなければならない。

2　前項の申請手数料の額は、次の各号に掲げる区分に応じ、当該各号に定める額とする。

(1) 許可申請　1件につき　174,000円

(2) 変更の許可申請　1件につき　129,000円

(情報の申出)

第22条　町民は、遺伝子組換え作物の混入、交雑、落下、飛散又は自生が生じるおそれがあると認められる情報を入手したときは、町長に適切な対応をするよう申し出るものとする。

(立入検査)

第23条　町長は、許可者に対して報告を求め、必要があると判断した場合には、職員又は学識経験者(以下「職員等」という。)に、ほ場に立ち入らせ、遺伝子組換え作物、施設、書類その他の物件を検査させ、若しくは関係者に質問させることができる。

2　前項の規定による立入り、検査又は質問をする職員等は、その身分を示す証明書を携帯し、関係者に提示しなければならない。

3　第1項の規定による権限は、犯罪捜査のために認められたものと解釈してはならない。

第5章　たかはたの食と農のまちづくり

(地産地消の推進)

第24条　町は、農林業者及びその関連する団体等による安全な食料の生産の拡大並びに食品関連事業者等による安全な食品の製造、加工、流通及び販売の促進並びに町内の安全な食の消費の拡大を図るため、地産地消の推進に必要な施策を講ずるものとする。

2　町は、公共施設で提供する食材に町内産農産物を積極的に使用し、地産地消の推進に努めるものとする。

(食育の推進)

第25条　町は、健全な食生活の実現を図るため、家庭、学校、地域社会等において、望ましい食習慣、食の安全、地域の食文化等に係る情報の提供、食育に関する人材の育成その他必要な措置を講ずるものとする。

(有機農業の推進)

第26条　町は、基本理念にのっとり、安全な食料の生産を促進するため、有機農業の推進に関する法律(平成18年法律第112号)第2条に規定する有機農業を推進するものとする。

2　町は、有機農産物及び農業生産に由来する環境への負荷をできる限り低減した

(3) 申請者が、第20条の規定により許可を取り消され、その取消しの日から起算して2年を経過しないものであるとき。ただし、2年を経過したものであっても、取消しの原因究明、違法状態の是正及び再発防止策の有効性が認められないものも同様とする。
(4) 申請者が法人である場合において、その法人の業務を執行する役員が前号に該当する者であるとき。
(5) 遺伝子組換え作物の栽培に関し、遺伝子組換え生物規制法に規定される主務大臣の承認を受けていないとき。
2　第13条第1項の許可による栽培期間は、1年以内とする。ただし、町長が特に適当と認める場合は、この限りでない。

(許可の変更)

第16条　第13条第1項の許可を受けたもの(以下「許可者」という。)は、その許可の内容を変更しようとする場合には、あらかじめ町長に申請し、変更の許可を受けなければならない。

(届出)

第17条　許可者は、遺伝子組換え作物の栽培を開始し、休止し、又は廃止したときは、その日から7日以内にその旨を町長に届け出なければならない。

(遵守事項)

第18条　許可者は、次に掲げる事項を遵守しなければならない。
(1) 栽培した遺伝子組換え作物の処理、収穫物の出荷等に関する状況を記録し、その記録を3年間保管すること。
(2) 混入若しくは交雑が生じた場合は、直ちに、その拡大を防止するために必要な措置を講じ、又は混入若しくは交雑を生ずるおそれがある事態が発生した場合は、直ちに、これらを防止するために必要な措置を講ずるとともに、その状況を町長に報告し、及びその指示に従うこと。

(勧告及び公表)

第19条　町長は、許可者及び遺伝子組換え作物を取り扱う食品関連事業者等に対し、遺伝子組換え作物が混入し、若しくは交雑し、又は自然界に落下し、若しくは飛散し、自生する遺伝子組換え作物以外の作物に影響を及ぼさないよう必要な勧告を行うことができる。
2　町長は、許可者が、前項に規定する勧告に従わないときは、許可者の氏名又は名称を公表することができる。

(許可の取消し等)

第20条　町長は、許可者が次の各号のいずれかに該当するときは、第13条第1項の許可を取り消し、又は許可の内容若しくは条件を変更し、若しくは新たな条件を付することができる。
(1) 第15条第1項各号のいずれかに該当することとなったとき。
(2) 第18条に規定する遵守事項その他この条例の規定又は許可に付した条件に違反したとき。

品の安全性の確保その他必要な施策を講じるものとする。

（地域内食料自給率の向上）

第11条　町は、基本理念にのっとり、安全な食の生産の拡大を行うことにより、地域内食料自給率を高めるための施策を講じるものとする。

2　町は、地域内食料自給率に関する情報を公表し、食と農に対する町民の意識向上及び町内産農産物の消費拡大に努めるものとする。

第4章　遺伝子組換え作物の自主規制

（自主規制）

第12条　遺伝子組換え作物については、野生動植物への影響並びに農産物の生産及び流通上の混乱並びに一般の農作物との混入、交雑等による経済的被害を未然に防止するため、町民自らが自主的に栽培しないものとする。

（栽培許可）

第13条　町内における遺伝子組換え作物の栽培状況を把握し、遺伝子組換え作物と有機農作物又は一般の農作物との混入、交雑等を防止するとともに、遺伝子組換え作物の栽培に起因する生産上及び流通上の混乱を防止するため、町内において遺伝子組換え作物を栽培しようとするものは、あらかじめ、町長の定める事項を記載又は添付して町長に栽培の申請をし、許可を得なければならない。

2　前項の規定は、遺伝子組換え生物規制法第2条第6項に規定する第2種使用等であるものについては、適用しない。

3　町長は、第1項の申請を受理した場合には、第30条に規定するたかはた食と農のまちづくり委員会の意見を聴かなければならない。

4　町長は、第1項の許可に必要な条件を付すことができる。

（説明会の開催）

第14条　前条の許可を受けようとするもの（以下「申請者」という。）は、町長が指定する関係住民に対し、あらかじめ日時及び場所を定め、当該申請に関する説明会（以下「説明会」という。）を開催しなければならない。

2　前項の住民は、申請者に対して自然環境保全上の見地から意見を述べることができる。

3　申請者は、当該申請に係る栽培にあたり関係住民の同意を得なければならない。

4　申請者は、説明会の実施状況報告書及び当該住民の同意書を前条に基づく申請時に町長に提出しなければならない。

（許可の基準）

第15条　町長は、第13条第1項の許可の申請が次の各号のいずれかに該当するときは、許可をしてはならない。

(1) 当該申請に係る混入交雑防止措置又は自然界への落下若しくは飛散を防止する措置が適正でないと認められるとき。

(2) 申請者が申請どおりの措置を的確に実行するに足る人員、財務基盤その他の能力を有していないと認められるとき。

を促進する機能（以下「自然循環機能」という。）が維持増進され、かつ、持続的な発展が図られるものでなければならない。

6　食と農のまちづくりは、農山村が持つ、国土の保全、水源のかん養、自然環境の保全、良好な景観の形成、文化の伝承等の多面にわたる機能及び食料生産等の多面的機能を活用し、生産、生活及び交流の場の調和が図られるものでなければならない。

(町の役割)

第４条　町は、前条に定める基本理念（以下「基本理念」という。）にのっとり、食と農のまちづくりに関する施策を総合的かつ計画的に実施するものとする。

2　町は、前項の施策を講ずるときは、国、県、生産者、農業に関する団体、食品関連事業者等及び消費者と連携するとともに、国及び県に対して施策の提言を積極的に行うものとする。

(生産者等の役割)

第５条　生産者及び農業に関する団体は、安全かつ安心な農産物を安定的に供給するように努めるとともに、農業及び農村の振興に関し、積極的に取り組むものとする。

(消費者の役割)

第６条　消費者は、食、農業及び農村の果たす役割に対する理解を深め、健全な食生活の重要性を認識するとともに、町内産農産物の消費及び利用を推進すること等により食育及び食文化の発展に積極的な役割を果たすものとする。

(事業者の役割)

第７条　事業者は、食料を使用するときは、地産地消の推進に努めるとともに、宿泊施設及び販売、飲食等に関する事業所については、地元農産品の提供及び宣伝に努めるものとする。

第２章　自然環境に配慮した農業の推進

(自然環境と調和した農業の推進)

第８条　町は、循環型で持続的に発展する農業を確立するため、農薬及び化学肥料の使用量を減じた農法を含めた環境保全型農業を推進するとともに、有機性資源の有効活用を図り、農業の自然循環機能の維持増進に必要な施策を講じるものとする。

(農業生産に係る環境の保全)

第９条　生産者は、農産物の生産活動を通じて国土の保全、水源のかん養、自然環境の保全、良好な景観の形成、地球温暖化の防止等の多面的機能が充分に発揮されるように努めなければならない。

第３章　安全・安心な農産物の生産

(安全な食料の安定供給)

第10条　町は、安全な食料の安定供給を図るため、町民が安心して消費できる食

このため、本町の農業及び農村が持つ機能的役割の重要性や農村文化を次世代に引き継ぐとともに、地域資源の活用と町民の健康を守り、地産地消、食の安全、環境保全型農業の推進により、魅力ある農林業が息づく農商工が連携した食と農のまちづくりを目指すための指針として、この条例を制定するものです。

第1章　総則

(目的)

第1条　この条例は、本町が目指す農林業が息づく農商工が連携したまちづくりについて基本理念を定め、町、生産者、消費者及び食品関連事業者等の役割を明らかにするとともに、食と農が支える町民の豊かな暮らしづくりを実現するための施策の基本となる事項を定めることにより、活力ある心豊かな農村社会の構築と町民の健康で豊かな生活の向上に資することを目的とする。

(定義)

第2条　この条例において、次の各号に掲げる用語の意義は、それぞれ当該各号に定めるところによる。

(1) 地産地消　地域資源の活用と流通過程における経費の低減を目指し、町内で生産された農産物を町内で食することをいう。

(2) 食育　食に関する知識及び食を選択する力を習得し、健全な食生活を実践することができる人間を育てることをいう。

(3) 遺伝子組換え作物　遺伝子組換え生物等の使用等の規制による生物の多様性の確保に関する法律（平成15年法律第97号。以下「遺伝子組換え生物規制法」という。）第2条第2項に規定する遺伝子組換え生物等であって、作物その他の栽培される植物をいう。

(4) 食品関連事業者等　食品の製造、加工、流通、販売又は飲食の提供を行う事業者及びその組織する団体をいう。

(5) 地域内食料自給率　町内で生産される農産物が町内で消費される比率をいう。

(基本理念)

第3条　食と農のまちづくりは、地域の食文化及び伝統を重んじ、地域資源を活かした地産地消を推進することにより、地域内食料自給率の向上及び安定的な食料供給体制の確立を図るものでなければならない。

2　食と農のまちづくりは、農産物生産を通じて町の産業全体が発展し、生産者が意欲を持って農業に従事でき、自立できる農業環境の整備を図るとともに、担い手が確保されるものでなければならない。

3　食と農のまちづくりは、食と農業の重要性が町民に理解され、家庭及び地域において地産地消、食育等が実践されるよう行われなければならない。

4　食と農のまちづくりは、農薬等の使用又は農業の新技術の導入に当たっては、農地等の汚染又は食品の安全性を脅かすことのないようにしなければならない。

5　食と農のまちづくりは、農地、森林及び水その他の資源が確保されるとともに、農業生産活動が自然界における生物を介在する物質の循環に依存し、かつ、これ

〈資料 2〉たかはた食と農のまちづくり条例

平成 20 年 9 月 24 日条例第 21 号

〈目次〉

前　文

本町は、町内のいたるところに約一万年前からの遺跡や古墳、洞窟が点在し、風光明媚なところから東北の高天原とも称されています。

本町における農業は、四季の変化に富んだ自然環境や盆地特有の気象条件、肥沃な農用地に恵まれ、稲作、果樹、畜産を柱とした複合経営を中心として発展してきました。また、全国に先駆けて有機農法や減農薬栽培を取り入れ、食の安全や自然環境に配慮した循環型農業を推進してきました。

しかしながら、近年、農業を取り巻く環境は厳しく、農産物価格の低迷や生産資材の高騰が続く中で、農家戸数、担い手農家の減少に歯止めがかからず、このままでは農村活力の低下により、農用地の荒廃が危惧されます。食料の大部分を輸入に依存している我が国にとって、地球温暖化等による異常気象や途上国の経済発展、バイオ燃料需要の拡大などにより世界の食料供給が不安定化すれば、国内の食料需給が逼迫することが予想され、食品の安全性確保と食料自給率の向上は、我が国の農業の緊急課題と言えます。

私たちは、食と農の重要性と農業が持つ環境保全や国土保全、地球温暖化の抑制といった多面的役割を理解した上で、それぞれの役割をもって、これらの機能を守り、先人の築いた文化遺産や伝統とともに、後世に伝えていく義務と責任があります。

こうした視点に立ち、本町の農業を維持、発展させていくためには、規模拡大による作業効率や生産性だけを追求するのではなく、生産者と消費者とが農業に対する認識を共有し、地域の特性を活かした農業の振興を進めていくことが重要と考えます。

■学習活動の重視

8. 生産者および消費者の各グループは、グループ内の学習活動を重視し、単に安全食糧を提供、獲得するためだけのものに終わらしめないことが肝要である。

■適正規模の保持

9. グループの人数が多かったり、地域が広くては以上の各項の実行が困難なので、グループ作りには、地域の広さとメンバー数を適正にとどめて、グループ数を増やし互いに連携するのが、望ましい。

■理想に向かって漸進

10. 生産者および消費者ともに、多くの場合、以上のような理想的な条件で発足することは困難であるので、現状は不十分な状態であっても、見込みある相手を選び発足後逐次相ともに前進向上するよう努力し続けることが肝要である。

(1978年11月25日、第4回全国有機農業大会で発表。ただし項見出しは後日追加)

〈資料 1〉生産者と消費者の提携の 10 か条

日本有機農業研究会

■相互扶助の精神

1. 生産者と消費者の提携の本質は、物の売り買い関係ではなく、人と人との友好的付き合い関係である。すなわち両者は対等の立場で、互いに相手を理解し、相扶け合う関係である。それは生産者、消費者としての生活の見直しに基づかねばならない。

■計画的な生産

2. 生産者は消費者と相談し、その土地で可能な限りは消費者の希望する物を、希望するだけ生産する計画を立てる。

■全量引き取り

3. 消費者はその希望に基づいて生産された物は、その全量を引き取り、食生活をできるだけ全面的にこれに依存させる。

■互恵に基づく価格の取決め

4. 価格の取決めについては、生産者は生産物の全量が引き取られること、選別や荷造り、包装の労力と経費が節約される等のことを、消費者は新鮮にして安全であり美味な物が得られる等のことを十分に考慮しなければならない。

■相互理解の努力

5. 生産者と消費者とが提携を持続発展させるには相互の理解を深め、友情を厚くすることが肝要であり、そのためには双方のメンバーの各自が相接触する機会を多くしなければならない。

■自主的な配送

6. 運搬については原則として第三者に依頼することなく、生産者グループまたは消費者グループの手によって消費者グループの拠点まで運ぶことが望ましい。

■会の民主的な運営

7. 生産者、消費者ともそのグループ内においては、多数の者が少数のリーダーに依存しすぎることを戒め、できるだけ全員が責任を分担して民主的に運営するように努めなければならない。ただしメンバー個々の家庭事情をよく汲み取り、相互扶助的な配慮をすることが肝要である。

早稲田環境塾とは

1. 早稲田環境塾は日本の地域、地球の明日を思い、持続する社会に現状を変革するために「行動するキーパーソン」の養成を志す。

2. 早稲田環境塾は環境破壊と再生の、この半世紀の日本産業社会の体験に基づき、「過去の“進歩”を導いた諸理念をも超える革新的再興」を期し、日本文化の伝統を礎に、近代化との整合をはかり、社会の持続可能な発展をめざす「環境日本学」(Environmental Japanology)の創成を志す。

この概念をもって、真の公害先進国としての体験、力量を有する日本人及び日本社会の自己確認(identity)を試み、日本の経験と成果を世界に発信するとともに、持続可能な国際社会への貢献を目指す。

3. 早稲田環境塾はその目的を遂げるために次の手段を用い、それら相互間の実践的触媒となることを目指す。

(1) 環境問題に現場で取り組み、成果を挙げるために市民、企業、自治体、大学との協働の場を設定

(2) その過程、成果を広く世間に伝え、国民・市民意識を改革するメディアの擁護(advocacy)、課題設定(agenda setting)及びキャンペーン報道への協働

(3) アカデミアによる1、2の体系化、理論の場の創造

4. 早稲田環境塾は、「環境」を自然、人間、文化の三要素の統合体として認識し、環境と調和した社会発展の原型を地域社会から探求する。あごをひいて、暮らしの足元を直視し、現場を踏み、実践に学ぶ。地域社会は住民、自治体、企業から成る。地域からの協働により、気候変動枠組み条約をはじめ、さ迷える国際環境レジームに実践の魂を入れよう。

〈環境日本学〉と〈高畠学〉

大地震・津波による福島原発爆発の光景は、一つの時代の終わりを私たちに見せつけているように思える。25年前チェルノブイリ事件を取材した私には、福島原発の得体の知れない混乱の現場が強い既視感を呼びおこす。

「一つの時代の終わり」とは、その意味を問うことなく、とにかく需要があるから供給する、ことを経済成長の要因とし、それが一歩間違えれば砂上楼閣であることを直観しつつ、際限のない負のスパイラルをたどってしまった時代の終焉、という意味である。

45年前の3月、日本の社会が大阪万博に歓声を挙げているとき、既に猛烈な産業公害の現場を毎日新聞社社会部記者の私は連日取材していた。田子の浦をヘドロで埋め、富士山を煤煙のかなたに追いやって顧みない日本人の、内面性の崩壊を私は強く意識していた。そのことの顛末は誰もが知るとおりである。

日本の伝統文化の基層に根付き、現代日本の人々の意識に潜在し、共有されている神仏の概念（宗教）とエコロジー（科学）による規範の概念を手がかりに、早稲田環境塾が〈文化としての「環境日本学」〉の創成を実践者、現場に学び、塾生とともに模索しているのもこのような日本社会の経験に由来している。

第四期塾の高畠合宿テキストの標題を「複合汚染から38年、自治の精神と有機無農薬農法」とし、さらに内容を充実させて藤原書店から出版するのも、顧みれば「一つの時代の終わり」を証し、そこに「代わりうる光明」を被災地に隣り合う東北の一角から見出そうとする営みに他ならない。

とまれ、いかなる困難にも屈することのなかった日本常民の歴史と地域社会の営為を讃え、サンテグジュペリの言葉を心に刻みたい。

「大地は万巻の書よりも人間について多くを教える。理由は大地が人間に抵抗するからだ。人間は苦難に立ち向かう時にこそ真価を発揮するのだ」

2011年5月

早稲田環境塾塾長　原 剛

編者代表

原 剛（はら・たけし）

早稲田環境塾塾長、早稲田大学大学名誉教授、毎日新聞客員編集委員。農業経済学博士。

1993年に国連グローバル500・環境報道賞を受賞。著書に『日本の農業』（岩波書店）、『農から環境を考える』（集英社）、『バイカル湖物語』（東京農大出版部）、『中国は持続可能な社会か』（同友館）、『環境が農を鍛える』（早稲田大学出版部）など多数。中央環境審議会委員、総理府21地球環境懇談会委員、東京都環境審議会委員、東京都環境科学研究所外部評価委員会委員長、立川市・小金井市環境審議会会長。農政審議会委員、全国環境保全型農業推進会議委員、日本環境ジャーナリストの会会長などを歴任。日本自然保護協会理事、日本野鳥の会学術顧問、トヨタ自動車白川郷自然学校理事。

高畠学《たかはたがく》　叢書〈文化《ぶんか》としての「環境《かんきょう》日本学《にほんがく》」〉

2011年5月30日　初版第1刷発行 ©

編　者　原　　剛

発行者　藤　原　良　雄

発行所　株式会社　藤　原　書　店

〒162-0041　東京都新宿区早稲田鶴巻町523

電　話　03（5272）0301

FAX　03（5272）0450

振　替　00160 - 4 - 17013

info@fujiwara-shoten.co.jp

印刷・製本　中央精版印刷

落丁本・乱丁本はお取替えいたします　Printed in Japan

定価はカバーに表示してあります　ISBN978-4-89434-802-8

琉球文化の歴史を問い直す

別冊『環』⑥ 琉球文化圏とは何か

〈対談〉清《ちゅ》らの思想　海勢頭豊＋岡部伊都子
〈寄稿〉髙嶺朝一／来間泰男／宇井純／浦島悦子／安里英子／石垣金星／渡久地明／高江洲義英／松島泰勝／名護博／嘉手納安男／安里進／真久田正／豊見山和行／後田多敦／比嘉道子／又吉盛清／島袋まりあ／前利潔／下地和宏／石垣博孝／上勢頭芳徳／米城惠／比嘉政夫／西岡敏／波照間永吉／具志堅邦子／金城須美子／ルバース吟子／髙嶺久枝／前嵩西一馬／多和田真助／川満信一／島袋純／高良勉／屋嘉比収／目取真俊／田仲康博／与那嶺功／米倉外昭／幸喜良秀／仲本瑩／宮城公子／西里喜行／比屋根照夫／伊佐眞一／石川友紀／中根学／真栄平房昭／三木健／宮城信勇／稲福日出夫／宮城晴美／由井晶子／新崎盛暉
〈シンポジウム〉岡部伊都子／川勝平太／松島泰勝／櫻井よしこ／上原美智子／我部政明／仲地博／大城常夫／高良勉

菊大並製　三九二頁　三六〇〇円
（二〇〇三年六月刊）
◇978-4-89434-343-6

いま、琉球人に訴える！

琉球の「自治」

松島泰勝

軍事基地だけではなく、開発・観光のあり方から問い直さなければ、琉球の平和と繁栄は訪れない。琉球と太平洋の島々を渡り歩いた経験をもつ琉球人の著者が、豊富なデータをもとにそれぞれの島が「自立」しうる道を模索し、世界の島嶼間ネットワークや独立運動をも検証する。琉球の「自治」は可能なのか!?

附録　関連年表・関連地図

四六上製　三五二頁　二八〇〇円
（二〇〇六年一〇月刊）
◇978-4-89434-540-9

沖縄から日本をひらくために

真振 MABUI

海勢頭豊

写真＝市毛實

沖縄に踏みとどまり魂（ＭＡＢＵＩ）を生きる姿が、本島や本土の多くの人々に深い感銘を与えてきた伝説のミュージシャン、初の半生の物語。喪われた日本人の心の源流である沖縄の、最も深い精神世界を語り下ろす。

＊ＣＤ付「月桃」「喜瀬武原」

Ｂ５変並製　一七六頁　二八〇〇円
（二〇〇三年六月刊）
◇978-4-89434-344-3

歴史から自立への道を探る

沖縄島嶼経済史（一二世紀から現在まで）

松島泰勝

古琉球時代から現在までの沖縄経済思想史を初めて描ききる。沖縄が伝統的に持っていた「内発的発展論」と「海洋ネットワーク思想」の史的検証から、基地依存／援助依存をのりこえて沖縄が展望すべき未来を大胆に提言。

Ａ５上製　四六四頁　五八〇〇円
（二〇〇二年四月刊）
◇978-4-89434-281-1

沖縄研究の「空白」を埋める

沖縄・一九三〇年代前後の研究

川平成雄

「ソテツ地獄」の大不況から戦時経済統制を経て、やがて戦争へと至る沖縄。その間に位置する一九三〇年前後。沖縄近代史のあらゆる矛盾が凝縮したこの激動期の実態に初めて迫り、従来の沖縄研究の「空白」を埋める必読の基礎文献。

A5上製クロス装函入　二八〇頁　三八〇〇円
（二〇〇四年一二月刊）
◇978-4-89434-428-0

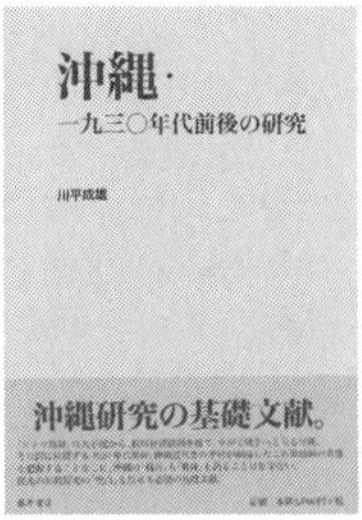

沖縄はいつまで本土の防波堤／捨石か

ドキュメント 沖縄 1945

毎日新聞編集局　玉木研二

三カ月に及ぶ沖縄戦と本土のさまざまな日々の断面を、この六十年間に集積された証言記録・調査資料・史実などを駆使して、日ごとに再現した「同時進行ドキュメント」。平和・協同ジャーナリスト基金大賞（基金賞）受賞の毎日新聞好評連載「戦後60年の原点」、待望の単行本化。

写真多数

四六並製　二〇〇頁　一八〇〇円
（二〇〇五年八月刊）
◇978-4-89434-470-9

二一世紀沖縄の将来像！

島嶼沖縄の内発的発展 〈経済・社会・文化〉

西川潤・松島泰勝・本浜秀彦編

アジア海域世界の要所に位置し、真の豊かさをもつ沖縄。本土依存型の開発を見直し、歴史的、文化的分析や現場の声を通して、一四人の著者がポスト振興開発期の沖縄を展望。内発的発展論をふまえた沖縄論の試み。

A5上製　三九二頁　五五〇〇円
（二〇一〇年三月刊）
◇978-4-89434-734-2

「沖縄問題」とは「日本の問題」だ

「沖縄問題」とは何か 〈「琉球処分」から基地問題まで〉

藤原書店編集部編

大城立裕／西里喜行／平恒次／松島泰勝／金城実／島袋マカト陽子／高良勉／石垣金星／増田寛也／下地和宏／海勢頭豊／岩下明裕／早尾貴紀／後田多敦／久岡学／前利潔／新元博文／西川潤／勝俣誠／川満信一／屋良朝博／真喜志好一／佐藤学／櫻田淳／中本義彦／三木健／上原成信／照屋みどり／武者小路公秀

四六上製　二八〇頁　二八〇〇円
（二〇一一年二月刊）
◇978-4-89434-786-1

❸ **苦海浄土** 第3部 天の魚　関連エッセイ・対談・インタビュー
「苦海浄土」三部作の完結！　解説・加藤登紀子
608頁　6500円　◇978-4-89434-384-9（第1回配本／2004年4月刊）

❹ **椿の海の記** ほか　エッセイ 1969-1970　解説・金石範
592頁　6500円　◇978-4-89434-424-2（第4回配本／2004年11月刊）

❺ **西南役伝説** ほか　エッセイ 1971-1972　解説・佐野眞一
544頁　6500円　◇978-4-89434-405-1（第3回配本／2004年9月刊）

❻ **常世の樹・あやはべるの島へ** ほか　エッセイ 1973-1974
解説・今福龍太
608頁　8500円　◇978-4-89434-550-8（第11回配本／2006年12月刊）

❼ **あやとりの記** ほか　エッセイ 1975　解説・鶴見俊輔
576頁　8500円　◇978-4-89434-440-2（第6回配本／2005年3月刊）

❽ **おえん遊行** ほか　エッセイ 1976-1978　解説・赤坂憲雄
528頁　8500円　◇978-4-89434-432-7（第5回配本／2005年1月刊）

❾ **十六夜橋** ほか　エッセイ 1979-1980　解説・志村ふくみ
576頁　8500円　◇978-4-89434-515-7（第10回配本／2006年5月刊）

❿ **食べごしらえ おままごと** ほか　エッセイ 1981-1987
解説・永六輔
640頁　8500円　◇978-4-89434-496-9（第9回配本／2006年1月刊）

⓫ **水はみどろの宮** ほか　エッセイ 1988-1993　解説・伊藤比呂美
672頁　8500円　◇978-4-89434-469-3（第8回配本／2005年8月刊）

⓬ **天　湖** ほか　エッセイ 1994　解説・町田康
520頁　8500円　◇978-4-89434-450-1（第7回配本／2005年5月刊）

⓭ **春の城** ほか　解説・河瀬直美
784頁　8500円　◇978-4-89434-584-3（第12回配本／2007年10月刊）

⓮ **短篇小説・批評**　エッセイ 1995　解説・三砂ちづる
608頁　8500円　◇978-4-89434-659-8（第13回配本／2008年11月刊）

15 **全詩歌句集**　エッセイ 1996-1998　（次回配本）解説・水原紫苑

16 **新作能と古謡**　エッセイ 1999-　解説・未定

17 **詩人・高群逸枝**　解説・臼井隆一郎

別巻 **自　伝**　〔附〕著作リスト、著者年譜

*白抜き数字は既刊

〃鎮魂〃の文学の誕生

「石牟礼道子全集・不知火」プレ企画

不知火《しらぬひ》

〔石牟礼道子のコスモロジー〕

石牟礼道子・渡辺京二
大岡信・イリイチほか

インタビュー、新作能、童話、エッセイの他、石牟礼文学のエッセンスと、気鋭の作家らによる石牟礼論を集成し、近代日本文学史上、初めて民衆の日常的・神話的世界の美しさを描いた詩人の全体像に迫る。

菊大並製　二六四頁　二二〇〇円
（二〇〇四年二月刊）
◇978-4-89434-358-0

「環境学」生誕宣言の書

環境学 第三版

（遺伝子破壊から地球規模の環境破壊まで）

市川定夫

多岐にわたる環境問題を統一的な視点で把握・体系化する初の試み＝「環境学」生誕宣言の書。一般市民も加害者となる現代の問題の本質を浮彫る。図表・注・索引等、有機的立体構成で「読む事典」の機能も持つ。環境ホルモンなどの最新情報を加えた増補決定版。

Ａ５並製　五二八頁　**四八〇〇円**
（一九九九年四月刊）
◇978-4-89434-130-2

名著『環境学』の入門篇

環境学のすすめ（21世紀を生きぬくために）㊤㊦

市川定夫

遺伝学の権威が、われわれをとりまく生命環境の総合的把握を通して、快適な生活を追求する現代人（被害者にして加害者）に警鐘を鳴らし、価値転換を迫る座右の書。図版・表・脚注を多数使用し、ビジュアルに構成。

Ａ５並製　各二〇〇頁平均　**各一八〇〇円**
（一九九四年一一月刊）
㊤◇978-4-89434-004-6
㊦◇978-4-89434-005-3

「環境学」提唱者による21世紀の「環境学」

新・環境学（全三巻）

（現代の科学技術批判）

市川定夫

Ⅰ 生物の進化と適応の過程を忘れた科学技術
Ⅱ 地球環境／第一次産業／バイオテクノロジー
Ⅲ 有害人工化合物・原子力

環境問題を初めて総合的に捉えた名著『環境学』の著者が、初版から一五年の成果を盛り込み、二一世紀の環境問題を考えるために世に問う最新シリーズ！

四六並製
Ⅰ二〇〇頁　**一八〇〇円**（二〇〇八年三月刊）
Ⅱ三〇四頁　**二六〇〇円**（二〇〇八年五月刊）
Ⅲ二八八頁　**二六〇〇円**（二〇〇八年七月刊）
◇978-4-89434-615-4／627-7／640-6

環境への配慮は節約につながる

1億人の環境家計簿

（リサイクル時代の生活革命）

山田國廣　イラスト＝本間都

標準家庭（四人家族）で月３万円の節約が可能。月一回の記入から自分のペースで取り組める、手軽にできる環境への取り組みを、イラスト・図版約二百点でわかりやすく紹介。経済と切り離すことのできない環境問題の全貌を、〈理論〉と〈実践〉から理解できる、全家庭必携の書。

Ａ５並製　二二四頁　**一九〇〇円**
（一九九六年九月刊）
◇978-4-89434-047-3

最新データに基づく実態

地球温暖化とCO_2の恐怖

さがら邦夫

地球温暖化は本当に防げるのか。温室効果と同時にそれ自体が殺傷力をもつCO_2の急増は「窒息死が先か、熱死が先か」という段階にきている。科学ジャーナリストにして初めて成し得た徹底取材で迫る戦慄の実態。

A5並製　二八八頁　二八〇〇円
（一九九七年一一月刊）
◇978-4-89434-084-8

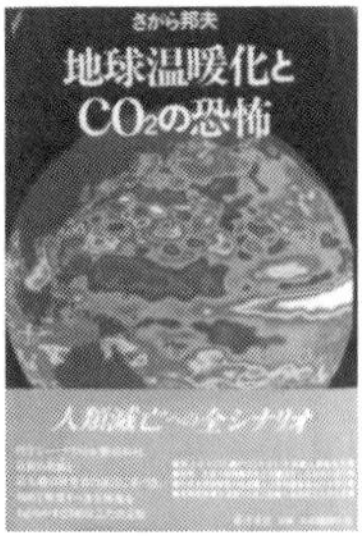

「京都会議」を徹底検証

地球温暖化は阻止できるか

〔京都会議検証〕

さがら邦夫編／序・西澤潤一

世界的科学者集団IPCCから「地球温暖化は阻止できない」との予測が示されるなかで、我々にできることは何か？　官界、学界そして市民の専門家・実践家が、最新の情報を駆使して地球温暖化問題の実態に迫る。

A5並製　二六四頁　二八〇〇円
（一九九八年一二月刊）
◇978-4-89434-113-5

「南北問題」の構図の大転換

新・南北問題

〔地球温暖化からみた二十一世紀の構図〕

さがら邦夫

六〇年代、先進国と途上国の経済格差を俎上に載せた「南北問題」は、急加速する地球温暖化でその様相を一変させた。経済格差の激化、温暖化による気象災害の続発——重債務貧困国の悲惨な現状と、「IT革命」の虚妄に、具体的数値や各国の発言を総合して迫る。

A5並製　二四〇頁　二八〇〇円
（二〇〇〇年七月刊）
◇978-4-89434-183-8

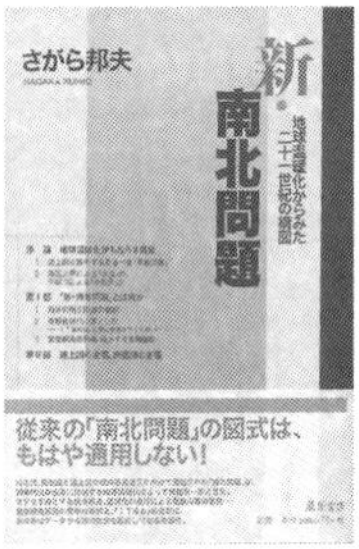

超大国の独善行動と地球の将来

地球温暖化とアメリカの責任

さがら邦夫

巨大先進国かつCO_2排出国アメリカは、なぜ地球温暖化対策で独善的に振る舞うのか？　二〇〇二年のヨハネスブルグ地球サミットを前に、アメリカという国家の根本をなす経済至上主義と科学技術依存の矛盾を突き、新たな環境倫理の確立を説く。

A5並製　二〇〇頁　二二〇〇円
（二〇〇二年七月刊）
◇978-4-89434-295-8